塞罕坝

新时期发展战略研究

沈国舫　李世东　杨金融　马履一　等著

中国林业出版社
China Forestry Publishing House

图书在版编目（CIP）数据

塞罕坝新时期发展战略研究 / 沈国舫等著 . -- 北京：
中国林业出版社，2023.12

ISBN 978-7-5219-2482-4

Ⅰ.①塞… Ⅱ.①沈… Ⅲ.①林场—经济发展战略—
研究—围场满族蒙古族自治县 Ⅳ.① F326.272.24

中国国家版本馆 CIP 数据核字（2023）第 250195 号

策划、责任编辑：许　玮
装帧设计：刘临川

出版发行：中国林业出版社
　　　　　（100009，北京市西城区刘海胡同 7 号，电话 010-83143576）
电子邮箱：cfphzbs@163.com
网址：https://www.cfph.net
印刷：北京中科印刷有限公司
版次：2023 年 12 月第 1 版
印次：2023 年 12 月第 1 次
开本：787mm×1092mm　1/16
印张：17.75
字数：439 千字
定价：160.00 元

编委会

序

自1962年建场起，塞罕坝机械林场走过了60余年的建设发展历程，已经成为我国林业建设和生态保护建设的先进典型。塞罕坝地处我国温带由半湿润向半干旱过渡的地带，这里曾经是一片次生残林、退化草原和入侵沙漠相交错的荒凉地带，20世纪60年代初我曾经在距离塞罕坝林场几十千米的孟滦林管局及其新丰实验林场造林实习，前后待了几个月的时间，亲身体验过当地恶劣的自然条件，在这里造林殊为不易。然而，一代又一代塞罕坝人用"强烈的生态文明意识""艰苦奋斗的创业精神"和"实事求是的科学精神"，造成了世界上最大面积的112万亩人工林，用实际行动诠释了绿水青山就是金山银山的理念，铸就了牢记使命、艰苦创业、绿色发展的塞罕坝精神。我十分赞赏塞罕坝人取得的绿化成绩单，在2018年世界人工林大会上，我向与会专家举了塞罕坝人工造林的例子，也向全世界宣传了塞罕坝的成绩和精神。

进入新时代，塞罕坝走上了改革创新的高质量发展道路。2017年8月，习近平总书记对河北塞罕坝机械林场建设者感人事迹作出重要指示，更是在2021年亲自来到塞罕坝林场考察调研，作出了"传承好塞罕坝精神，再接再厉、二次创业"的重要指示。国家林业和草原局科学技术司高度重视塞罕坝"二次创业"工作，邀请来自北京林业大学、中国林业科学研究院、中国科学院生态环境研究中心、河北省林业科学研究院、河北农业大学等单位的专家学者开展"塞罕坝新时期发展战略研究"，我很高兴担当项目的顾问，为塞罕坝的"二次创业"贡献自己的智慧和力量。

我曾经于2010年、2017年、2019年和2022年四次到访塞罕坝林场，亲眼看到这片"绿色奇迹"，我深感震撼，同时也有一定的思考，这些思考成果都融入了项目研究的全过程，归集起来，主要有3个方面的观点。一是要坚持人民至上的根本立场。一代代塞罕坝人"献了青春献终身，献了终身献子孙"，为造百万亩的绿色，奉献了三代、四代人。我们在记住他们的丰功伟业的同时，也要用高质量的发展让现在的塞罕坝人过上幸福美满的好日子。二是要坚持实事求是的科学精神。要对塞罕坝地区宜林的气候及立地条件做好科学判断，对造林主要树种做好选择决策，对适宜于当地的造林方法和技术进行不断探索，还要不断加强管理方法和科学技术的革新。三是要实施森林生态系统可持续经营的发展战略。本书对此进行了详细的阐释，要采取切实可行的方法，接续奋斗，把塞罕坝建设成为高水平国有林场、"美丽中国"的典型示范区、世界生态文明的标杆典范。

最后，希望本书的研究能够为塞罕坝二次创业提供借鉴和帮助，预祝塞罕坝机械林场在二次创业的征程上书写新的绿色传奇！

沈国舫

2023 年 12 月

前言

　　2017 年 8 月，习近平总书记对河北塞罕坝机械林场建设者事迹作出了重要指示："全党全社会要坚持绿色发展理念，弘扬塞罕坝精神，持之以恒推进生态文明建设，一代接着一代干，驰而不息，久久为功，努力形成人与自然和谐发展新格局，把我们伟大的祖国建设得更加美丽，为子孙后代留下天更蓝、山更绿、水更清的优美环境。"

　　2021 年 8 月 23 ～ 24 日，习近平总书记在河北承德考察时发表重要讲话："塞罕坝机械林场建设史是一部可歌可泣的艰苦奋斗史。你们用实际行动铸就了牢记使命、艰苦创业、绿色发展的塞罕坝精神，这对全国生态文明建设具有重要示范意义。抓生态文明建设，既要靠物质，也要靠精神。要传承好塞罕坝精神，深刻理解和落实生态文明理念，再接再厉、二次创业，在实现第二个百年奋斗目标新征程上再建功立业。"

　　为了推动塞罕坝二次创业，国家林业和草原局科学技术司责成北京林业大学、中国林业科学研究院、中国科学院生态环境研究中心、河北省林业科学研究院、河北农业大学和塞罕坝机械林场等单位共同开展塞罕坝新时期发展战略研究，形成本书。

　　本书分为 11 章，第一章为塞罕坝发展概述，包括发展历程、历史成就和经验总结；第二章为塞罕坝发展战略设计，包括理论基础、形势分析、总体思路、战略目标和基本原则；第三章至第九章是在森林生态系统可持续经营理论指导下，对塞罕坝新时期发展战略提出的政策建议。包括塞罕坝生态保护战略、塞罕坝森林培育经营战略、塞罕坝经济发展战略、塞罕坝生态补偿战略、塞罕坝木材生产经营战略、塞罕坝林下经济产业战略、塞罕坝生态旅游发展战略；第十章从信息化、科学化、机械化和国际化 4 个方面介绍了塞罕坝现代化建设战略；第十一章为塞罕坝发展战略保障，包括组织结构再造、城镇社区建设、社会影响分析、精神文化引领、政策制度保障。

本书得到了塞罕坝机械林场的领导和干部职工的大力支持，在此一并致以诚挚的感谢。

本书内涵丰富、数据翔实、信息量大、专业性强，不仅对塞罕坝机械林场的发展具有指导作用，也为我国国有林场的发展提供了有益的借鉴。本书如有不妥之处，敬请批评指正。

著　者

2023 年 9 月

目 录

第四章　塞罕坝森林培育经营战略

第六章　塞罕坝生态补偿战略

第八章　塞罕坝林下经济产业战略

第九章　塞罕坝生态旅游发展战略

第十章　塞罕坝现代化建设战略

第十一章　塞罕坝发展战略保障

塞罕坝新时期发展
战略研究

孙阁 摄

第一章　塞罕坝发展概述

　　塞罕坝机械林场经过了60余年励精图治、艰苦卓绝的接续发展，经过几代人前仆后继、求实创新的不懈努力，建造了令世人惊叹的百万亩人工林，也走出了世界人工林建造的示范之路。进入新时代，踏上新征程的塞罕坝人主动探索高质量发展战略升级，打造践行习近平生态文明思想的示范高地、国有林场高质量发展的标杆典范、世界森林生物多样性保护的中国名片。系统回顾塞罕坝发展历史，全面梳理认识成就，总结历史经验，有利于观照现实，指导前进方向。

一、发展历程

　　"塞罕坝"是蒙古语和汉语的组合，"塞罕"源于蒙古语，意为"美丽的"，"坝"源于汉语，意为"台地"。根据塞罕坝出土文物考证，从旧石器时代起，就有人类在这里繁衍生息。时至今日，塞罕坝已经成为我国华北地区的一颗生态明珠。

（一）森林资源由繁茂到损毁阶段

　　历史上，塞罕坝森林广布、水草丰美，气候温润、鸟兽繁集，在辽、金时期被称作"千里松林"，为辽帝避暑狩猎之所，《围场厅志》描述此地为"落叶松万株成林，望之如一线，游骑蚁行，寸人豆马，不足拟之。"1681年，清康熙帝在平定"三藩之乱"后，有感八旗官兵纪律松弛、骑射日劣、贪生怕死、畏缩不前，遂决定于"南拱京师，北控漠北，山川险峻，里程适中"的热河北部兴安大岭（今塞罕坝）处修建全封闭的皇家猎苑"木兰围场"，以"行围肄武、治兵振旅"，每年秋季带领浩浩荡荡的狩猎大军到木兰围场巡视习武、行围狩猎，史称"木兰秋狝"。自康熙二十年（1681年）到嘉庆二十五年（1820年）的139年间，康熙、乾隆、嘉庆三位皇帝举行木兰秋狝有105次之多。盛大的秋狝仪式无法掩盖清王朝的势微，19世纪初，看似庞大的清王朝内外矛盾凸显、外强中干，"木兰秋狝"作为一种仪式已难以为继。道光四年（1824年），道光帝口谕内阁：再今岁秋狝木兰，允宜遵循成宪肄武绥藩，然不可不审度时事，酌为暂缓，所有今岁热河（行）亦著停止，废止了木兰秋狝规制。清末，清王朝内忧外患不断，对木兰围场的管控日渐松弛。1840年，鸦片战争爆发，此后清王朝又陆续签订了一系列丧权辱国的不平等条约。面对巨额的战争赔款，国库日渐空虚。为缓解日益严重的财政危机，从1863年至1911年灭亡，清王朝先后三次下旨准许木兰围场开围放垦，"开垦围荒以济兵食"。其中第三次开围放垦"五庄放垦"一直持续到1917年。这50余年间，木兰围场累计开垦土地130余万亩。随着围场开围放垦，塞罕坝的生态环境遭到了严重破坏，大量涌入的移民刀耕火种、毁林焚草、建窑烧炭，大片森林遭到焚毁，加之战争年代，战争匪患、私伐偷猎、侵略采伐盛行。到新中国成立初期，塞罕坝的原始森林几乎损毁殆尽，草场、河流面目全非，仅有以白桦、山杨为主的天然次生林19万亩，疏林地11万亩[①]，森林覆盖率仅为11.4%，从水草丰美的皇家猎苑退化

---

① 1亩 = 1/15公顷，以下同。

为"飞鸟无栖树，黄沙遮天日"的"大光顶子山"。

（二）治沙造林建设阶段

新中国成立之初，华北地区饱受沙尘暴侵袭。据史料记载，北京年平均沙尘天数为56.2天，而沙源浑善达克沙地与北京直线距离约为180km，海拔在1400m左右，而北京海拔仅有40m左右。作家李春雷曾这样描述：如果这个离北京最近的沙源堵不住，那就是站在屋顶上向院里扬沙。经过测算，如果不尽快治理，浑善达克、巴丹吉林等沙漠将继续南侵，不出50年，北京将彻底沙化。位于内蒙古高原向华北山地及平原的过渡带上的塞罕坝的重要性凸显，建场塞罕坝势在必行。1956年3月，毛泽东在《中共中央致五省（自治区）青年造林大会的贺电》中提出了"绿化祖国"的号召，有计划地植树造林、绿化祖国成为一项重要而迫切的任务。1962年9月，来自全国18个省（自治区、直辖市）的369名青年奔赴塞罕坝，组成一支平均年龄不足24岁的创业队伍，成为塞罕坝的第一代创业者。在这之后，林场改进了苏联造林机械，使其能够适应塞罕坝的地理条件。改进了传统遮阴育苗法，开创了高寒全光育苗技术，创新了三锹半植苗法，引进了抗旱树种樟子松，实施了主要树种集约经营，防控了松毛虫、落叶松尺蠖等有害生物发生蔓延，创下了我国樟子松引种地区海拔最高的纪录，创建了育苗、造林、抚育、保护等森林经营技术体系。1964年4月，林场组织开展了提振士气的"马蹄坑大会战"，机械造林516亩，树苗成活率达到96.6%。林场的大规模造林一直延续到1982年。

（三）人工林抚育利用阶段

从1983年开始，林场大规模造林工作基本结束，林场进入了人工林抚育利用的新阶段。通过设置大面积的科研标准地进行实地调查、科研分析，逐步完善了落叶松、云杉、樟子松三大树种的科学经营理论体系，同时也对森林保护、野生花卉利用、森工机械等方面进行了探索研究。在营林的同时，辅以造林和多种经营，保证林场的有序开发和合理运转。面对被称为世界级难题的石质阳坡造林，塞罕坝人通过不断摸索，总结出了大穴、客土、壮苗、覆膜、覆土等一系列严格的技术规范，实现了"一次造林、一次成活、一次成林"。林场还积极整理编制技术标准，进行技术推广，开展了森林生态定位监测、森林质量提升、野生动植物保护等专业领域研究并出版多部学术专著，取得了许多实质性技术成果，对塞罕坝森林经营水平提高、后续资源培育产生了重要影响，成为世界瞩目的高寒沙地森林可持续经营样板。

二、历史成就

塞罕坝用60多年的创业实践，完成了百万亩人工林营造的壮举，汇聚成中国高寒沙地造林的科技进步史，谱写出人与自然和谐共生的生态文明光辉实践。

（一）营造了世界最大面积人工林

塞罕坝总营林面积140万亩，林木蓄积量1036.8万 m^3，森林覆盖率达82%，成为世界面积最大的人工林。自1996年起，林场大部分林分开始进入经济成熟期或主伐期，木材生产曾经是塞罕坝机械林场的支柱产业，到2000年，一度占总收入的90%以上。自2012年起，塞罕坝机械林场大幅压减木材砍伐量，从以往每年的15万 m^3 调减至9.4万 m^3，木材产业收入占营林收入的比重也从66.3%降至40%以下。"十三五"期间塞罕坝林木蓄积年生长量约为54万 m^3。2011年，塞罕坝启动攻坚造林计划，把山高坡陡、土壤贫瘠、岩石裸露、立地条件极差的石质荒山和秃丘沙地作为绿化重点，攻坚造林10.1万亩。受高寒、高海拔、半干旱、土地沙化等因素影响，塞罕坝过去几十年造林主要围绕华北落叶松、樟子松和云杉等三大树种展开，这对防虫、防火、防病害等方面产生不利影响，为了保证林场健康、持续、优质、安全发展，塞罕坝因地制宜，引入桦树、柞树、花楸等5个阔叶树种，推进针阔混交林建设，提高树种多样性，改善森林质量，实现林场的良性循环。

（二）实现了中国高寒沙地造林技术突破

塞罕坝的建设是在物质和技术几乎一片空白的条件下开始的，但塞罕坝人以艰苦奋斗的优良作风、科学求实的严谨态度，攻克了高寒地区育苗、造林、营林等技术难关，实现了一次又一次的超越与突破。建场以来，共完成育苗、造林、营林、有害生物防治、林副产品开发利用等9类82项科研成果，编写技术专著71部，编制行业和地方技术标准32项，实施技术推广项目8项，发表论文1600余篇，63项科研成果获国家和省级奖励。可以说，塞罕坝机械林场的发展史也是一部中国高寒沙地造林的科技进步史（表1.1）。

表 1.1 塞罕坝机械林场科技项目一览

年份	项目（课题）名称
1963	樟子松引种造林技术
1964	机械造林自动给水器
1964	落叶松机械植苗造林的研究
1965	缝隙植苗法
1965	樟子松引种育苗技术
1966	高寒地区落叶松全光育苗技术
1966	造林机械的改造
1974	落叶松、樟子松种子园建立和研究
1974	做床机和三不覆播种机
1979	松线小卷蛾的生活史和防治研究
1980	落叶松尺蠖生活史和防治研究
1986	落叶松人工林疏伐的研究
1987	落叶松腮扁叶蜂生活史和防治研究
1987	樟子松生长规律和抚育间伐的研究
1991	危害落叶松的两种线小卷蛾生物学特性及综合治理的研究
1994	塞罕坝机械林场落叶松人工林集约经营系统的研究
1997	樟子松人工林经营技术研究
1998	樟子松常年造林技术研究
2004	塞北绿色明珠——塞罕坝机械林场科学营林系统研究
2008	塞罕坝机械林场森林资源评估与核算研究
2013	坝上地区华北落叶松人工林大径级材培育技术研究
2013	白毛树皮象防治技术规程
2013	冀北山地容器育苗造林技术研究
2014	云杉阿扁叶蜂预测预报技术规程
2015	冀北高寒山地樟子松高效经营关键技术研究与示范
2016	国有林场抚育间伐施工技能评估规范

（三）打造了生态富民特色名片

塞罕坝立足森林特色优势，以集中连片的森林和世界最大人工林为景观主体，以区域中的草原、河流、天象等自然景观以及生态康养、避暑休闲等特色优势为特色名片。1993年，获批国家级森林公园；2000年，塞罕坝森林旅游开发有限公司成立，标志着塞罕坝旅游产业开始进入市场化、企业化运作的新阶段；2002年，被国家旅游局评定为"国家AAAA级旅游区"；2007年5月，被批准为国家级自然保护区；2010年，成立木兰围场旅游开发有限公司，整合旅游资源，形成塞罕坝国家森林公园、御道口森林名胜区和红松洼国家级自然保护区"一票通游"和联合售检票，产生了巨大的经济和社会效益。林场先后打造七星湖、亮兵台、塞罕塔、木兰秋狝园等18处景点，年旅游收入达5.6亿元。

三、经验总结

"明镜所以照形，古事所以知今"。塞罕坝的建设历程是一部承载民族共同记忆的绿色发展史，也构成了正在发生的新时代林业和草原史。从历史中汲取养分、集聚奋斗动力、坚定奋斗信念，把塞罕坝机械林场的绿色发展奋斗史转化为面向未来的磅礴之力，进一步明确林场定位功能、完善制度设计、提升战略布局以及现代化建设集聚动能，推进塞罕坝绿色发展之路行稳致远。

（一）始终牢固树立马克思主义生态自然观

在马克思主义理论视野下，塞罕坝建设实践中凝聚起"牢记使命、艰苦创业、绿色发展"的塞罕坝精神，始终贯穿着人与自然和谐共生的认识论，始终贯穿着尊重自然、顺应自然、保护自然的生态价值观，始终贯穿着尊重自然规律客观性和发挥主观能动性的实践论。

1. 始终坚持人与自然和谐共生的认识论

在植树造林的艰苦创业过程中，一代代塞罕坝建设者尊重自然规律客观性，坚持以不突破生态系统承载力为前提，谋求人与林、人与地、人与自然界矛盾的相互协调，建设的百万亩林海成为京津冀地区的重要生态屏障，彰显着尊重生态系统规律的深邃观点。塞罕坝精神中所孕育的绿色发展观念是符合区域生产力发展需求的先进意识，符合尊重生态规律客观性的要求，有利于促进区域生态保护和经济社会持续发展。

2. 始终坚持尊重自然、顺应自然、保护自然的生态价值观

在塞罕坝机械林场建设过程中，生态价值观体现为生态效益、经济效益、社会效益之间的衔接匹配，不以牺牲生态为代价换取短期经济效益，真正践行"保护生态环境就是保护生产力、改善生态环境就是发展生产力""绿水青山就是金山银山"的生态

文明理念。在生态价值观的引导下，塞罕坝机械林场的建设实践牢固树立绿色发展理念，加大生态保护修复力度，使塞罕坝生物多样性资源得到有效保护，有效提升了区域生态系统承载力。

3. 始终坚持尊重自然规律客观性和发挥主观能动性的实践论

塞罕坝建设者充分考虑当前生产力发展水平条件下生产关系适应生产力发展的总要求，立足于发展的阶段性特征，在发展理念转型升级与治理模式创新中不断调节实践方式。在实践中，塞罕坝精神鼓舞着一代又一代的务林人投身林业生态建设，牢记使命担当，自觉把握生态规律，发挥主观能动性，凝聚林草科技创新力量，不断提升造林育林质量，逐步探索出生态文明建设的塞罕坝模式。

（二）始终不懈凝练塑造伟大塞罕坝精神

在生态修复奇迹中孕育形成的塞罕坝精神，不仅是全面建设社会主义现代化国家新征程的宝贵精神财富，而且也是推动美丽中国建设的强大精神动能，成为中国共产党精神谱系的组成部分。

1. 在伟大事业建设中铸就伟大精神

新中国成立后，面对当时恶劣的生态环境，年轻的塞罕坝人积极响应党中央提出的"绿化祖国"的号召。以不怕苦、不怕累、不怕死的顽强斗志和意志品质投身祖国绿化事业，实现了塞罕坝从"无树"到"有树"的突破，凝聚起塞罕坝人牢记使命的担当精神。改革开放后，塞罕坝人接续奋斗，在艰苦创业和创新发展实践中，自觉运用林业科学技术开展规模化管护，建设森林公园、成立森林旅游开发公司，塞罕坝机械林场逐步实现由"单功能"向"多功能"的拓展，在现代林业建设道路上迈出绿色发展的新步伐。"忆往昔峥嵘岁月稠"。回顾塞罕坝机械林场的历史征程，经过三代人的艰苦创业、接续奋斗，这片"黄沙遮天日，飞鸟无栖树"的荒漠沙地，变身百万亩林海，构筑起京津冀地区的生态屏障，创造了生态文明建设的中国奇迹。一代代务林人用汗水浇灌出孕育着勃勃生机的塞罕坝机械林场，不仅奠定了"绿水青山有序转化为金山银山"的物质基础，更是用热血铸就起"牢记使命、艰苦创业、绿色发展"的塞罕坝精神。概括而言，塞罕坝由荒原到绿洲的沧桑巨变是生态文明建设的重要成就之一；塞罕坝精神是新时代社会主义生态文明观的生动实践。如今的塞罕坝，不仅是绿意盎然的"美丽高岭"，更是受人景仰的"精神高地"，正在为生态文明建设新征程积蓄新动能。

2. 以伟大精神指引伟大事业高质量发展

在植树造林实践中孕育出的塞罕坝精神激励着造林、营林、护林取得新成效。党的十八大以来，塞罕坝人牢记初心使命，传承优良作风，以绿色发展理念为引领，坚持人与自然和谐共生的实践导向，拓展"绿水青山就是金山银山"的实现形式，在生态文明建设新征程上再建功立业。塞罕坝机械林场被党中央、国务院授予"全国脱贫攻坚楷模"荣誉称号，先后荣获全国先进基层党组织、全国文明单位、全国绿化先进集体、全国生态建设突出贡献先进集体、国有林场建设标兵、感动中国2017年度团体奖、"三北"防护林体系建设工程先进集体、河北省生态文明建设范例等。塞罕坝取得的成绩得到世界的广泛认可和一致赞誉，荣获联合国环保最高奖项"地球卫士奖"和防治荒漠化领域最高荣誉"土地生命奖"，这片"美丽高岭"也向世界诠释了塞罕坝精神的实践伟力。

（三）始终坚持践行生态文明理念

塞罕坝的建设实践与塞罕坝精神是绿色发展的精神象征，也是一座不朽的丰碑，系统而深刻地回答了"如何因地制宜利用区域良好的自然资源禀赋助力绿色发展""如何发挥森林作为水库、粮库、钱库、碳库的作用""如何稳步推进绿水青山与金山银山有序转化"等时代之问。进入新时代，作为中国共产党精神谱系的重要组成部分，在植绿护绿实践中逐渐集聚起的塞罕坝精神，已经成为推进绿色发展的思想源泉和实践动能。

1. 铸就生态文明建设的丰碑

生态文明建设是关乎中华民族永续发展的根本大计。保护生态环境就是保护生产力，改善生态环境就是发展生产力。从"牢记使命、艰苦创业、绿色发展"的塞罕坝精神中汲取绿色发展的新动能，牢固树立新发展理念，探索生态保护优先的高质量发展道路，为天蓝、地绿、水净的"绿水青山"建设目标不懈努力，开启生态文明建设的新征程，构建人与自然和谐共生的崭新图景。

2. 奠定"金山银山"的物质基础

放眼塞罕坝百万亩人工林海，守护着京津冀和华北地区的生态安全，发挥着防风固沙、涵养水源、调节气候等生态功能，"用之不觉，失之难存"，其蕴藏的生态产品价值不可估量。归结起来，近年来，塞罕坝机械林场的建设实践将生态良好作为发展的第一底线，找准了生态底线与群众增收之间的最佳平衡点，让"绿水青山"有序转化成为"金山银山"，让绿色发展的成果真正惠及千家万户，助力当地群众脱贫致富奔小康。

3. 因地制宜探索绿色发展的新路径

围绕林业生态建设的多重功能，着力打造具有生态效益、经济效益、社会效益的塞罕坝生态品牌；依托区域自然资源禀赋打造特色品牌，补足配套基础设施短板，不断提升生态服务及生态产品的供给质量与效率。例如，对尚海纪念林、塞罕塔、月亮湖、七星湖、泰丰湖、治沙示范区、木兰秋狝文化园、滦河源头、金莲映日观赏园、亮兵台风景区、白桦林、大梨树沟景区等自然景观的集群推广，形成塞罕坝特色生态品牌。

历史照亮未来，征途未有穷期。迈向社会主义生态文明新时代，以塞罕坝机械林场建设实践中积累的宝贵历史经验照亮新征程绿色发展之路，传承历史经验、掌握历史主动，在新征程上拿出"咬定青山不放松"的韧劲、"不破楼兰终不还"的拼劲、"踏平坎坷成大道"的闯劲，抓住重要窗口期和历史机遇期，迎难而上、顽强拼搏、久久为功，塞罕坝必将在打造生态空间方面展现新担当，在弘扬塞罕坝精神和绿色发展理念方面取得新成效，在提升区域绿色发展能力方面迈出新步伐，为推进生态文明建设贡献中国精神、中国智慧、中国力量。

（刘志博　杨金融　梁若昕）

塞罕坝

新时期发展
战略研究

第二章　塞罕坝发展战略设计

按照国家决策部署和上级要求，结合发展实际，塞罕坝应坚持"服务国家需求、科学合理设计、依靠人民群众"的基本导向设计战略思路，选择合适的战略发展模式。

一、理论基础

塞罕坝发展战略的设计要基于马克思主义中国化的最新理论成果，借鉴世界先进的经营管理理念，结合实际需求和资源禀赋，全面统筹、系统考虑。其理论基础包括习近平生态文明思想、可持续发展理念、森林生态系统的可持续经营理念和碳达峰碳中和实现的理论。

（一）习近平生态文明思想

习近平生态文明思想是习近平新时代中国特色社会主义思想的重要组成部分，是新时代生态文明建设的根本遵循和行动指南。集中体现为"十个坚持"，即坚持党对生态文明建设的全面领导，坚持生态兴则文明兴，坚持人与自然和谐共生，坚持绿水青山就是金山银山，坚持良好生态环境是最普惠的民生福祉，坚持绿色发展是发展观的深刻革命，坚持统筹山水林田湖草沙系统治理，坚持用最严格制度最严密法治保护生态环境，坚持把建设美丽中国转化为全体人民自觉行动，坚持共谋全球生态文明建设之路。习近平生态文明思想运用和深化了马克思主义关于人与自然、生产和生态的辩证统一关系的认识，深刻揭示了"人与自然和谐共生""绿水青山就是金山银山"的理念，这些认识论、价值论和方法论直接应用于指导新时代生态文明建设的伟大实践，塞罕坝二次创业正是这些理论在林业领域的生动实践。

（二）可持续发展理念

"可持续发展"理念的内涵和定义虽不完全统一，但最为流行的一种解释是1987年世界环境与发展委员会出版的《我们共同的未来》报告，将可持续发展定义为"既满足当代人需求，又不损害后代人满足其自身需求的能力"。1992年6月，联合国在里约热内卢召开的环境与发展大会，通过了以可持续发展为核心的《里约环境与发展宣言》。由于19世纪后半段全球人口增长、资源短缺、环境恶化带来的人们对于自然环境功能、限度、前景等方面的反思，促使政府、企业、研究机构和个体站在各自的立场上对"可持续发展"理念进行深度的挖掘、解构和延伸，并应用于世界各国政府部门的大量政策制定中。显而易见的是，世界上多数国家都制定了基于"可持续发展"理念的战略，而在执行过程中，由于涉及自然、社会、经济、政策等多方面跨部门跨区域的影响，鲜有完美有效的方法平衡各方利益，达成有效共识；同时，则出现了"地方特异性"的特征，对于某一个相对较窄的范畴、区域、实体或组织的研究和应用更具有现实意义。由此可见，可持续发展应用于塞罕坝机械林场这一体量的单位，是具有可行性的。

（三）森林生态系统的可持续经营理念

塞罕坝机械林场拥有大面积的人工林，是典型的人工林生态系统，在战略设计中，可以应用森林生态系统的可持续经营理念。

可持续经营原则覆盖了所有自然生态系统（森林、湿地、草原、荒漠、海洋）的经营活动，包括保护、修复、恢复重建、新建等全部活动内容。"绿水青山就是金山银山"的理念要求这些自然生态系统的经营也能产生价值，包括生态价值、经济价值和文化价值。

森林生态系统要实现"绿水青山就是金山银山"，就需要在维持其可持续性的同时综合发挥其服务功能，在优先发挥其生态功能（调节、支持）的同时还能取得一定的物质产品和文化产品，产生足够的经济效益和社会文化效益。

生态系统的服务功能，按照国际上共同的理解，可分解为供给、调节、文化和支持四大部分。要维持和改善生态系统服务功能就要科学合理、可持续地经营管理好所有生态系统，使之综合发挥其多种功能。这其中包括四条途径：生产木材和其他林产品的途径；发展林下经济的途径；开展生态旅游和文化康养（养生、养老、养病）的途径；提供生态产品和获得生态补偿的途径。

（四）碳达峰碳中和实现的理论

碳达峰指二氧化碳排放量达到历史最高值，经历平台期后会出现持续下降的过程，是二氧化碳排放量由增转降的历史拐点。碳中和又称为碳平衡、碳中性、净零碳排放。联合国政府间气候变化专门委员会（IPCC）定义为在规定的时间内，二氧化碳的人为排放与人为清除之间的正负抵消，吸收量（清除量）等于排放量。实现碳达峰意味着一个国家或地区的经济社会发展与二氧化碳排放实现"脱钩"，经济增长不再以增加碳排放为代价，是一个经济体绿色低碳转型的标志。碳中和则是在发展过程中，经济体可以通过植树造林、固碳等方式增加碳汇从而使碳平衡。在这一进程中，由于森林可以吸收空气中的二氧化碳，并将其固定在植被和土壤中，可减少大气中的二氧化碳，因而被称为森林碳汇，林业可以通过森林保护、湿地管理、荒漠化治理、造林和更新造林、森林经营管理、采伐林产品管理等林业经营管理活动，稳定和增加碳汇量。林业重要的碳汇功能已经为世界各国公认，被纳入应对全球气候变化的国际进程，是应对气候变化国际进程中的重要内容。

二、形势分析

作为我国国有林场的典范，塞罕坝机械林场的战略发展必须置于国际国内两个大局的层面思考，要置于构建人与自然和谐共生的中国式现代化建设进程中思考，置于实现林场各项事业高质量发展的维度思考，不断突破现有瓶颈，走出一条质量更高、效益更好、结构更优、优势能够充分释放的发展新路。

（一）国际形势带来深远影响

当前，国际形势发生深刻的演变，地区安全形势错综多变，局部地区的冲突给全球安全带来巨大影响，大国之间的博弈涉及政治经济、社会形势、合作交流等各个方面，生态环境领域也受到深远影响。

1. 大国战略走向对国际格局影响深远

大国之间的博弈深入各个领域。美国顽固实施霸权主义单边政策，在经济贸易、科技教育、人才合作等方面，特别是新兴技术领域对中国不断施压，一度造成紧张形势。与此同时，中国始终秉持客观公正的基本原则，遵循劝和促谈的正确方向，探寻标本兼治的解决方案，坚定做和平的"稳定器"，不做冲突的"鼓风机"。俄乌冲突带来的复杂严峻形势凸显了美俄地缘政治博弈的长久延续，而欧俄关系又因冲突增加了不信任感，大国竞争走势复杂深远，这种形势带来了全球范围的治理分化与共识的并存，需要不断促进全球贸易规则的变革与完善，推动全球治理向高质量方向发展。

2. 局部冲突与疫情影响叠加引发全球经济持续低迷

俄乌冲突叠加疫情成为21世纪20年代全球格局演变的重要影响因素，影响已经波及能源、粮食等大宗商品价格，严重冲击了全球能源、粮食市场，同时也带来了对我国农业进口和生产的严重影响。俄乌冲突、巴以冲突还对现有国际秩序构成挑战，全球秩序失调，局部动荡加剧。

3. 人和自然关系的问题持续受到各国关注

世界各国高度重视人与自然关系的和谐发展，生态环境与社会经济融合程度不断加深。国际形势呈现出生态环境广受关注，持续与经济、社会深度融合，为经济发展提供新的增长极，为社会和谐稳定提供文化美学价值的整体态势。从生态视角分析不难看出，以"全球变暖"为标志的全球气候变化成为各国的共识，从不同时间和空间上引发了一系列全球性的生态、环境、社会和经济问题，诸如水资源短缺、生态系统退化、荒漠化扩展、海平面上升、生物多样性锐减等，这造成了20世纪中叶以来人类社会面临的资源、环境、发展和公平的严峻挑战。

4. 加强森林资源保护和利用成为各国解决生态环境问题的重要路径

聚焦到森林资源，森林成为生态与经济跨界融合的重要桥梁，森林多元价值实现成为当今世界林业界关注的焦点。2019年在巴西举行的第25届世界林业大会（IUFRO），以"森林研究与合作促进可持续发展"为主题，关注点直接指向森林多元价值的实现，森林资源的可持续经营成为林业发展主要目标，林业产业的内涵已由传统的木材生产逐步延伸至非木质林产品经营、林业资源生物利用、森林游憩资源开发、野生动植物保护繁育、森林生态食品等领域。在经济效益增长的同时，森林的社会效益逐步拓展到环境美化、疗养保健、休闲游憩、提供就业机会、生态安全、促进人类身心健康以及文化价值体现等方面。人与自然和谐共生的理念为越来越多的林业发达国家所关注，森林成为专业领域研究与实践的重要载体。

（二）国内经济社会发展形势

党的二十大报告指出，"从现在起，中国共产党的中心任务就是团结带领全国各族人民全面建成社会主义现代化强国、实现第二个百年奋斗目标，以中国式现代化全面推进中华民族伟大复兴。"这是激励全党全国各族人民奋进新征程、建功新时代的总动员令，我国已经进入全面建设社会主义现代化国家的关键时期。

1. 构建以国内大循环为主体、国内国际双循环相互促进的新发展格局

2020年4月在中央财经委员会会议上，习近平总书记首次提出构建"两个大局"，这是立足实现第二个百年奋斗目标、统筹发展和安全作出的战略决策，是把握未来发展主动权的战略部署，同时也是在深入分析我国超大规模经济体的实际情况后作出的战略判断。我国经济目前总体形势良好，由于疫情冲击，全球经济出现了第二次世界大战之后的最深一次衰退，2020年增速为-3.3%，相比较而言，发达国家增速为-4.7%，而我国经济增速为2.2%，是主要经济体中唯一保持正增长的国家。2013—2021年，我国对世界经济增长的平均贡献率达到38.6%，超过G7国家贡献率的总和，是推动世界经济增长的第一动力。根据《中华人民共和国2022年国民经济和社会发展统计公报》，初步核算，2022年全年国内生产总值1210207亿元，比上年增长3.0%。农林行业稳步发展，全年完成造林面积383万hm²，其中人工造林面积120万hm²，占全部造林面积

的31.4%。种草改良面积321万hm^2。截至2022年年末，国家公园5个。全年木材产量10693万m^3，比上年下降7.7%。

2. 生态文明建设成为解决我国社会主要矛盾的重要举措

经过长期的努力，我国生态文明建设已经取得了显著的成绩，党的十七大提出建设生态文明，党的十八大把生态文明建设纳入"五位一体"总体布局，相继出台了《关于加快推进生态文明建设的意见》《生态文明体制改革总体方案》，制定了40多项涉及生态文明建设的改革方案。党的二十大报告提出人与自然和谐共生的中国式现代化，要坚持可持续发展，坚持节约优先、保护优先、自然恢复为主的方针。生态文明建设进入以降碳为重点战略方向、推动减污降碳协同增效、促进经济社会发展全面绿色转型、实现生态环境质量改善由量变到质变的关键时期。当前，我国社会的主要矛盾发生了转化，人民群众对优美生态环境的需要日益增长。习近平总书记强调："既要创造更多物质财富和精神财富以满足人民日益增长的美好生活需要，也要提供更多优质生态产品以满足人民日益增长的优美生态环境需要。"要实现这一目标，就要求在物质发展过程中兼顾生态保护，要提升资源利用效率，同时降低能源使用强度，要提升经济发展水平和生态资产，实现人民群众物质生活水平和生态产品的双富裕。要坚持新发展理念，把新发展理念完整、准确、全面贯穿发展全过程和各领域，实现更高质量、更有效率、更加公平、更可持续、更为安全的发展。林业作为生态文明建设的基础产业，要通过高质量发展助力中国的生态文明建设。

3. 全面推进乡村振兴，建设宜居宜业和美乡村战略对林业提出新要求

习近平总书记在党的二十大报告中提出"全面推进乡村振兴"，强调"建设宜居宜业和美乡村"。这是新时代新征程对正确处理好工农城乡关系作出的重大战略部署，为全面推进乡村振兴、加快推进农业农村现代化指明了前进方向。中国要美，农村必须美。建设宜居宜业和美乡村涉及农村生产、生活、生态各个方面，既包括现代化的生活条件、丰富的就业机会，也包括人居环境的改善、生态环境的向好。"林业兴则生态兴，生态兴则文明兴"，在建设农业强国的新征程上，林业发挥着重要作用。发展林业产业是绿水青山转化为金山银山的重要途径，森林既是重要的生态屏障，也是农民的重要生产资料，发展林业是全面推进乡村振兴、巩固拓展脱贫攻坚成果的必然要求；发展林业产业是推动高质量发展和创造高品质生活有机结合的重要渠道，林业产业的相关产品能够满足人民群众对优质绿色产品和生态服务的需求；发展林业是繁荣乡土文化的重要抓手，美丽自然的乡村环境能够体现各地文化特质，留住青山绿水、记住乡愁乡韵、滋养乡景乡味。

4. 实现双碳目标引发社会经济的系统性变革

碳达峰碳中和战略是我国统筹国内国际两个大局做出的重大战略决策，是着力解决资源环境约束突出问题、实现中华民族永续发展的必然选择。IPCC 发布了 6 次气候变化评估报告，确认气候变化是工业革命以来 200 多年间，人类过量使用化石燃料和毁林导致排放过多的温室气体而造成的气候灾难，气候变化的负面影响已经在全球显现，并形成了严重危害。我国作为一个负责任的发展中国家，坚持"共同但有区别的责任"原则，提出力争 2030 年前实现碳达峰、2060 年前实现碳中和的宏伟目标。2021 年 3 月，中央财经委员会第九次会议进一步提出"实现碳达峰、碳中和是一场广泛而深刻的经济社会系统性变革"。2021 年 9 月，《中共中央国务院关于完整准确全面贯彻新发展理念做好碳达峰碳中和工作的意见》正式发布，对"双碳"工作进行了系统谋划和总体部署。党的二十大报告指出，积极稳妥推进碳达峰碳中和。立足我国能源资源禀赋，坚持先立后破，有计划分步骤实施碳达峰行动。这是对能源使用方式和人们生活方式的根本性变革，2021 年，我国相继出台了《2030 年前碳达峰行动方案》等政策制度文件，相关工作正在积极稳妥地推进。可以预见，"双碳"目标将成为未来数十年影响中国政策制定与社会发展的重要因素，对经济结构、能源结构、交通运输结构和生产生活方式都将产生深远的影响。林业是有利于"双碳"目标实现的有效途径，但需要进一步探索有效发挥作用的机制。

（三）塞罕坝现状及挑战

1. 发展现状

塞罕坝发展现状主要包括森林生态资源、社会人口和经济发展。

在森林生态资源方面。塞罕坝平均海拔 1500m，年均气温 –1.5℃，极端最低气温 –43.3℃，年均积雪日数 169 天，年均 6 级以上的大风日数 47 天，年均无霜期仅 72 天。塞罕坝现有林地面积为 76733.33hm²，森林覆盖率超过 82%，预计 2030 年左右可达到 86%，并且稳定保持在这一标准，林场中 43600.85hm² 的中幼林正处于旺盛生长期，具有很强的木材资源供给潜力。活立木总蓄积量 10367970m³，2012—2020 年经营期内全场活立木总蓄积量增加 2261582m³，经营期内年蓄积净增长 323083m³，中径组（胸径 13～24.9cm）乔木林蓄积量占比 66.6%，具有巨大的中小径材的生产潜力。其中，已培育的樟子松大径材目标林达 0.4 万 hm²，蓄积量在 225m³ 以上，大径无节良材生产潜力较大。从塞罕坝 2020 年全场林分生长量 492593m³ 来看，每公顷乔木林年均生长量为 6.59m³，按照年采伐量小于生长量的基本原则，全场最大允许年采伐量可达 24.7 万 m³。

57%的林地处于生长高峰期，因此年生长量远高于最大允许年采伐量24.7万 m^3 。在保护生态系统的前提下，合理利用塞罕坝林木资源，是当前塞罕坝践行"绿水青山就是金山银山"理念最为直接有效的方式。

在社会人口方面。塞罕坝经过多年的发展，充分带动了周边区域的社会发展。林场总场现有人口2528人（含一个农业村），1122户。自然保护区周边涉及姜家店乡的5个自然村，人口约7500人。林场所在区域总人口达到4.58万人，以满族、蒙古族、汉族、回族4个民族为主。

在经济发展方面。塞罕坝经济发展持续向好，区域辐射作用显著，碳汇交易助力高质量发展。林场在经营收入方面，林场主营业收入达26.4亿元，其中，森林抚育与利用原木产品17.5亿元，工程造林与园林绿化苗木1.8亿元，生态旅游5.6亿元，其他收入1.5亿元，分别占66.29%、6.82%、21.21%和5.68%。林场助推区域高质量发展，带动周边4万多名群众兴农致富、共享生态红利，带动2.2万名贫困人口实现脱贫；通过发展乡村游、农家乐等多种业态，每年实现社会总收入6亿多元；建设生态苗木基地4400多亩。还为当地提供4000多个就业岗位，真正实现"金山银山"。充分挖掘生态价值优势，据中国林业科学研究院科研团队核算评估，林场森林湿地资源资产总价值达231.2亿元。2018年8月，塞罕坝机械林场在北京环境交易所达成首笔造林碳汇交易，碳汇项目已成功在国家发展改革委备案474万t，保守估计经济收益可达数亿元，已完成碳汇交易16万t，实现收益309万元。

2. 政策导向

林场的战略设计要严格贯彻落实国家政策要求，落实上级的制度要求。近年来，国家林业和草原局，河北省委、省政府高度重视塞罕坝机械林场改革发展，先后出台了《塞罕坝机械林场及周边区域森林草原生态保护规划（2020—2035年）》《推进塞罕坝机械林场"二次创业"的实施方案》《塞罕坝机械林场基础设施优化提升方案》和《塞罕坝机械林场安全综合管理办法》。河北省林业和草原局会同承德市政府编制了《塞罕坝机械林场及周边地区可持续发展规划（2018—2035年）》，印发了《塞罕坝机械林场"二次创业"方案》和《塞罕坝机械林场及周边区域管理体制改革创新方案》等。塞罕坝机械林场也编制完成了《总体规划》《场部建设规划》《国家森林公园总体规划》《国家级自然保护区总体规划》《防灾减灾救灾体系建设规划》《生态旅游发展专项规划》。这一系列规划、方案的出台，为塞罕坝机械林场"二次创业"提供了有力政策支持和科学遵循，为实现高质量发展注入了强大动力。目前对塞罕坝发展影响较大的主要有如下政策。

2021年，国家林业和草原局等四部委出台《北方防沙带生态保护和修复重大工程建设规划（2021—2035年）》，塞罕坝机械林场所在地围场满族蒙古族自治县被纳入京津冀协同发展生态保护和修复工程重点项目中的"张承坝上地区生态综合治理项目"。该项目要求"严格保护天然林和公益林，禁止商业性采伐活动；全面加强塞罕坝、冬奥赛区等重点区域森林草原植被保护修复"。

2022年年底，国家林业和草原局、财政部、自然资源部、生态环境部共同出台《关于印发〈国家公园空间布局方案〉的通知》，依据《建立国家公园体制总体方案》《关于建立以国家公园为主体的自然保护地体系的指导意见》等文件精神，对国家公园空间布局做出安排，其中燕山—塞罕坝国家公园成为华北地区重要的国家公园体系。

2022年9月，根据《中共河北省委机构编制委员会办公室关于调整河北省塞罕坝机械林场（河北塞罕坝国家级自然保护区管理中心）机构编制的通知》（冀编办字〔2022〕53号）文件要求，河北省塞罕坝机械林场（河北塞罕坝国家级自然保护区管理中心）分类类别由公益二类调整为公益一类，经费形式由财政性资金定项或定额补贴补助调整为财政性资金基本保证。调整后，不得承担生产经营职能。

2023年3月，国家林业和草原局出台《扩大全国森林经营试点实施方案（2023—2025年）》提出"加快推进森林资源从数量扩张为主到数量质量并重、存量增量并重转变，优先加强人工林、商品林经营，有序推进天然林、公益林中的中幼龄林培育，优化林分结构和树种组成，切实提高森林质量和森林生态系统功能。"早在2020年，塞罕坝国有林场就被纳入全国森林经营试点单位名单，成为首批森林经营试点单位。

从上述政策中不难看出，塞罕坝机械林场的战略规划必须着重处理好3个方面的关系：生态保护与森林经营的关系；林场发展与社会民生的关系；精神传承与社会影响的关系。森林系统可持续经营的发展模式，适合塞罕坝"二次创业"的现实需求，需要结合塞罕坝的实际做好微调。

3. 机遇挑战

一是塞罕坝林业产业结构不完善且林业发展模式单一。木材、旅游、苗木是塞罕坝的支柱型产业，其中木材产业的销售收入占比约40%，"一家独大"的产业模式存在风险。由于塞罕坝的第二产业缺失，其他产业补充乏力，造成了没有其他经济来源分担压力，导致了抗风险能力较差，一旦林木主导产业出现问题，很难在短时间内找到可以替代的经济源。风能利用、林业碳汇等发展前景大、预期收益高的产业在塞罕坝地区正处于起步阶段，还需要时间静待收益。

二是缺少先行的成熟经验得以借鉴。处于"二次创业"机遇期的塞罕坝，如同60多年前面对一望无际沙漠的前辈，又一次站在了历史的抉择点上。塞罕坝具有自身独特的优势，虽然地处半干旱地区、高寒高海拔，从自然地理条件上看并不适宜大面积乔木林生长，但年平均气温低、蒸发量少弥补了降水量少的缺点，水量能够满足大面积成片林生长的需要，这也是客观上塞罕坝人能够创造百万亩林海奇迹的重要基础，也是战略设计层面上不可忽视的实际情况。国有林场的战略设计必须结合实际，难以有现成的发展范式可供复制，这就需要因地制宜地找出具有自身优势特色的发展模式。同时塞罕坝作为全国国有林场的标杆，还需要依托独特的自然生态条件和社会人文环境，总结经验，开拓创新，发挥带动作用。

三是基础设施条件的不足削弱了长期快速发展的后劲。由于区位的原因，塞罕坝地区的交通条件并不便利，通信、电力等基础设施相对落后，信息灵活度也较低，与外界的交流较为滞后。以交通为例，虽然近年来，塞罕坝地区的道路不断修缮，但仍然无法满足森林旅游、木材或苗木销售等产业发展的需要。林业设备的基础设施方面，同样需要及时更新，作为全国国有林场的标杆，不能局限于满足基本使用的现状，需要从长远考虑，超前谋划，引进国际一流、国内领先的仪器设备，提升信息化、机械化程度，为推动森林资源的高质量发展奠定良好的基础。

四是高水平人才的数量和质量与塞罕坝的需求相比还有差距。近年来，塞罕坝机械林场注重培养专业化、复合型、高素质的技术队伍，不断磨炼优秀技术骨干的专业业务能力，提升领导干部的管理水平。截至2020年年底，全场共有研究生学历12人，本科学历222人，正高级工程师73名，高级工程师103名，2人获青年科技专家称号。但具有大学本科人员比例为24%，虽然相比一般林场而言，在人员数量、学历方面有一定的优势，但从事业发展的角度考虑，高水平人才仍然相对较少，会直接影响事业的持续稳定发展。究其原因，并非塞罕坝机械林场一家存在的问题，从我国林业行业的整体形势来看，基层林场的人员知识水平还普遍偏低，高水平人才如具有本科学历的林业专业的毕业生，就业意向大多不会选择基层林场，认为林场工作艰苦，发展前途较小，即便是在塞罕坝机械林场这种全国知名的林场，吸引力仍然有限。

三、总体思路

塞罕坝新时期发展战略为在保证生态功能的前提下，开展森林可持续经营。

（一）指导思想

塞罕坝机械林场的发展要全面贯彻落实习近平新时代中国特色社会主义思想，坚持创新、协调、绿色、开放、共享的发展理念，践行"绿水青山就是金山银山"的理念，坚持以人民为中心，全面加强塞罕坝机械林场及周边地区生态保护与建设，科学营林、造林、护林，加快生态产品价值实现并提高其价值，将塞罕坝机械林场打造成全国生态文明和绿色发展示范区，全球生态治理和可持续发展典范。

（二）行动举措

1. 实施严格的生态保护

按照国家对自然保护地的定位，严格落实"对重要的自然生态系统、自然遗迹、自然景观及其所承载的自然资源、生态功能和文化价值实施长期保护"的要求。守护自然生态，保育自然资源，增加生物多样性与地质地貌景观多样性，维护自然生态系统健康稳定，增强生态系统服务功能；服务社会，为人民提供优质生态产品，为全社会提供科研、教育、体验、游憩等公共服务；维持人与自然和谐共生并永续发展。要将生态功能重要、生态环境敏感脆弱以及其他有必要严格保护的各类自然保护地纳入生态保护红线管控范围。

2. 实施分区差异管理

根据各类自然保护地功能定位，既严格保护又便于基层操作，合理分区，实行差别化管控。按照GB/T 39736—2020《国家公园总体规划技术规范》的要求，国家公园管控区一般分为核心保护区和一般控制区，核心保护区是自然生态系统保存最完整、核心资源集中分布，或者生态脆弱需要休养生息的地域，原则上禁止人为活动，实行最严格的生态保护和管理。一般控制区是在确保自然生态系统健康、稳定、良性循环发展的前提下，允许适量开展非资源损伤或破坏的科教游憩、传统利用、服务保障等人类活动。塞罕坝根据目前实际情况，按照《河北塞罕坝国家级自然保护区总体规划（2019—2028）》，已经安排了核心区、缓冲区和实验区。战略设计中可按照核心保护区、一般控制区和多功能经营区，在保障国家公园生态保护的基础上，兼顾周边居民的生产生活需求。

3. 探索全民共享机制

在保护的前提下，在自然保护地控制区内划定适当区域开展生态教育、自然体验、生态旅游等活动，构建高品质、多样化的生态产品体系。完善公共服务设施，提升公共服务功能。按照GB/T 39736—2020《国家公园总体规划技术规范》的要求，功能区可以分为严格保护区、生态保育区、传统利用区、科教游憩区等。扶持和规范原住居民开展环境友好型经营活动，践行公民生态环境行为规范，支持和传承传统文化及人地和谐的生态产业模式。推行参与式社区管理，按照生态保护需求设立生态管护岗位，并按照购买服务的方式，优先安排原住居民。建立志愿者服务体系，健全自然保护地社会捐赠制度，激励企业、社会组织和个人参与自然保护地生态保护、建设与发展。

4. 试点森林可持续经营

按照《扩大全国森林经营试点实施方案（2023—2025年）》要求，要初步建立科学可行的森林经营方案制度，探索有效的森林经营管理决策机制，建立推进森林经营工作的保障机制。研究制定与不同类型森林经营相匹配的政策供给、技术标准、差别化投入等保障体系。打造多样化、可复制、可推广的森林经营样板。塞罕坝作为第一批试点中具有代表性的林场，要结合资源禀赋、立地条件、经济能力，有所侧重，突出重点，选择典型森林类型，打造国家级森林经营先进示范样板，为全国森林经营提供生动典型的示范实例。

（三）战略任务

1. 打造符合中国式现代化要求的高水平国有林场

中国式现代化的本质要求是坚持中国共产党的领导，坚持中国特色社会主义，实现高质量发展，发展全过程人民民主，丰富人民精神世界，实现全体人民共同富裕，促进人与自然和谐共生，推动构建人类命运共同体，创造人类文明新形态。作为国有林场的标杆，要走中国式现代化发展道路，推动高质量发展，要找到量的合理增长和质的有效提升的平衡点，系统性思考塞罕坝机械林场经济发展的合理增量区间和模式选择，通过科技创新激发活力、数字信息赋能新型业态、机械化深度融合和广泛开拓国际合作空间等形式，实现高质量发展。

2. 打造"美丽中国"的典型示范区

作为京津冀重要的生态屏障，塞罕坝是温带森林、草原生态系统的典型代表，也是生态修复的典范之一，这些无疑为塞罕坝机械林场"二次创业"提供了转型升级的重要契机。要持续加大自然生态系统保护力度，保持自然生态系统的原真性和完整性，保护生物多样性和生态安全屏障。要更大力度地推进系统化治理，提高森林生态系统的稳定性。合理开发科研、教育和游憩等功能，提供多种优质生态产品，深入挖掘塞罕坝的丰富文化底蕴，激发人民生态文明意识，把塞罕坝建成美丽中国的典型示范区。

3. 打造践行森林生态系统可持续经营的生态文明典范

塞罕坝机械林场于2022年被纳入全国森林经营试点单位,要在保证生态优先的基础上,高质量开展森林经营试点,建立起以森林质量为导向的森林经营政策、技术、投入和保障体系。推动森林生长量持续提升、林分结构更加优化,森林生态系统服务功能和固碳能力逐步增强。在创造生态修复世界奇迹之后,再实现森林生态系统的可持续经营,为实现"绿水青山就是金山银山",打造具有中国特色的生态文明样板林场提供典型案例。

(四)战略实施

塞罕坝可采用"3411"实施路径,即三项基础性战略、四项探索性战略、一项发展愿景和一项保障性战略。

三项基础性战略是生态保护战略、森林培育经营战略、经济发展战略,其中生态保护战略是基本底线,要牢牢把生态安全放在第一位;森林培育和经营战略是资源基础,塞罕坝的森林资源是其保持长期稳定高质量发展的优势源泉,采用分区培育和经营的战略;经济发展战略是责任担当,塞罕坝机械林场要以自身的可持续发展带动周边居民安居乐业,改善民生福祉,实现和美共富。

四项探索性战略是木材生产经营战略、景观和生态旅游发展战略、生态补偿战略、林下经济和经济林产业战略。结合塞罕坝的历史经验和实际情况,应持续加强木材生产经营,建立以森林经营方案为基础的内部决策管理和外部支持保障机制,通过科学合理的抚育间伐,保证年采伐量在40万~45万 m^3,维持森林合理的年龄结构,构建新型木材产业生产经营体系,提升木材产业效益。持续推动景观和生态旅游发展,构建"一核引领、两带延展、三网贯通、六区联动、多点融合"的景观空间布局。打造基础设施、服务设施建设低强度、环境友好、绿色低碳的自然教育、生态体验、户外运动、生态露营、森林康养相融合的生态旅游模式。可适时探索通过公共财政补偿、跨区域生态补偿和市场化补偿等方式,建立以财政转移支付为主体的市场化、多元化补偿格局。在上述发展的基础上,如有余力,可探索发展林下经济。

一项发展愿景即塞罕坝宏观战略构想,包括信息化、机械化、科学化和国际化的战略构想,一项保障措施即通过组织结构再造、城镇社会影响、精神文化引领和政策制度建设等提供的战略保障措施。

四、战略目标

塞罕坝机械林场发展总体目标分为2035年和2050年两个阶段。

（一）2035年实现目标

第一阶段，到2035年，我国基本实现社会主义现代化，塞罕坝机械林场形成健康稳定高效的森林生态系统，实现信息化、科学化、机械化和国际化相互协调、共同促进的现代化林场建设模式，建成全球变化背景下人与自然和谐共生、生态与经济社会协调发展的全国领先、国际知名的现代化林场；建成全国森林经营综合试验示范区、全国森林文化科普基地和环境教育基地，为世界生态文明建设示范地奠定坚实的基础。

具体指标如下：

1. 森林培育和经营

完成山水林田湖草沙生态系统基础布局，实现河流、湖泊、湿地进一步修复，自然景观格局进一步优化；基本建成稳定、健康、高效的森林生态系统，受森林火灾、林业有害生物、气象灾害等自然灾害危害的森林面积持续减少；乔木林面积由74777.45hm^{2}增加到78198.27hm^2，森林覆盖率由82.%提高到86％，森林蓄积量由1036.8万m^{3}增加到1400万m^3；单位面积森林蓄积量由138.6m^3/hm^{2}增加到180m^3/hm^2，大径级林木培育面积比例超过20%；林分结构进一步得到优化，混交林面积比例超过27%，异龄复层林面积达到30%以上；森林生态系统的防风固沙、水土资源保护能力进一步提升，侵蚀模数降低30%。

2. 生态保护

森林、灌丛、草地、湿地等自然生态空间的总面积保持稳定，森林生态系统质量与稳定性有所提升，野生动植物栖息地质量明显改善，抵御有害生物、气象灾害等自然灾害的能力得以增强，生态系统的防风固沙、水源涵养、土壤保持、碳固定能力稳步提升，区域生态安全水平不断提高，生态产品价值实现路径初步建立。

3. 经济建设

塞罕坝机械林场的森林资源得到多功能的利用，探索出具有塞罕坝品牌特色的经济发展模式，生态优势逐步转化为经济优势，林场新型的产业链销售模式已经建立，林下食品、林下饲料、林下养殖等林下经济产业链得到传播，以及森林科普、森林观光等普惠森林体验服务产业得到认可，形成优势特色产业集群。林场成立自主碳汇品牌，森林资源综合效益稳步提升。特色经济林、森林体验、森林旅游、林下经济等特色产业模式已经完备，地方优势特色林业产业集群得到培育。

4. 社会效益

塞罕坝机械林场的基础设施保障完备，林区的道路密度合理化，全面完成林场电网升级改造，林场建立多个高质量培育基地，生态产品的供给渠道增加，生态文化得到弘扬，人才工作机制得到创新。塞罕坝对周边的辐射带动作用显著，为周边居民提供大量的就业机会。塞罕坝精神高度发扬光大，成为全国林业系统党建培训的示范基地。

5. 内部治理

探索林场中国式现代化的基本路径，形成一批可复制、可推广的经验成果，形成信息化、机械化、科学化和国际化的发展模式。逐步构建具有塞罕坝机械林场特色的内部治理体系和治理结构，科学配置组织机构，优化职能定位，有效发挥岗位人员的动能，工作人员年龄结构、学历构成日趋合理，创造力迸发，建成了一批具有工作能力、科研潜力和创新活力的干部人员队伍。

（二）2050年实现目标

第二阶段，到2050年，我国建成富强民主文明和谐美丽的社会主义现代化强国，塞罕坝实现林业现代化，建立完备的生态保护空间新格局，生态保护和资源利用协调并进，形成了森林资源可持续经营且循环利用的完整链条。塞罕坝精神深入人心，形成完善的品牌经济体系和成熟的文化传播体系，形成国内领先、国际具有一定影响力的生态文明实践模式。利用高度发达的人工智能和大数据技术，建立完善的森林资源数据库，实现林场高度信息化和机械化管理。森林康养、生态旅游、自然教育等模式示范引领全国，林场及周边生活布局更加科学，现代化教育、医疗设施更加完善。

五、基本原则

塞罕坝发展战略的基本原则应从5个方面归纳，即森林高质量发展；实现森林生态系统健康安全；绿色产业结构发展合理充分；职工福祉不断提升，社会效益区域辐射作用显著；林场管理机制健全与管理手段先进等。

（一）以科学经营推动林地生产力提升

坚持以科学的森林经营措施推动林地生产力提升和森林高质量发展。按照以培育健康稳定高效多功能森林生态系统为核心的发展目标定位，严格遵循森林演替规律，通过森林经营措施，促进森林正向演替，形成稳定的地带性乡土树种混交林，提高森林生态系统稳定性；把握"整体性原则"，以小流域为基本规划单位，按照"整体经营、综合设计、集中作业"的原则进行全流域规划设计；兼顾"生态经济协调性原则"，在保障森林结构逐步改善、森林主导功能逐步提升或保持的前提下，通过森林经营活动，提高森林林地生产力，生产优质木材和其他林产品。最终实现森林资源数量不断增加，森林资源结构不断优化，森林质量精准提升，森林生产力稳步上升，森林生态安全及生态服务功能不断加强的森林经营目标。

（二）以系统治理保持生态系统稳定性

坚持以"山水林田湖草沙"系统治理理念保持生态系统稳定。坚持生态优先，通过科学合理的森林经营活动，改善森林生态系统结构，提升森林生态系统防风固沙、水土保持、生物多样性保护和森林景观效果，保证森林结构合理、林龄结构合理、林种结构合理，提升森林生态系统的质量和稳定性。保持现有森林、灌丛、草地、湿地等自然生态空间总面积相对稳定和动态平衡，改善野生动植物栖息地质量，增强抵御有害生物、气象灾害等自然灾害的能力。不断提升区域生态安全水平，初步建立生态产品价值实现路径。

（三）以两山理念指引经济可持续发展

强化对森林资源的基础评价，对现有经营资源做好经济效率分析，优化投入组合，有效组织资源，实现生态产品高质量及高效率供给。依托各类基础资源建立相对完整的产业链条，践行森林可持续经营理念，在优先保证森林生态系统的生态功能的基础上，开展森林抚育采伐和森林主伐更新等森林经营活动，探索建立木材加工产业，形成木材的全产业链条。优化完善的绿色产业结构，高标准高质量发展林下经济、自然教育、生态旅游等经济模式，在提高获得收益的能力的同时，带动周边地区生态产业的各类效益提高，在更高水平上实现绿色发展，促进"绿水青山"向"金山银山"转化。

（四）以人民为中心发挥社会服务效能

通过塞罕坝机械林场的高质量发展，有效发挥森林的多功能作用，实现林场职工生活水平的提升，包括工资收入的提高，家庭教育、养老、就医的保障，优美舒适的生活工作环境，丰富的文化体育活动，愉悦的文化精神。围绕共同富裕的时代要求，充分发挥塞罕坝机械林场全国脱贫攻坚楷模示范引领作用，为周边区域提供更多直接或间接就业机会，通过驻村帮扶、生态旅游、苗木生产，积极引导周边区域发展乡村游、农家乐、苗木种植等产业，带动区域经济发展，助力周边居民共同致富，实现乡村振兴。

（五）以现代治理模式助力高质量发展

制定健全的管理体制，落实国有林场区域林长森林资源保护发展任期责任制、将国有林场发展纳入当地经济社会发展规划、完善国有林场科技创新应用机制、将国有林场各项支出全部纳入各级政府公共财政预算体系等。全过程提高现代科技化率，通过建立地、空全方位数字化平台，基于完整全面的多种生态系统的数据库，充分运用数字要素，提升各类要素的生产率。在培育、保护、利用、加工、贸易等全流程利用可控、可追溯的高科技的管理技术，建成规划科学、经营精准、效益显著的现代化林场，发挥林场管理与技术现代化的示范作用。

（杨金融　姜雪梅）

塞罕坝
新时期发展
战略研究

第三章 塞罕坝生态保护战略

塞罕坝的生态系统保护具有重要战略意义，是深入实施京津冀协同发展重大国家战略，推进首都"两区"建设，构建区域生态安全屏障的重要举措。需要在着力提高生态系统服务功能，为人民提供优质生态产品，维持人与自然和谐共生、可持续发展方面狠下功夫。

一、塞罕坝生态系统现状及变化评估

（一）塞罕坝生态系统现状

塞罕坝生态系统以森林生态系统为主。自然生态空间约占土地总面积的90%，主要由森林（乔木林+疏林）构成，其次是灌丛（国家特别规定灌木林）、草地和湿地（河流+湖泊+湿地）生态系统，面积依次为73676hm²、1028hm²、1893hm²、2234hm²，分别占土地总面积的78.8%、1.1%、2.0%、2.4%。农业空间约占土地总面积的1.5%，主要类型为耕地，面积为1351hm²，占比为1.4%。各分场生态系统的面积见表3.1。

表 3.1　塞罕坝各分场生态系统面积

单位：hm²

分场	森林	灌丛	草地	湿地	农田	其他
北曼甸林场	12388	87	172	903	8	2191
大唤起林场	16744	56	161	16	248	1759
千层板林场	13500	259	183	1160	204	2756
三道河口林场	7954	492	69	95	89	1633
第三乡林场	8531	66	29	36	104	1435
阴河林场	14559	68	1279	24	698	3053

注：不包含建设用地。

塞罕坝大部分森林质量中等。全场林地质量以二、三级占比最高，土壤类型主要为棕壤和森林土。其中，二级质量林地面积39095hm²，占41.8%；三级质量林地面积47358hm²，占50.7%；四、五级质量林地占比较小，仅为7.5%。林场的单位蓄积量为10m³/亩，是全国人工林（4.0m³/亩）的2.5倍，乔木林年均生长量492593m³。在龄组结构上以中龄林面积占比最大，达到30.4%；幼龄林和近熟林次之，分别为27.9%和24.6%；成过熟林面积占比较低，仅为17.0%。2020年全场累计发生病虫害13569hm²，局部地块受害严重且集中。

天然林生态功能高于人工林。根据单位面积蓄积量、森林自然度、森林群落结构和树种结构（图3.1），进行森林生态功能评价，结果显示人工林生态功能等级明显低

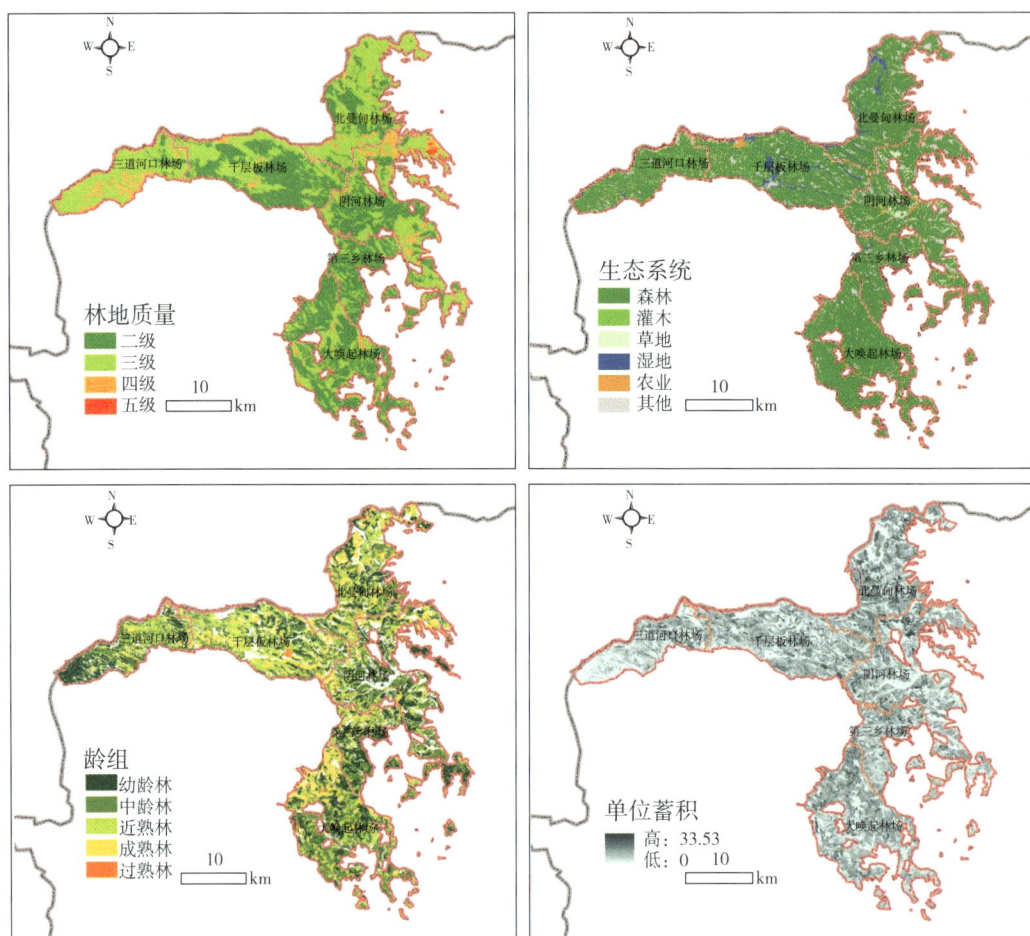

图 3.1 塞罕坝生态系统类型和质量现状

于天然林，人工林处于生态功能中等以下的森林面积占 70%，而天然林中处于生态功能中等以下的森林面积仅为 10%，生态系统发挥功能较低的森林主要集中于石质阳坡的人工林中，这是由于阳坡土层薄、光照强、温度高、水分蒸发量大、土壤养分含量低，不适宜植被生长和腐殖质层积累。保护区内森林生态功能等级均为中等及以下，可见针对保护区内人工林采用完全封育不经营的方法对森林生态功能的恢复和提升并无促进作用。适度经营可以优化林分结构、改善林下生境、改良土壤养分，进而促进更新、提高植被多样性、推动养分循环，对人工林生态功能提升有重要作用。

（二）塞罕坝生态系统变化

60 余年来，塞罕坝的生态系统发生了极大变化：1962—1983 年，生态环境初步恢复；1983—2002 年，随着造林、营林技术进步，塞罕坝生态环境整体得到修复；2002 年以来，造林成活率大幅提高，森林覆盖率明显提升。

1. 生态环境初步恢复阶段

新中国成立后，塞罕坝生态恢复进程相对缓慢，一般认为，1962—1983 年是塞罕坝生态环境初步恢复阶段。1949—1962 年，塞罕坝生态主要依靠自然地力及少量人工造林，虽然有一定程度的好转，但是由于缺乏经营管理经验及高寒造林技术，塞罕坝恢复程度有限。据林场档案记载："1962 年国家塞罕坝机械林场建立初期，原有塞罕坝、阴河、大唤起 3 个国营林场彼此相连，共经营面积约 184 万亩，坝上丘陵草原约 100 万亩，坝下山地约 80 万亩。现有次生林 19 万亩，疏林 11 万亩，几年新造幼林 4 万亩，尚有宜林地约 130 万亩，合适机耕 57 万亩"。这记录了塞罕坝机械林场早期造林阶段，在宜林地营造大面积用材林，使区域植被覆盖率初步提高。至 1978 年左右塞罕坝机械林场发展初具规模，经营总面积 147 万亩，林地面积 109 万亩，包括次生林 40 万亩，人工林 69 万亩，宜林荒地和荒地 19.5 万亩，除去条件比较困难的近期不能造林的荒山荒地 13.5 万亩，特用地 15 万亩，农牧业用地 3.5 万亩。1978 年开始第一次间伐，为国家建设提供木材，基本上完成了建场初期主要任务，建成 115 万亩用材林，初步改善塞罕坝生态环境，水土得到保持，一定程度上缓解了北京、天津、华北地区风沙危害。然而，因早期造林技术条件及高寒生态环境限制，虽然做到了适合种植什么树种，就先栽植什么树，但所选树种仍然相对单一。人工林树种、林种结构单一严重影响人工林生态效益发挥。加之对生态认识的局限性，很多区域没有做到适地适树。塞罕坝沙质土地和立地条件差的区域也因为技术的限制，导致一些地区没有进行整体生态修复。

2. 生态系统整体修复阶段

1983—2002 年随着思想观念改变、林场功能转变，以及造林、营林技术进步，塞罕坝生态环境进一步恢复。林场成立初期，执行"以林为主，林粮并举，多种经营，综合利用"经营方针，林业主要任务是为生产服务，因受到当时认识的局限，只讲生产，对林业生态效益和多种经营关注较少。20 世纪 80 年代后，国家对林业发展认知科学化，对林业生态效益和经济效益有了更为深刻的认知。随着国营林场改革逐步深入，国有林场更多倾向于提升生态服务功能，大多定位为生态型林场，根据《中共中央、国务院关于加快林业发展的决定》规定，"生态公益型林场是以保护和培育森林资源为主要任务，按从事公益事业单位管理，所需资金按行政隶属关系由同级政府承担"，而"塞罕坝机械林场定位是生态公益型林场"，表明塞罕坝机械林场功能定位发生转变。这一时期，塞罕坝机械林场注重人才引进和林业科研，1976 年，塞罕坝机械林场成立科研所，科研人员33人，投入科研经费达400万元。伴随造林技术和林业科研进步，塞罕坝机械林场造林树种、林种的范围扩大，立地选择范围也扩大，人工林栽植与修复生态环境结合科学化，推动了塞罕坝生态环境的恢复发展。至2002年，塞罕坝已有人工林4.5万 m^2，形成林分林龄较集中，10~25年生林分占59.4%，25~35年生林分占40.6%。经过京津风沙源治理工程阶段，主要针对一些沙丘地、立地条件较差坡地，塞罕坝机械林场通过封山育林、采种基地和种苗基地建设任务，有林地面积进一步增加，林区内沙化现象得到进一步治理，改善了林场和周边地区的生态环境。

3. 生态系统极大改善阶段

2002年以来，塞罕坝机械林场的造林成活率大幅提高，森林覆盖率明显提升，生态系统得到极大改善和恢复。进入21世纪，林场完成由木材生产型林场向生态型林场转变，对塞罕坝生态建设有着重要意义。"十三五"期间，河北省下达塞罕坝机械林场采伐限额控制在每年20.4万 m^3，但林场实际林木蓄积消耗量控制在13万 m^3 左右。2012—2020年，塞罕坝机械林场自然生态空间扩大，尤其是森林面积增加了3999 hm^2，增幅为5.7%，但湿地面积减少了1488 hm^2，减幅为40%。全场共有21469 hm^2 土地利用发生变化，占土地总面积的22%。其中最主要的变化形式是荒山、未成林、未利用林地向乔木林转变，面积达8753 hm^2。湿地主要转变为乔木林（1324 hm^2），其次转变为坑塘（443 hm^2）和特殊灌木林（116 hm^2）。自然生态空间向农业空间的转化较少，其中转变为耕地和苗圃面积403 hm^2，转变为乡村、工矿、道路等面积105 hm^2。经过2012年以来的造林活动，疏林地面积得到有效控制，逐步恢复为乔木林；无立木林地和宜林地面积减少，沙化面积得到有效治理，森林覆盖率由75.5%增加到82.0%。森林蓄积量由810万 m^3 增加到1036万 m^3，乔木林单位蓄积量增加了18%。乔木林龄结构得到调整优化，成过熟林的面积占比从4.4%提高到17%。2012年后森林病虫害发生面积逐渐减少，但2015年后森林病虫害发生面积逐渐增多，2018—2020年病虫害呈爆发之势。

二、塞罕坝面临的生态问题与挑战

回顾塞罕坝的发展历史，尽管目前已取得显著的生态成效，林场在防风固沙、涵养水源、生物多样性保护方面发挥了重要作用，但由于人工林生态系统自身的特点加上气候变化的影响，塞罕坝地区仍面临较严峻的生态环境问题，未来可能阻碍其可持续发展。

（一）人工林稳定性较差

塞罕坝人工林群落结构简单，多数为同龄纯林，生态系统稳定性较差，极易受病虫害侵袭，抵御自然灾害能力较弱。林场多年来始终以落叶松、云杉、樟子松为三大造林针叶树种，人工林的生物丰富度和多样性都比天然森林低，大面积栽植高度单一的树种为适合这个树种的病虫提供了大量的食物来源和理想的生境，如落叶松毛虫、落叶松尺蛾、落叶松鞘蛾、落叶松球蚜等，近年来每年林业有害生物发生种类都在10种以上，需防治面积在15万亩左右。且近年来降水偏多，病害发生种类、程度呈上升态势。大面积中幼龄林的密度大，林木分化严重、枯枝落叶多，大大增加了人工林火灾预防的难度。

（二）自然栖息地质量不高

塞罕坝局部地区林木栽植密度大，又未能及时地间伐，森林质量不高，尤其是纳入自然保护区的人工林，难以为野生动植物提供良好的栖息地。目前的塞罕坝林区是在原有退化土地上经过多年植树造林营造的人工林生态系统，林木初植密度大，需通过后期间伐改变林分密度，改善林木的生长环境。但局部地区抚育间伐工作滞后，尤其是划入自然保护区的人工林，经营管理受限，由于其原有的生态平衡已被打破，单独依靠自然恢复可能无法逆转已受损的生态系统，或逆转周期长，目前来看这部分林木长势衰弱，林下植物多样性较低，特别是未加经营的人工同龄林进入成过熟龄后，面临的森林生态系统退化和森林的逆向演替将更为严重。

（三）湿地面积呈下降趋势

根据调查监测，塞罕坝区域近10年湿地面积减少了1488hm^2，减幅为40%。2000年以来，尽管年降水量处于上升趋势，但地下水位总体下降。在全球气候变化的大背景下，塞罕坝地区虽然有气候温暖、降水上升的趋势，但继续大面积、高密度地营林有可能造成土壤退化、生态系统水源涵养功能持续下降的风险。

（四）潜在生态退化风险

从自然地理条件来看，塞罕坝地处浑善达克沙地南缘，主要土壤为沙壤，且土层瘠薄、土壤保水性能差，气候严寒、多风，部分地段干旱缺水，成为该地区植被恢复、生长的限制因子。从自然植被群落组成来看，塞罕坝位于高原—丘陵—曼甸—接坝山地移行地段，属于典型的森林—草原—荒漠交错带，环境因子的波动极易造成群落组成、分布的变化。大面积、高密度地营林意味着较高的生态需水量，而气温升高也导致地面蒸散作用增加，土壤含水量减少，生态系统水源涵养功能减弱；作为滦河、辽河的发源地之一，还可能减少下游水资源的供给。

三、塞罕坝水资源未来变化趋势预测

鉴于塞罕坝所处区位条件，大面积营造的人工林正面临本底条件较差与气候变化影响的双重挑战。森林生态系统中林–水关系的好坏直接影响着生态系统的结构与功能。在水分受限地区，人工栽种的树木自身是否具有足够应对外界干扰的能力将决定林分结构演替的方向、分化及数量的变迁。水分状况是植被生长与生态修复的关键，清晰揭示林场水分状况的动态变化可为塞罕坝地区制定发展策略以及生态保护与修复提供重要参考。

水源涵养是陆地生态系统的重要服务功能之一，对区域水文状况改善、水分循环调节以及饮用水源保护等具有重要意义，易受生态系统类型、土壤理化性质、地形地貌特征、降水、蒸散、径流以及人类活动等因素影响。针对塞罕坝面临的生态问题，尤其是未来可能面临的水资源危机，根据水量平衡模型，预测气候变化情景、保护情景、经营开发情景下生态系统水源涵养功能的变化趋势。

（一）气候变化情景下的演变趋势

IPCC发布了四种温室气体排放情景用于预测未来的气候变化，包括一个高排放情景（RCP8.5），两个中等排放情景（RCP6.0、RCP4.5）和一个低排放情景（RCP2.6）。其中RCP8.5导致的温度上升最大，其次是RCP6.0、RCP4.5，RCP2.6对全球变暖的影响最小，四种不同的情景模式中一个重要的差异是对未来土地利用规划的不同（注：RCPs是一系列综合的浓缩和排放情景，用作21世纪人类活动影响下气候变化预测模型的输入参数，以描述未来人口、社会经济、科学技术、能源消耗和土地利用等方面发生变化时，温室气体、反应性气体、气溶胶的排放量，以及大气成分的浓度）。

塞罕坝机械林场地处冀北山地向蒙古高原过渡区，是坝下、坝上过渡带和森林—草原、森林—沙漠交错带，所处区域生态系统对气候变化非常敏感。据气象数据统计，该地区在1960—2016年升温速度明显高于全球增温水平，截至2020年升温较工业化前已超过或接近1.5℃，或较基准期已超过0.89℃，研究选择RCP6.0中等偏上的排放情景代表未来该地区的可能气候变化情景。预计整个地区在2050年之后出现较为稳定的

1.5℃升温，到21世纪末升温达2.0℃。2020—2099年，降水和温度平均以0.42mm/年和0.04℃/年的速度增长，塞罕坝地区气候整体上呈现暖湿化趋势（赵晓涵 等，2022）。通过模拟RCP6.0情景下2020—2099年塞罕坝地区的叶面积指数、蒸腾、土壤蒸发和蒸散发（以下简称蒸散）来探究不同气候情景下蒸散和水资源变化。预测升温情景下，植被气候调节能力降低，蒸散支出增速高于降水收入增速，将导致塞罕坝地区生态系统水源涵养功能减弱，区域产水量下降。

（二）严格保护情景下的演变趋势

2002年由河北省林业局申请，经河北省人民政府批准建立塞罕坝省级自然保护区，2007年经国务院批准建立河北塞罕坝国家级自然保护区。所处地区属于典型的森林—草原交错带，生态环境敏感，景观斑块复杂，珍稀濒危物种和生物多样性独特，森林生物种群、草原生物种群和荒漠沙地生物种群交叉分布，具有重要的保护价值和特殊意义。

根据《河北塞罕坝国家级自然保护区总体规划（2019—2028）》，保护区总面积20029.80hm²，占林场总面积的21.62%，包括三道河口林场全部，千层板林场羊场营林区、烟子窑营林区及长腿泡子营林区各一部分，北曼甸林场四道沟营林区的大部，阴河林场亮兵台、三道沟、白水台子营林区各一部分。保护区中林地17509.68hm²，占保护区总面积的87.42%；林地中乔木林地面积13287.70hm²，占总面积的66.34%；国家特别规定的灌木林地711.12hm²，占总面积的3.55%；其他林地（包括疏林地、未成林地、苗圃地、宜林地与无林地、林业辅助用地）3510.86hm²，占总面积的17.53%。非林地2520.12hm²，占保护区总面积的12.58%；非林地中包括湿地1220.16hm²，占保护区总面积的6.09%；天然牧草地114.04hm²，占保护区总面积的0.57%；耕地144.30hm²，占保护区总面积的0.72%，位于保护区的实验区裸岩、石砾地986.95hm²，占保护区总面积的4.93%；公路用地和农村宅基地54.67hm²，占保护区总面积的0.27%。塞罕坝国家级自然保护区以森林生态系统为主要保护目标，主要保护对象包括交错带生态系统，滦河、辽河水源地，天然植被群落，珍稀濒危动植物物种。

2022年，塞罕坝被纳入国家公园候选区，其核心价值为京津冀重要生态屏障，温带森林、草原生态系统典型代表，生态修复的典范之一，独特的地质遗迹群。根据《关于建立以国家公园为主体的自然保护地体系的指导意见》《自然资源部 国家林业和草原局关于做好自然保护区范围及功能分区优化调整前期有关工作的函》等有关文件，自然保护区功能分区由核心区、缓冲区、实验区转为核心保护区和一般控制区。塞罕坝机械林场目前正在进行自然保护地的边界和分区调整，按照初步优化调整方案（非最终版），塞罕坝国家级自然保护区面积将增加到65225hm²，在功能分区上划分为核心保护区（14691hm²）和一般管控区（50533hm²），自然保护区在塞罕坝机械林场的面积占比将从22%提高到70%。在严格保护情景下，假定所有纳入自然保护区的林地延续以往的管控方式，即严格限制人为活动以及人工经营抚育，初期随着树木生长，叶面积扩大，植物蒸腾增多；一段时间过后，密度过大的林分开始互相竞争，天然更新困难、林下植被长势衰退，导致地面蒸发加强，可能使生态系统水源涵养功能下降。与此同时，大量枯立木的存在还会提高火险等级，降低森林抵抗自然风险、病虫害的能力。

（三）经营开发情景下的演变趋势

塞罕坝机械林场主要的经营开发方式包括发展生态旅游和木材生产，由于林下经济刚刚起步，处于试验阶段，未来发展有待观望。

从林场内水资源的利用情况来看，生活用水均采用地下水源，造林、消防等非饮用水采用地上水源。场部生活区共有深水井两眼，配有高位蓄水池，高4m，直径8m，3.5m处有出水口，体积约为175.84m³，两眼深水井每小时出水量分别为30t、40t，日常供水使用30t的水井，可满足场部办公和生活区、农家院用水需求；场部附近较大型的宾馆、林场各分场、七星湖、亮兵台、塞罕塔、神龙潭等主要景点均为自打井供水方式，可以满足日常的生产、生活及旅游高峰期日用水量需要。林场内用水量主要集中在场部生活区附近，用水包括生活、生产、消防、浇洒道路和绿地、管网漏水量和未预见水量。日常生活用水主要包括餐饮服务、宾馆和度假村、居民区生活用水、市政设施用水等。根据数据统计，日常生活用水量为375.3m³/天（表3.2），随着旅游项目的建设和林场旅游接待能力的提高，林场旅游旺季游客量呈递增趋势，日常生活用水量也在逐年增加。

表3.2　塞罕坝国家森林公园用水量计算

序号	用水类型	用水量（m³/天）
1	旅游服务	200.0
2	居民区	106.4
3	市政设施	28.0
4	道路浇洒、绿地	12.0
5	未预见水量	28.9
6	合计	375.3

林场污水主要来自林场内常住人口、较大旅游接待设施，集中分布在总场场部附近，每年产污水600多万吨，现整个林场内无污水处理厂、站。总场场部办公区域有污水收集设备，对生产、生活污水进行统一收集、抽清，运至1.0km外水泉沟林间坑地集中掩埋；总场场部附近的宾馆、度假村、沿街店铺、城区居民自挖渗水井，其中有三家较大的宾馆使用了防渗漏污水罐，这些污水井、罐留有溢流管，污水灌满时沿城区街道旁的雨水管路直接排入南侧湿地及湖水中，污染严重。各主要景点污水没有集中收集和处理，绝大部分污水直接进入河流、湿地及湖泊中，对环境造成不良影响。特别是滦河源头景点水污染严重。

在经营开发情景下，根据塞罕坝的旅游发展情况，2001年塞罕坝国家森林公园旅游接待人数为12万人次/年，2011年以后旅游市场规模突破50万人次/年，近年来公园旅游者增长率趋于平稳，年接待人次在60万人以上。游客量的增加使需水量激增，虽然据测算，这一数量远低于塞罕坝的生态环境容量，但塞罕坝的旅游季节较为集中，存在周期性超载。如果考虑未来气候变化的影响，随着生态系统水源涵养功能下降，水资源危机将会逐渐凸显。

四、塞罕坝区域生态保护的分区策略

根据塞罕坝地区不同情景下生态系统演变趋势预测，在气候变化的大背景下，单纯地以自然恢复为主或追求森林覆盖率的提高，可能导致森林质量、稳定性和抗灾害能力降低，湿地面积减少。在采用森林生态系统可持续经营发展战略的前提下，整合塞罕坝的生态、经济和社会效益，营造健康、稳定的森林生态系统，走以生态保护为基础、提升森林可持续经营效能的高质量发展道路。

实际上，塞罕坝除第三乡林场、大唤起林场南部较破碎的小斑块，已基本全部纳入国家自然保护地体系，分属河北塞罕坝国家级自然保护区与河北塞罕坝国家森林自然公园。按照国家对自然保护地的管理要求以及塞罕坝未来森林经营规划，针对塞罕坝的分区提出生态保护的策略。对于塞罕坝国家级自然保护区核心保护区和一般控制区要采取严格的科学保护策略；对于塞罕坝确定的森林公园景观林区和商品用材林区，开展可持续经营利用；对于一些生态环境脆弱的地区，采取生态修复的策略。

（一）核心保护区和一般控制区——严格科学保护

1. 具体范围

包括河北塞罕坝国家级自然保护区核心保护区和一般控制区，主要任务是保护原始温带针阔混交林生态系统及其野生动植物物种。根据《国务院办公厅关于发布河北塞罕坝等19处新建国家级自然保护区名单的通知》，涉及三道河口、北曼甸、阴河和千层板4个林场，其主要特征是森林和野生动植物资源丰富，集中了林场特殊、稀有的野生生物物种，是各种原生性生态系统保存最好的地段。

2. 管理目标

加强自然保护区建设，完善自然保护区管护体系，提升自然保护区管护能力，通过采取人工林间伐等措施，加快退化、受损森林生态系统恢复进程；通过严格的保护措施，实现对保护区内森林和野生动植物资源的有效保护。

3. 关键问题

自然保护区管理的首要原则是尊重自然规律、严格按照科学原则来保护，而不是建立禁区。保护区虽然提倡以自然恢复为主，但不是放弃人工修复，任其自生自灭。尤其考虑到塞罕坝的实际情况与经验教训，合理、适度的人为干预有助于促进健康、稳定的森林生态系统的形成。因此，将经营多年的人工林划入保护区，在短期内必须持续借助适度的人工修复措施，为自然恢复创造条件，促使人工林生态系统向健康稳定的自然生态系统转变，此后逐步退出人工干预，以实现向自然生态系统自我调节、自我改善、自我适应的缓慢过渡。

4. 保护措施

建立健全自然保护区规章制度。根据国家有关法律、法规，结合塞罕坝国家级自然保护区具体情况，制定切实可行的自然保护区的管理制度、实施办法及细则等，使保护区的保护与管理有章可循。

制定科学、合理和规范的资源管理方案。在对自然保护区自然资源、社会经济等状况进行全面系统调查的基础上，编制科学、合理和规范的管理实施方案。进一步完善保护区管理局、分局、站点等管护机构的设施、设备，改善保护管理条件，提高保护管理水平。

加强森林防火和林业有害生物的预测预报等工作。加强森林防火体系建设，建立林火预测、预报系统，完善林火扑救措施和队伍建设，采取有效措施，做好火灾隐患排查，做到防患于未然，预防林火的发生和危害。此外，积极开展动植物防疫、病虫害预测预报、林业有害生物监测与检疫。杜绝破坏自然环境的行为，是确保资源安全的前提。

积极扩大野生动植物种群。积极进行动植物恢复工程，扩大种群；创造和保护野生动物生存的适宜栖息地，禁止非法狩猎、诱捕、毒杀野生动物和其他妨碍野生动物生息繁衍的人类干扰；引进野生动物保护、管理方面的专业技术人才，加强保护区管理工作。

（二）森林公园景观林区和商品用材林区——可持续经营利用

1. 具体范围

可持续利用区包括森林公园景观林区和商品用材林区，主要任务是发挥林业经济效益，带动周边居民就业和创收。森林公园景观林区涉及大唤起林场、第三乡林场、阴河林场、北曼甸林场、千层板林场。以塞罕坝国家森林公园木兰景区、梨树沟景区、二龙泉景区、塞罕塔景区、亮兵台景区和石庙子景区共6个景区为核心，以林区公路为纽带，将景区范围内和主要公路沿线地区划定为景观林区，特征是道路密度较大，生态旅游季节游客较多，森林和野生动植物资源受干扰的程度也较大。商品用材林区分布在大唤起林场、第三乡林场、阴河林场、北曼甸林场、千层板林场的5个曼甸上，主要特征是立地条件相对较好、地势相对平坦、土壤相对肥沃，森林资源以人工落叶松林为主。

2. 建设目标

通过开展生态旅游、木材生产、林下经济等，提高塞罕坝森林经济效益，加快职工致富步伐，带动周边居民就业和创收。探索维护国家木材安全、促进人与自然和谐发展的新时期创新转型方式。

3. 关键问题

可持续利用区属于河北塞罕坝国家森林自然公园范围，原则上按一般控制区管理。但自然公园毕竟与自然保护区不同，要在保护中开发、开发中保护。

森林公园景观林区，经科学评估和旅游人数控制，在不对生态环境造成重大影响的前提下，允许在经济发展区内开展生态旅游和科普文化教育。在维护景观资源价值和生态环境质量不下降的前提下，在一定时间和空间内，森林公园的最大游客量不能超过景区环境容量。需寻求游客数量和森林公园环境之间的合适比例，使生态效益、经济效益和社会效益最大化，实现景区的可持续发展。

商品用材林区，木材生产不能再按一般经济效益主导型林场经营，应以培育健康、稳定、高效的森林生态系统为目标，转向大径材、高质量的优良木材生产。根据有关测算，塞罕坝机械林场林分年生长量为48.9万 m^3，按照用材林年伐量小于年净生长量的原则，优先安排抚育间伐、林分改造及过熟林的采伐，以促进林分生长，保证森林资源数量的稳定增长和质量的逐步提高。在获取经济效益的同时又不损害生态系统服务功能，充分展示森林经营技术成就。

4. 管理措施

坝上区域地势平坦，道路两侧游客主要观赏的是林内景观，保持较低的密度，提高视觉通透性。中远景区域，游客以观赏林外景观为主，保持森林类型多样性；视觉敏感度较高的山地丘陵，采用择伐作业法，适度补植彩叶树种，提高季相色彩差异。适当调整现有人工纯林树种，组成与林分垂直的结构，提高林分景观质量。对密度过大、林内枯枝落叶较多的林分，可通过抚育间伐以及清理树体低处枯枝以营造通透空间，促进林下植被的发育。另外，抚育时应更加注重林下多彩灌木及特色野花、野草的保护，逐步"引阔入针"，但生态目标树的选择要注意色彩补充。植苗补种蒙古栎、白桦等乡土树种，营造混交林景观；此外，还可补植一些伴生彩叶树种，如花楸、五角枫等，营造针阔混交，色彩层次丰富的风景游憩林，提高森林公园的风景资源质量。

根据塞罕坝商品林资源结构特征及培育目标，通过抚育和主伐提升商品林森林质量。抚育分为修枝、透光伐、疏伐、生长伐、卫生伐5种类型。当林冠郁闭且树冠下部出现枯枝时开始修枝，把树冠下部已经枯死或即将枯萎死亡的弱枝、消耗枝及时修掉，以培养干型通直、圆满、少节或无节的良材；针对人工起源郁闭度0.8以上、天然起源郁闭度0.7以上的幼龄林，伐除纯林中过密和质量低劣、无培育前途的林木，或伐除混交林中影响目的树种幼树生长的萌芽条、上层林木及目的树种中生长不良的林木；针对郁闭度0.7以上的中龄林，伐除生长过密和生长不良的林木，进一步调整树种组成与林分密度，加速保留木的生长，对提供木材的林分，要保持合理密度，以培育良好干形；针对郁闭度0.7以上的近熟林，伐除无培育前途的林木，加速保留木的直径生长，缩短工艺成熟期；在遭受病虫害、风折、风倒、雪压、森林火灾的各种林分中，伐除已被危害、丧失培育前途的林木，采伐利用的林木及木材应依据林分实际受灾情况确定。主伐方式分为皆伐、渐伐和择伐。结合林场实际，一般采用块状或带状皆伐，在地形复杂、坡度较大的坡地，可设计不规则的块状伐区。具体适用范围根据当时木材生产与市场需求、价格体系及林木生长规律确定。

（三）生态修复区——提高多种生态功能

1. 修复范围

主要位于山高坡陡、土壤瘠薄、生态环境脆弱的接坝山地，分布有落叶松、樟子松人工林和柞树、桦树等天然林，主要任务是发挥塞罕坝生态系统防风固沙、涵养水源和土壤保持等功能。包括千层板林场、大唤起林场、第三乡林场、阴河林场、北曼甸林场的接坝山地。

2. 修复目标

树立尊重自然、顺应自然、保护自然的理念，以塞罕坝自然禀赋为基础，以保障区域生态安全为导向，以提升水源涵养、防风固沙等多种生态功能为目标开展生态修复，提高生态系统的质量与稳定性，提高野生动植物栖息地质量。

3. 关键问题

塞罕坝局部地区人工林存在质量不高、结构简单、抗逆性差、树种过纯、密度不合理等问题。究其原因是造林作业设计不合理。例如，生态公益林和商品林在造林作业设计上无差别化，采用单一树种、固定株行距、均匀分布格局、单层林等简单而不合理的结构，容易造成林分更新差、自然整枝能力弱、健康性和稳定性不够、生物多样性低、功能不强等后续问题，又需大量投入，进行抚育改造。

生态恢复对水资源的承载能力考虑不够。塞罕坝地区影响人工造林成林的关键因素是水分，必须考虑水资源的承载能力，坚持以水而定、量水而行，以雨养、节水为导向，采取乔灌草结合模式，低密度造林。目前，在部分地区存在人工林过密、树种结构不合理问题。弄清林木耗水量与生长量关系，科学利用水分、合理调控林分密度是当前培育人工林的关键。

人工林的天然更新能力普遍差。林下天然更新是人工林能够可持续发展和步入良性循环的重要标志，研究原始林天然更新规律机理和人工林天然更新中存在的问题，制订次生林、过伐林、人工林等不同类型的抚育经营方案，可提高天然更新能力，有利于解决生产问题。

4. 管理措施

（1）改变传统造林模式

改变传统林木分布格局。为发挥人工林以生态效益为主的多种功能，可模仿天然林结构，改变传统栽植模式，株行距不固定或者按聚集分布形式近自然化定植。

营造复层异龄林。造林树种不仅采用多树种混交，参考其高生长规律，从垂直结构上合理搭配阳性树种和耐阴树种，或者采用不同年龄的树种搭配，从造林初植阶段为形成复层异龄林提供条件，避免后期再进行改造，而且前者在技术难度上也容易得多。

科学选择绿化树种。在实践中，不能忽略乡土树种、适地适树的理念，根据造林地的立地条件，结合树种生物学特性和生态学特征，科学选定造林树种，促进成活成林，降低后续管护成本，从而形成稳定的森林群落。

（2）关注水资源的分配

深入研究林木耗水量特征。掌握塞罕坝所在地区的主要造林树种在不同年龄阶段的个体和林分耗水量规律，测算耗水量参数，为确定造林密度和调控密度提供依据。科学管理人工林密度，达到雨养森林的模式，因而降低后期管护成本，有利于形成稳定的生态系统。

科学调控林分密度。塞罕坝的降水条件及规律，制约着人工林需水量和其生长季内的分配。需要依据现降水条件和经营目标，合理调控各生长阶段的林分密度。随着林龄的增长人工林耗水量也在增加，达到一定林龄后可能超过降水量。这种情况下，人工林耗水量远低于需水量，现降水条件难以满足林木需水量，存在着水分不足的胁迫问题，则需要通过间伐降低林分密度。

（3）提高天然更新能力

掌握天然更新关键制约因素。林下枯枝落叶层厚、母树数量少、分布不均、结实量不足、缺乏土壤种子库、人为干扰频繁是林分更新差的主要原因。需了解现有森林满足天然更新所必备的条件情况，评估利用土壤种子库更新的潜在天然更新能力。如种源足够、土壤表面和枯枝落叶层较湿润、地被物厚度和盖度适宜、有大量微生物（促进幼林菌根形成）、林冠下有限的光照等。针对上述因素采取科学的措施可以提高天然更新能力。当死地被物厚、种子难以接触土壤时可掀开枯枝落叶层，以露出土壤的方式进行人工辅助更新。

人为创建林隙或利用倒木更新。林隙为幼苗更新和生长提供场所，形成林隙将促进天然更新。林隙的发生发展过程是不同树种的更新与填充过程，对森林结构、稳定性、生物多样性的维持发挥着重要作用。原始林是通过老龄过熟木的枯死与腐烂而形成林隙后更新。另外，枯倒木能通过养分的分解与释放，为林木种子的发芽和幼苗生长提供营养，为林分更新提供场所。

优化林分结构。合理的树种组成能产生大量可分解的枯枝落叶，改良土壤结构和养分，促进天然更新。合理的林分密度和林木分布格局（聚集分布）有利于林分更新。

林带固定流沙后能够拦截植物种子，为植被恢复积累土壤和繁殖体，而林带栽植密度、带间距离的宽窄、配置格局等影响植被恢复效果。

（4）林草湿系统管理

在气候变化与"双碳"目标背景下，森林的经营管理既要维护林分的稳定性、提高生物多样性、发挥防护功能，也要发挥生态固碳效应。在塞罕坝严苛的立地条件上营建防护林，首要目标是发挥林带在降低风速、林木根系在固结土壤方面的优势，保护下垫面的稳定性与土壤肥力，同时，人工林也是陆地植被碳固定的重要组成部分。植被数量的提高虽然有助于防护功能的提高与生态固碳能力的加强，但植被数量过载会因破坏林—水平衡关系而使系统不可持续，建议森林的经营目标向多目标平衡的方向调整，提高生态系统的复合功能。

塞罕坝机械林场中草地生态系统仅占2.0%，主要分布在阴河林场，虽然面积较小，但在防止风沙侵袭、保持水土以及维护生物多样性方面同样起着重要作用，与干旱少雨的气候条件相适应。在实际管理工作中，应做到宜林则林、宜草则草。轻度沙化及退化草地，应以封育为主恢复植被，具备自然恢复植被条件的地段，辅以人工育林草措施。在严重沙化区域建立封禁保护区，并采取适当工程措施，辅以生物措施，尽快修复生态系统。

塞罕坝机械林场的湿地生态系统主要由河流、湖泊、湿地构成，面积占比约2.4%，这些湿地通过渗透可以补充地下蓄水层的水源，对维持周围地区地下水位、保证持续供水具有重要意义；湿地通过蒸发作用能够产生大量水蒸气，不仅可以提高周围地区空气湿度，减少土壤水分丧失，还可诱发降雨，增加地表和地下水资源。湿地生态系统管理及功能提升主要包括水质保护、水岸保护、鸟类及其栖息地的保护。

（徐卫华　孔令桥　江南）

塞罕坝
新时期发展
战略研究

第四章 塞罕坝森林培育经营战略

塞罕坝的森林资源是保持林场长期高质量发展的基础，提升塞罕坝森林资源的质量和挖掘其发展潜力，是开展塞罕坝"二次创业"的重中之重。

一、塞罕坝的森林质量

（一）森林面积及森林覆盖率

现阶段，塞罕坝机械林场有林地面积共计76733.33hm²，森林覆盖率由建场之初的11.4%提高到现在的82%。全场以乔木林为主，面积74777.45hm²，占80.1%；疏林地面积19.78hm²，国家特别规定灌木林地面积1801.73hm²，未成林造林地面积3060.05hm²，苗圃地面积42.77hm²。多年来，林场实施攻坚造林工程，多次在难以成活和从未涉足的荒山沙地、贫瘠山地等"硬骨头"地块造林，不断总结改进造林技术，采取客土、浇水、覆土防风、覆膜保水等保苗促活举措，整坡推进、见空植绿，造林成活率和保存率达到98.9%和92.2%。

（二）森林生产力及其木材生产

塞罕坝机械林场活立木总蓄积量10367970m³。其中，乔木林蓄积10367661m³，占总蓄积量的99.997%，平均单位蓄积为138.6m³/hm²，是全国乔木林平均蓄积的1.46倍。全场人工林面积54322.49hm²，蓄积量8186143m³，分别占全场总值的72.6%和79.0%，单位蓄积量为150.7m³/hm²，是全国人工林单位蓄积量均值的2.5倍；天然林面积20454.96hm²，蓄积量2181518m³，分别占27.4%和21.0%，单位蓄积量为106.6m³/hm²。

乔木林在面积上和蓄积上均以生态公益林和商品林占优，生态公益林面积达40108.28hm²，蓄积量5377120m³，单位蓄积量为134.1m³/hm²；商品林面积34033.91hm²，蓄积量4984730m³，占乔木林总蓄积量的48.1%，单位蓄积量为146.5m³/hm²。林场人工林主要树种为落叶松、樟子松等，其中落叶松单位蓄积量可达172.5m³/hm²、桦树单位蓄积量可达124.2m³/hm²、樟子松单位蓄积量可达114.4m³/hm²。

（三）森林结构

森林结构是指森林植被的构成及其状态。长期以来，塞罕坝机械林场针对过去大面积同龄人工纯林的物种单一、长势下降、景观单调、土壤酸化及病虫危害严重等弊端，从自然保护、经营利用和观赏游憩三大功能一体化经营目标出发，采取机械疏伐、低保留抚育间伐、定向目标伐、块状皆伐、引阔入针等作业方式，营造樟子松、云杉块状混交林，实施林苗一体化经营，在调整资源结构和低密度培育大径材的同时，促进林下灌、草生长，诱导异种进入，通过天然化经营，培育复层异龄混交林，加速林地"自肥"和物质循环,使森林的各种成分(乔木、灌木、草本、地衣苔藓、动物、微生物等)都处于均衡有序状态,全面发挥人工林的经济和生态双重效能,逐步使塞罕坝林分形成幼、中、近、成林,呈近正态分布的合理森林空间结构和树种组成结构。

自2012年至今累计完成中幼龄林抚育面积5.3万hm^2,森林质量明显提高,经测算,塞罕坝单位面积蓄积量是全国人工林的2.5倍、是全国乔木林的1.46倍。此外,树种结构和材种结构得到调整,落叶松、桦树、樟子松和其他树种的面积比例由2012年的5∶3∶1∶1调整为5∶2∶2∶1;中小径材的比例由2012年的2%∶98%调整到现在的15%∶85%。在过去10年经营期内,林种结构基本稳定,局部进行了微调;森林生产效率和森林质量稳步提升。

(四)森林更新

塞罕坝机械林场坚持以经营人工林为主、严格保护天然林的原则,加强中、幼龄人工林的抚育,加大森林保护力度,封育效果明显。在过去10年经营期内,林场完成人工造林面积8623.0hm^2,封育面积10667.0hm^2,割灌(草)面积12239.0hm^2。在长期的森林经营过程中,林场积极进行荒山造林,并坚持森林分类经营原则、坚持合理采伐,伐后及时更新。其作为全国科技示范林场,始终坚持科学经营森林,努力提高森林经营管理水平,使前期森林资源的长大于消,单位面积蓄积量逐步增多,林分质量有了明显提高。

(五)森林健康

在过去,塞罕坝地区存在大量的害虫,如松毛虫、落叶松尺蠖等有害生物从幼树成林阶段即开始危害,局部成灾,由于中幼林密度过大缺少抚育,病虫害发生的概率也在加大。通过持续努力,科技人员系统研究各种有害生物的生物学、生态学规律,找出有效防控技术,控制住有害生物产生、发展。独创的两种线小卷蛾的研究与防控技术填补了国内空白。大力引进推广兴安落叶松、长白落叶松、冷杉、彰武松、核桃楸等树种,增强了林分稳定性;同时,采取"引针入阔"或"引阔入针"等形式,大力营造混交林,增加了生物多样性,提高森林生态系统的稳定性,培育出优质林分,提高了坝上地区森林的健康。现阶段,林场坚持以"预防为主、科学治理、依法监管、强化责任"的森防方针为指导,采取"突出重点、分类施策、多措并举"的防治举措,实施人工喷烟、人工喷雾、飞防、人工捕捉、密闭熏蒸、天敌及营林等综合防控方法,防治效果较为明显,已经建立了完善的林业有害生物综合防控体系。

（六）生态效果

塞罕坝是京津风沙源治理工程、坝上地区农业生态工程的重要地段，肩负着防风固沙、水源涵养、水土保持等多种防护功能。多年来林场内森林保持水土、涵养水源和防风固沙等生态效能不断加强，生物多样性得到了提高，生态系统价值逐年提升。沙荒得到根本治理，森林覆盖率由 2012 年的 75.5% 增加到 82.0%。森林年可调节蓄水 500 万 m^3、有林地地上生物量 822.6 万 t、碳储量 421.7 万 t，保护区物种资源也得到了发展，塞罕坝现有森林、草原、湿地等多种生态系统，野生动植物资源丰富，是珍贵的动植物资源基因库。

二、塞罕坝的森林发展潜力

（一）现状问题

1. 以人工纯林为主导的森林生态系统不稳定

林场多年来始终以落叶松、桦树、樟子松为三大造林树种，特殊的地理位置和气候条件，致使造林树种单一、树种结构不合理，现阶段林场大面积单层同龄人工纯林集中连片，林分稳定性、抗逆能力和长势越来越差，森林健康水平日趋降低，生态稳定性下降。尤其是塞罕坝自然保护区内的人工林，自保护区成立以来，一直没有开展过必要的森林经营活动，由于密度大、林分分化严重、林内枯枝落叶层厚，林下植被难以更新，导致火险等级提高、病虫害严重，森林生态系统不稳定，与自然保护区保护目的相背离，亟待开展以生物多样性保护为主导的经营技术体系构建与试验示范。

2. 天然次生林分质量低亟待修复提高

塞罕坝机械林场拥有以桦树为主的天然林 2 万 hm^2，总蓄积 218.5 万 m^3，而单位蓄积量仅为 106.6m^3/hm^2，主要是低质、低效天然次生林占较大比重，有培育前途的优质树种缺乏。林分单位蓄积量低、生长速度慢，森林的经济价值和生态功能下降，靠自然演替形成二代优质林的时间漫长，林地生产力浪费严重。

3. 森林安全保护体系建设滞后

近年来，虽然塞罕坝森林防火和森林病虫害防控体系建设有了很大改善，但是由于森林火险等级高、防火期长，特别是林区道路不健全，防火设施需要进一步完善；人工纯林面积大、树种单一，森林病虫害发生面积逐年增大，有害生物防控体系建设相对滞后。

4. 林业产业体系亟待升级

森林旅游应该是林场的主导产业，然而，由于弥足珍贵的天然林和景观游憩林开发不够，建设基础设施之后，直接导致旅游项目单一，难以满足游客日益增长的森林康养需求，并且由于多家管理、利益纠葛，以及道路制约等问题，限制了森林旅游业持续健康发展。苗木产业受市场制约，近年来收益递减。木材生产受市场等多重因素的影响，中小径材销路不畅，木材生产成本与日俱增。林下经济发展滞后，尚未形成具有市场潜力的产品。

（二）发展潜力

1. 活立木蓄积量持续增长，优质木材输出潜力巨大

塞罕坝机械林场木材资源丰富，现有有林地面积76733.33 hm²，活立木总蓄积量10367970m³；2012—2020年经营期内全场活立木总蓄积量增加2261582m³，经营期内年蓄积净增长323083m³，全场蓄积保持增长。全场乔木林中，中径组（胸径13～24.9cm）乔木林面积、蓄积所占比例最大，分别为53.5%和66.6%，随着大量中幼林逐步进入生长高峰期，林场有巨大的中小径材生产潜力。

自2012年以来，塞罕坝主要采取动态目标树经营措施，分阶段实施修枝作业，培育无节良材。目前林场已培育樟子松大径材目标林达0.4万 hm²，公顷蓄积在225m³以上，林场有巨大的大径无节良材生产潜力。

根据林场林木生长发育规律结合普雷斯勒公式，林场2020年林分年均生长量492593m³，每公顷乔木林年均生长量为6.59m³，按照年采伐量小于生长量的基本原则，全场最大允许年采伐量可达24.7万 m³。全场43600.85 hm²中，幼林正处于旺盛生长期，林木生长处于高峰期，预计未来年采伐量将远高于24.7万 m³。在我国木材紧缺的情况下，塞罕坝机械林场可向社会提供大量木材，有效地缓解社会对木材的需求，支援国家经济建设，保障国家木材安全。

2. 森林面积稳步增长，林草碳汇潜力巨大

塞罕坝机械林场森林资源丰富，有林地面积超百万亩，森林覆盖率超82%，林场林木总蓄积达1036万 m³，每年固定二氧化碳86万多t，释放氧气近60万 t；43600.85 hm²林场中幼林正处于旺盛生长期，森林固碳能力处于成长期和高峰期，发展林业碳汇具有优越的基础条件，潜力巨大。2015年起，塞罕坝机械林场启动了碳汇项目，积极开展森林碳汇立项、备案和交易工作。截至目前，林场总减排量为475万 t二氧化碳当量的造林碳汇和营林碳汇项目，已经获得国家发改委备案，林场已完成交易造林碳汇16

万t、收入310万元，如果全部实现上市交易，保守估计可以实现上亿元收入。

三、塞罕坝森林培育经营的主要策略

为实现塞罕坝地区科学经营、提升地区森林质量，促进森林有效利用，按照生态优先、因地制宜、突出主导因素、维持生态系统完整性的原则对塞罕坝进行生态功能科学分区。利用塞罕坝森林资源二类调查的土地利用现状图、林相图作为空间信息提取的基本图件，以小班调查因子数据为主要属性数据信息，采用定性分区和定量分区相结合的方法，按照《全国森林资源经营管理分区施策导则》的要求，以区域为单元进行森林功能区划，根据功能区划要求和林场肩负的生态、经济、社会责任等实际情况，将林场划分自然保护区、森林公园景观林区、生态防护林区和商品用材林区等四类功能区，针对四大类功能区开展分区管理，同时结合有害生物防治、森林火灾防控，从而保证塞罕坝林场科学经营、森林质量逐步提升。

（一）自然保护区森林提质增效

1.核心保护区

认真贯彻落实《自然保护区条例》《野生植物保护条例》和《河北省森林资源管理条例》等法律法规，禁止乱砍滥伐、毁林造田等破坏森林资源的行为，保护其生态系统尽量不受人为干扰，在自然状态下进行演替和繁衍；保持其生物多样性，成为所在地区的一个生物基因库。但允许开展以下活动：一是管护巡护、保护执法等管理活动，经批准的科学研究、资源调查，以及必要的科研监测保护和防灾减灾救灾、应急抢险救援等；二是因病虫害、外来物种入侵、维持主要保护对象生存环境等特殊情况，经批准，可以开展重要生态修复工程、物种引入、增殖放流、病害动植物清理等人工干预措施。因此，核心保护区的主要经营措施是"保护"。

对于自然保护区及其周边地区的天然植被进一步加大保护力度，严格执行与天然植被保护相关的政策法令，对天然植被全部采取封育措施，封山育林、禁牧还草。

对该区内的森林资源进行必要的护林防火和病虫害防治保护工作。对保护区内疏林地和灌木林地，通过采取封山育林、人工促进自然恢复等措施，恢复原生植被，以维护该区域生态功能的完整性。

2.一般控制区

除满足国家特殊战略需要的有关活动外，原则上禁止开发性、生产性建设活动。

仅允许以下对生态功能不造成破坏的有限人为活动：一是核心保护区允许开展的活动；二是灾害风险监测、灾害防治活动；三是依法批准的非破坏性科学研究观测、标本采集。

在该区域采用生态抚育技术，抚育坚持生物合理性原则、利用自然自动力原则和促进森林反应能力原则，基本出发点是维护生物多样性。

抚育方式采用生态疏伐：通过森林结构和进程的经营控制，充分利用自然自动力，促进土壤形成和生物多样性发展，最终在林木（生态目标树、原生种、濒危种等）、林分（树种组成、混交格局、最小生态位保护等）和森林斑块空间（栖息地、多样性岛屿等）3个层面上实现维持或提高森林的多样性与稳定性，建设良性循环的森林生态系统。采伐时，坚持采劣留优、采弱留壮、采密留稀，保护乡土珍贵树种、保护幼苗幼树及兼顾林木分布均匀的原则，坚持保留适合当地立地条件的稀有树种、能为鸟类或其他动物提供食物或栖息地的林木的原则。

更新方式采用人工促进天然更新：鉴于坝上特殊的气候条件，适宜造林的树种少，且该地区稳定的森林群落类型为华北落叶松与云杉混交林，为此，对华北落叶松纯林中的云杉天然落种幼苗和白桦等天然阔叶树予以保留，促进针阔混交林的形成。对于樟子松人工林，则主要通过采伐措施，降低林分密度，促进樟子松天然更新。

保留国家和地方重点保护的野生植物，注重关键树种、关键林木以及枯立木的保护，在成熟的森林群落之间保留森林廊道，为野生森林动物营造良好的栖息环境。在保护中不断丰富种类、增加数量，使林内生物多样性得到有效保护。将当前立地条件下稀有的、具有保存价值的树木，以及增加林分生物多样性、保持林分结构或为鸟类或其他动物提供食物或栖息地具有重要作用的林木标识为生境树，将其作为特殊目标树进行保留和管理。

（二）森林公园景观林区的森林提质增效

塞罕坝林场具有一定的林业基础，但对于高质量开展森林游憩而言，现有林地结构、森林质量和综合环境效益，仍然存在一定的问题和不足。提高森林品质、功能及效益仍然是当前塞罕坝林场发展森林游憩需要完成的主要任务。

在以森林游憩为主要功能的区域，积极开展主导功能目标下的森林多功能经营方案的调整；通过多种措施促进森林生长、提升森林游憩功能，实施以森林健康程度提升和森林生态效益不断提高为目的的森林抚育经营技术，结合林场实际，开展修枝、透光伐、疏伐、生长伐、卫生伐、人工促进天然更新等森林经营活动，提高森林的健康水平和质量。

当林冠郁闭且树冠下部出现枯枝时，采取修枝措施。幼龄林阶段，林分修枝的高度不超过树高的1/3；中龄林阶段，林分修枝的高度不超过树高的1/2；近熟龄阶段，林分修枝的高度依据培育目标具体确定。针对人工起源郁闭度0.8以上、天然起源郁闭度0.7以上的幼龄林，可采取透光伐抚育，伐除纯林中过密和质量低劣、生长势衰弱的林木，或伐除混交林中影响目的树种幼树生长的萌芽条、上层林木及目的树种中生长不良的林木，采伐的株数强度不超过50%。伐后乔木层郁闭度不低于0.5，每公顷保留株数不低于900株。针对郁闭度0.7以上的中龄林可适当疏伐，进一步调整树种组成与林分密度，加速保留木的生长。针对郁闭度0.7以上近熟林可进行生长伐，主要伐除没有生长势的林木，采伐的株数强度不超过40%。每公顷保留株数不低于300株，培育健硕的优质成熟的森林景观。在遭受病虫害、风折、风倒、雪压、森林火灾等各种不健康林分中进行卫生伐，采伐的株数强度不超过40%，依据受害程度而定，伐后乔木层郁闭度不低于0.4，每公顷保留株数幼龄林不低于900株，其他龄组林分不低于300株，伐除已被危害、丧失培育价值的林木，从而保证林分健康。

在森林天然更新受自然条件的限制，难以获得满意结果的时候，建议采取人工促进更新的措施，主要包括达到过熟的林分需要实施采伐经营作业前，或对部分森林进行采伐，以及在林中空地或在林冠下也可单独进行人工促进天然更新。人工促进天然更新时，可以通过及时清理枯落物、灌草植被、改善土壤化学性质、保护林下更新苗木等方法，促进种子的萌发与苗木的生长。

及时清理枯落物：华北落叶松种子长度仅1~2mm，云杉种子长约4mm，樟子松种子长4.5~5.5mm，种子主要集中在枯落物层，枯落物层的保温、保水能力为种子的萌发提供了良好条件，但更新苗萌发后的进一步生长需要扎根土壤，在枯落物中萌发的更新苗常常由于胚根不能达到土壤，无法获得充足的养分，导致更新苗死亡率增加，并且枯落物的持续积累也会对植被的自然更新形成阻碍，主要表现为物理上的机械阻挡、化学上的他感作用、生物上的动物侵害和微生物的致病作用，因此，在林分经营活动中应及时对大量堆积的枯落物进行适当清理。

改善土壤化学性质：生产实践和大量试验表明，针对塞罕坝地区华北落叶松，弱酸的土壤环境更有利于中龄林林下天然更新，而偏中性的土壤更有利于近熟林林下天然更新幼苗生长；此外，在近熟林林分中，提高土壤全钾含量对幼苗的平均高度、平均基径和平均苗龄都有积极影响，适当增加土壤中的全钾含量，可以维护森林更新。

保护林下更新苗木：将林下珍贵的、有培育价值的天然更新幼树和幼苗全部保留，对影响天然更新幼树和幼苗生长的灌木、高草进行清理，不影响的灌木要保留。作业时要注意减少对幼树和幼苗造成的损坏。如针对华北落叶松一年生幼苗能在林冠下生长，2年生苗即不耐侧方庇荫的特点，割灌、清理高草的时间不宜过晚，应在6月下旬进行，以保证幼苗、幼树得到足够的光照空间，促进其生长到下木层和中间层；为了保证华北落叶松或云杉顺利落地发芽成苗，在种子年，种子成熟飞散前进行整地松土作业；在一些易于受到人为干扰的林下设置警示牌，或用铁丝网阻隔的方式保护更新林地；对于补植的蒙古栎等阔叶树幼苗，可有选择地用网罩进行单株保护。

可采取"引针入阔、引阔入针"的方式，改善林分结构，提升景观效果，树种可选择华北落叶松、兴安落叶松、樟子松、云杉、桦树、花楸、核桃楸、华北五角枫、蒙古栎、山杏、山丁子等；对部分林下湿滩地，可采取人工辅助方法，以恢复草地景观为主，弥补区域草地景观少、规模小的缺憾，提升森林美景度。

优质的森林环境是开展森林游憩的资源基础，但科学合理的森林游憩设施是保障森林游憩得以实现的重要条件。塞罕坝开展以森林游憩为主导功能的森林培育与经营管理，在设施上需考虑建设与森林质量精准提升相关的森林游憩设施，包括森林步道、骑行小径、森林康养等。建议利用现有道路整合规划，分别设计游览、体验、宣教、自然解说等森林廊道线路，重点打造西南高速公路入口—龙吟泉—塞罕塔—亮兵台—大光顶子—梨花湖环线的森林步道体系，丰富该区域的旅游产品内涵。利用防火隔离带，增设越野骑行绿道，改造场部—美林山庄—白桦林—滦河源头—神龙潭—森林康养—滑雪场景区，进一步完善导视体系，增加线路指引、科普宣教、应急点位等道路标识体系。通过精准提升森林质量，增加森林康养休憩场所3~4处。

（三）生态防护林区森林提质增效

该区域以封禁管护为主、抚育为辅，严格控制皆伐性采伐。人工林抚育采取小强度、长间隔期、多次间伐的方式，确保森林郁闭度不会减小。对天然次生林，根据立地条件，采取不同经营措施，对于坡度在15°以下、土层较厚的林分可实施改培作业，在林冠下引入针叶树种；对于坡度在15°以上的林分实施严格封禁。

林下混交补植：逐步引阔入针，植苗补种蒙古栎、白桦乡土树种，营造混交林景观；此外，还可补植一些伴生树种，如花楸、五角枫等，发挥阔叶树对上层落叶松和云杉高生长的推动作用及干形自然修复作用。可采取林隙中丛状补植等方式，进行阔叶树补植。适度增加林中灌木树种比例，补植过程中禁止全面整地，可选择春季解冻期和秋天墒情好的时间进行补植作业。

　　林下珍贵的有培育价值天然更新的幼树和幼苗需要全部保留，对影响天然更新幼树和幼苗生长的灌木、高草进行清理，不影响的灌木要保留。作业时要注意减少对幼树和幼苗造成的损坏，在一些易于受到人为干扰的林下设置警示牌或用铁丝网阻隔，以保护更新林地；对于补植的蒙古栎等阔叶树幼苗，可有选择地用网罩进行单株保护。

（四）商品用材林区森林提质增效

1. 森林抚育间伐

　　通过采劣留优、采弱留壮、采密留稀的森林抚育间伐方式，调控林木生长、维持林分稳定性、提高林分透光率、促进天然更新，根据不同的树种及年龄确定修枝强度，及时修剪弱枝、消耗枝，以培养干型通直、圆满、少节或无节良材。将抚育剩余物粉碎至较小颗粒，并添加菌剂及氮源等物质可以加快抚育剩余物的分解，以提升人工林地力并维持人工林生产力。当剩余物过剩，为减少有害生物发生和森林火灾的隐患，应按要求每隔50～100m设一条抚育剩余物堆积带；对作业难度大、坡度陡的林分，设置简易抚育剩余物清理通道。

　　鉴于坝上特殊的气候条件，适宜造林树种少，且该地区稳定的森林群落类型为华北落叶松与云杉混交林，为此，对于华北落叶松纯林中的云杉天然落种幼苗和白桦等天然阔叶树予以保留。对于樟子松人工纯林，则主要通过采伐措施，降低林分密度，促进樟子松天然更新。对已存在，但受到采伐影响的森林开展更新造林。

2. 森林结构调控

　　针对塞罕坝大面积同龄人工纯林的物种单一、长势下降、景观单调、土壤酸化及病虫危害严重等弊端，从自然保护、经营利用和观赏游憩三大功能一体化经营出发，采取机械疏伐、低保留抚育间伐、定向目标伐、块状皆伐、引阔入针等作业方式，营造樟子松、云杉块状混交林，实施林苗一体化经营，在调整资源结构和低密度培育大径材的同时，促进林下灌、草生长和诱导异种进入，通过天然化经营，培育复层异龄混交林，加速林地"自肥"和物质循环，使森林的各种成分（乔木、灌木、草本、地衣苔藓、动物、微生物等）都处于均衡有序状态，全面发挥人工林的经济和生态双重效能，逐步使塞罕坝林分形成幼、中、近、成林，呈近正态分布的年龄结构和合理的森林空间结构与树种组成结构。

3. 低干扰度采伐

　　针对塞罕坝特殊的环境条件，林木采伐及滚木集材均会对林下植被造成影响，且如果大面积皆伐和滚木集材道过密还会产生一定的水土流失，对区域生态环境造成负面影响，建议严格执行采伐作业规范，采用择伐、小块状间伐等方式采伐，控制大面积皆伐，进行低干扰度的森林主伐。基于对林分结构和竞争关系的分析确定抚育和择伐的具体目标，以通过采伐，实现林分质量的不断改进。实验区的森林资源可根据生长变化情况，即严重影响生长时，可进行适当的择伐，采伐蓄积强度不能超过15%。渐伐的更新过程和采伐过程同时进行，通过逐次采伐，为坝上林木的结实及下种创造有利条件，留存的林木则对幼苗起保护作用。具体根据林下更新状况进行，当留存林木的遮阴对幼苗、幼树有妨碍时，即把所有林木伐去。成熟林木全部采伐完毕，林地也就全部得到更新。

4. 采伐迹地与林窗再造林

树种选择。按照适地适树的原则，优先选择乡土树种与实践证明生长良好的外来树种。坝上曼甸以华北落叶松、云杉、白桦等乡土树种为主，坝上沙地以樟子松、落叶松等为主，土石山地以华北落叶松、樟子松、蒙古栎、油松（海拔1500m以下）、白桦等为主，逐步改善树种结构。

整地。整地可以有效增加采伐迹地的蓄水保墒能力，对造林保存率的提高有良好的促进作用，在经济条件和自然环境允许的情况下，林场采取大穴整地的方式来提高造林保存率；在立地条件较好的地段，宜选择小穴整地，相对大穴整地而言，可大幅度降低整地成本。

造林时间。主要选择春季造林，林苗木成活率达到97.5%，也可根据实际情况适当选择秋季造林。

苗木选择。在塞罕坝地区，苗木高度等级越高，更新造林苗木的成活率和当年高生长量越大，所以人工林迹地更新苗木以选择较高苗木为优。华北落叶松苗木高度标准应在30cm以上，以确保更新效果。

混交方式。坝上曼甸与沙地以块状、带状为主，在坡地以带状为主。考虑到种间竞争与互利关系，需谨慎采用株间混交、行间混交。提倡多树种混交造林，并可通过优化空间配置，形成带状或块状混交。充分利用造林地上已有的天然幼苗、幼树，形成天然和人工混合起源的混交林。林冠下造林时，采取"引针入阔"或"引阔入针"等形式，大力营造混交林。

林冠下造林。在郁闭度低于0.5的华北落叶松近、成、过熟林，或其他郁闭度较低且缺少目的树种的林分中，或现有林分的较大林窗、林中空地中，实施林下造林，以调整树种结构，形成复层异龄混交林。补植树种应选择能在林冠下生长、防护性能良好并能与主林层形成复层混交的耐荫树种，可以是区域潜在顶极树种或优良伴生树种，如云杉、蒙古栎、五角枫、花楸等。补植时尽可能保护原有的幼苗、幼树，不整地或少整地，以减少对土壤与原有植被的破坏，补植点应配置在较大的林窗、林中空地处。

（五）森林有害生物防治策略

1. 变纯林为混交林，丰富生物种群多样性

要有目的地改变目前塞罕坝林场大面积纯林的现状，有意识地在新造林地和主伐更新林地适当增加不同科属的林木种类，变纯林为混交林。丰富物种多样性是塞罕坝病虫害防控最根本、最有效、最长远的措施。改变后的混交林在抵御病虫害的侵袭上具有得天独厚的优势。一是混交后的天敌食物来源得到有效扩充，林分拥有更为复杂的生物种群、昆虫种类更加丰富。有些许多昆虫都是天敌昆虫食物来源的有益的补充，可在主要有害生物数量少的时候，使有的天敌不因寄主数量的减少而凋落，从而利于形成良好的生态环境。二是混交后的林分适合多种生物繁衍，有利于形成较为复杂的生物链，减少单一物种过度繁殖的概率，能达到相对的生态平衡，从而利于加强林业生态环境的稳定性和抗干扰能力。三是混交林中部分植物对病虫害免疫，混交后使受害区域被片状分割，阻碍病虫害蔓延趋势。

2. 全面加强林木检疫，切断病虫害输送渠道

塞罕坝地理环境及林分特征特殊，病虫害一旦传入，将造成不可挽回的损失。因此，全面加强对来自其他地区的苗木和森林产品的检疫检查力度，做到"防患于未然"。尤其是坚决杜绝外来人员、车辆携带松材线虫病、红脂大小蠹等重大林草有害生物进入塞罕坝林区，严防其造成重大生态灾难。在日常建设管理工作中，要对所属林区林木进行定期检疫，由被动检疫向主动检疫转变，实现对病虫害的有效防范，避免病虫害扩散，保障森林生态系统的稳定性。

3. 建立科学先进的病虫害监测预警机制

现有监测预警体系是建立在大量人力调查多点取证的基础上，费时费力费工，时效性差、预警不及时。要运用先进的科学技术手段做好病虫害监测预警，由常规化人工监测向智能化发展。引进先进的信息技术，构建完善的森林监测预警体系，实现对森林树木生长状态的全面监测。将大数据技术、物联网技术、智能识别技术等应用于监测系统，对森林病虫害进行监测预警。通过智能系统科学地分析，明确森林树木是否存在病虫害，一旦发现病虫害迹象，提前发出相应的预警。智能监测系统针对具体病虫害进行定位，明确病虫害发生的范围、状态，结合实际情况，制定有效的防控措施。根据系统监测数据变化规律，提前预测林业有害生物发生趋势，大幅度提高测报

准确率，提高预测突发性有害生物能力。

4. 充实病虫害快速压制手段

引进病虫害防治经验丰富、整体素质较高的专业人才，提升森防队伍的整体专业素质；购置先进的防控智能分辨系统，确保森林病虫害发生时，迅速辨别种类并制定有效的防控措施，应用最专业的防治技术对病虫害迅速压制。配备无人机等智能化、科技化、专业化防治设备，提升药剂的施用技术水平，提高化学农药的利用率，降低其在环境中的投放率，实现大病虫害快速防控，压制疫情发生发展。

5. 注意林分卫生，减少病虫害发生因子

充分利用林业营林技术，及时疏除病、虫、弱、枯枝，使植株内膛通风、透气，为树木的健康生长提供良好的环境条件，提高树木对病虫害的抵御能力。结合林分间伐或皆伐营林措施，伐除已受病虫危害的树木。伐除的受害木要应用磷化铝等药剂熏蒸，经过检疫确认无病虫害后再运出林外。及时进行伐后木桩的无害化处理，减少病虫害寄宿载体。林间补植、主伐更新林分或新造林地块要有计划地配置各类不同科属的乔木及灌木，丰富林分的生物多样性，利用植物本身的特点和优势，达到切断病虫源传播途径的目的，应用生态治理的理念，贯彻落实病虫害防治工作。

（六）森林火灾防控策略

塞罕坝近年来旅游业发展迅猛，客流量逐年增高，增加了资源保护和火源管理的难度；随着生态保护的持续开展，大量可燃物积累，辖区及周边地区发生大规模森林火灾的概率进一步提高。为切实增强塞罕坝森林火灾综合防控能力，应建立健全森林防火长效机制，全面加强森林火灾防控体系建设。

1. 建立健全森林防火长效机制

建立健全防火责任机制，全面推进林长制。明确党政领导干部保护发展森林草原资源的目标责任，构建党政同责、属地负责、部门协同、源头治理、全域覆盖的长效机制。依法全面保护森林草原资源，推动生态保护修复，组织落实森林防灭火责任和措施，强化森林草原行业行政执法。把防火责任制的落实情况和防火工作成效纳入综合评价体系。要严肃森林防火纪律，加大责任考核和问责力度，不断建立健全森林防火工作考核、责任追究机制。

全面落实部门分工责任制。各级森林防火指挥部成员单位按照职责分工，各负其责、密切配合、通力协作，认真落实本级森林防火指挥部赋予的森林防火工作职责；林场要履行森林防火监督和管理职责，加强监督管理，组织检查指导，督促工作落实。

全面落实经营主体责任。按照"谁经营，谁负责"的原则，森林、林木、林地经营单位和个人承担经营范围内森林防火责任。从事旅游服务的单位和个人应当履行经营主体的森林防火责任，建立森林防火责任制和森林草原防火组织，划定森林防火责任区，确定森林防火责任人，并配备森林防火设施和设备，设置警示宣传标志，做好本辖区森林防火工作。

建立健全森林消防队伍建设机制，加强森林消防队伍建设。按照"形式多样化、指挥一体化、管理规范化、装备标准化、训练常态化、用兵科学化"的总体要求，建立以森林消防专业队伍为主、森林消防半专业队伍和应急扑火队为辅的森林消防队伍。应加强森林消防专业队伍建设，探索利用购买服务方式鼓励、支持社会力量组建森林消防队伍，提高专业化水平和灭火作战能力。

加强护林队伍建设。充分用好国家相关政策，创新森林资源管护机制，完善护林员聘用和绩效考核机制，明确管护区域，落实管护责任，应用信息化技术提高对护林员的网格化管理水平，充分发挥护林员在森林防火中的作用，有效减少森林火灾发生。鼓励扶持森林防火志愿者组织，利用社会公益组织等群体，积极做好森林防火的宣传、监督工作。

加强专业技术队伍建设。加强森林防火专职指挥力量建设，完善专业技术岗位设置，配备与当地森林防火任务和发展相适应的专职技术人员。建立森林防火岗位培训体系，组建森林防火救援专家组。

建立健全科学防火管理机制，树立科学管火理念。加强森林防火宣传，完善宣传设施，创新宣传机制，丰富宣传手段，营造浓厚的防火氛围，提高全民森林防火意识。对所有林区建设项目，研究建立森林消防评估、审批和验收制度，促进森林防火与工程建设同步规划、同步设计、同步实施、同步验收。加强森林抚育，及时清理林下可燃物，降低林区可燃物载量，提高林分抗火阻火能力。以殡葬改革为契机，科学引导群众文明祭扫，减少因祭祀用火引发的森林火灾。

提高森林防火科技水平。坚持需求导向，突出森林防火装备企业创新的主体作用，加大高科技、新技术的推广应用。加大科技投入，围绕森林火灾预警监测、特殊山地林火扑救、扑火队员安全防范、森林可燃物调控、森林火灾防控装备研制、航空灭火、雷击火防控等方面开展防火基础理论、实用技术推广，提高森林防火理论应用水平。推进森林防火标准实施，推行森林防火认证制度，加快森林防火标准化进程。大力培养森林防火专业人才，推进科技创新工作。

建立健全依法治火工作机制，构建完备的森林防火法律规范体系。认真宣传贯彻

《塞罕坝森林草原防火条例》，提高森林防火法律地位。制定野外火源管理规定，及时修订森林火灾应急预案，建立健全规章制度。构建高效的依法治火实施体系。坚持敢于执法、善于执法，实行行政执法责任制，设置执法岗位，明确执法责任。规范执法程序，加强执法管理，统一法律文书，开展执法考核，提升执法水平。建立健全符合塞罕坝的森林防火行政裁量权基准制度，细化、量化行政裁量标准，规范裁量范围、种类、幅度。加大野外火源管理力度。加强森林公安机关与森林防火部门的配合，建立森林火灾案件快速侦破机制。

构建严密的依法治火监督体系。开展《塞罕坝森林草原防火条例》实施情况执法检查，研究解决条例实施中存在的问题。加强对森林、林木、林地经营主体、从事旅游服务的单位和个人、林区施工单位的监督，规范森林火灾隐患评价标准、程序和内容，加大森林火灾隐患排查力度，及时向有关单位和个人下达森林火灾隐患整改通知书，责令限期整改，消除火灾隐患。加强森林防火执法监督，推行执法公开，建立责任追究机制，实行常态化监督机制。

构建有力的依法治火保障体系。健全森林防火法律法规宣传教育机制，提高全民森林防火法制意识。加强执法队伍建设，大力开展森林防火执法培训，执法人员统一持证上岗，提高执法队伍素质和执法能力。加大依法治火投入力度，为依法治火提供必要的保障。建立森林防火法律顾问队伍，提升森林防火法律咨询服务水平。

2. 全面加强森林火灾防控体系建设

加强森林火灾预警监测系统建设，加强森林火险预警系统建设。加强森林火险预警监测站建设，及时预报防火等级，掌握火灾隐患，使火灾隐患消亡在萌芽状态。建设预警监测管理平台，整合预警监测设备，做到火险等级可视化。加强红外探火雷达建设，弥补视频监控系统夜间预警能力不足，实现自动报警。使用雷电预警系统，实时掌握雷电发展动向，做到早发现、早处置。增加瞭望塔高度，引进瞭望台探火设备，提高瞭望通视性、覆盖度和定位精度。

加强智能化感知系统建设。针对传统火灾监测存在的"发现难、组网难"问题，建设地表火感知预警监测系统，利用互联网和5G+技术，精准预测预报高火险区地表因子，进一步提高火灾预警、预防能力。建设物候监测预警感知系统，强化多维森林草原物候要素因子监测手段，建立三位一体的森林草原物候要素监测和预警体系，完善森林草原防火物候监测和预警服务。强化多要素气象观测和大气电场监测，建设灾情信息管理平台；提升人工增雨作业能力，集成森林防火精细化监测系统。

加强林火视频监控系统建设。建设视频监控系统，扩大林火监测范围，增加卡口视频监控点，提升林火监测科技含量，提高综合防控水平，实现重点区域监测无盲区。

加强火源管控能力建设。依法增设森林防火固定检查站、临时检查站和微型检查站，高火险期24小时专人值守，有效控制火源入林。依法推进护林员网格化管理，实现护林护草员全域覆盖，配备手持终端设备，强化定位巡查和实时上报，实现可视化管理与调度指挥。

加强森林防火通信系统建设。加强5G网络建设，更新防火专用光缆，实现各类监测点站、传感器、望火楼、视频监测点、视频监控卡口、地面巡护人员及时联通，实现5G网络全覆盖。加强火场指挥通信设备建设，提高火场与森林防火指挥中心之间的通信联络，为移动前指和移动单兵系统提供火场地形和森林资源数据支持。建设集超短波、短波、卫星等多种通信手段为一体的机动通信系统，提升火场区域组网能力，保障信息畅通，满足指挥调度需要。配备火场应急供电设备，保障前线指挥各类设备应急供电。

加强森林防火指挥中心建设。升级森林防火指挥中心显示系统、综合控制系统、计算机网络系统、多媒体指挥调度系统、地理信息系统、信息综合管理系统，强化单位协同与联通共享，建设"纵向贯通、横向互连、实时感知、精确指挥"的一体化指挥体系。

加强森林防火设备、设施建设，补充配备灭火机、油锯、防护装备、通信设备，保障单兵灭火设备充足；配备高压远程消防车、以水灭火机具运输车、运兵车、轮式全地形车等专业以水灭火装备，提升专业队伍以水灭火能力。建设蓄水罐、消防井、微型消防站、消防水鹤，为以水灭火提供水源保障。配备大型隔离带开设机、全道路森林消防车，充分发挥大型装备在森林火灾扑救、建设等方面的作用。加强专业队伍营房、车库、实训基地、指挥基地建设，提升实训演练水平和扑救火灾战斗力。

加强森林航空消防建设，建设直升机标准机场，配套航站办公用房、停机库、指挥塔台、油库等设施，为直升机参与森林航空消防提供保障。组建无人机中队，配备中小型无人机，形成无人机巡护集群，提升日常巡护、物资投送和灭火作业能力。引进机腹水箱、空中水炮、新型吊篮、水囊等空中灭火先进设备，使用环保高效水系灭火剂。建设航空消防取水水源地，提升航空消防水源保障能力。

加强林火阻隔系统和防火应急道路建设，建设、拓宽、修缮防火隔离带，形成科学完备的防火隔离带网；定期清理隔离带及道路周边可燃物，保证持续高效的隔离效果；建设生态安全隔离网，预留生物通道，降低人为火灾发生概率，保障野生动物活动迁徙。完善林区防火路网建设，升级改造集材路和简易路，与外部道路构成布局合理、结构完整的防火应急路网，保障扑火队伍、扑火物资、扑火装备运送通道畅通。

加强森林防火宣传教育，夯实领导在森林防火宣传教育工作中的责任，不断扩大森林防火宣传教育群众基础，深入落实基层单位宣传教育任务。提高森林防火宣传教育工作的广度和深度，做到不留空白，不留死角。切实做到护林防火明白纸、护林防火公约到农户；森林防火宣传车到基层；森林防火宣传牌到主要道路；森林防火普及课进校园；森林防火讲话上电视、入网络。设置森林防火宣传月，制定宣传方案，充分利用各种宣传媒体，开展防火宣传活动。增加宣传屏、宣传牌、宣传栏等多种形式的宣传设施，大力宣传森林防火法律法规和火灾案例，普及防火知识，切实提高广大人民群众防火意识。

四、塞罕坝森林培育和经营的技术手段

（一）立地条件评价及类型划分

塞罕坝机械林场地处浑善达克沙地南缘，属冀北山地与蒙古高原交会区典型的森林—草原交错带和高原—丘陵—曼甸—接坝山地移行地段，是在高原沙地上建成的人工林场，高寒、半干旱、沙化严重，立地条件先天脆弱。林场主要土壤为沙壤，土层瘠薄、土壤保水性能差、养分贫瘠，现有植被受到破坏后极易沙化；林场土壤分6个土类，13个亚类，20个土属，30个土种，如图4.1所示。主要有灰色森林土、棕壤土、

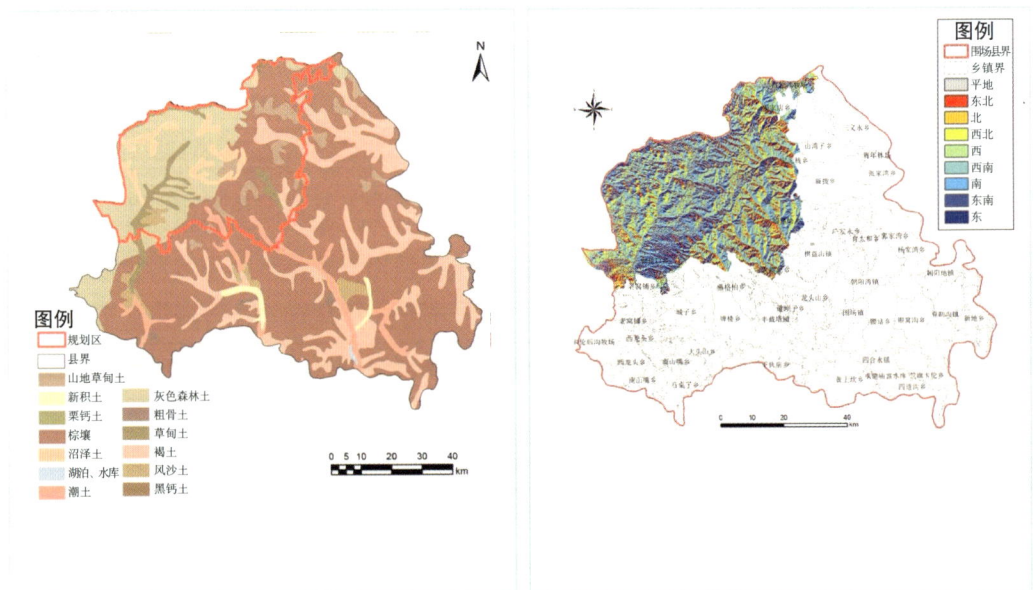

图 4.1 塞罕坝土壤及坡向分布

风沙土、沼泽土、砾石土、草甸土，以灰色森林土、棕壤土和风沙土为主。灰色森林土占67.5%，分布在森林与草原的过渡地带，主要分布在坝上，土层较厚、土壤肥力高，林木生长较好；棕壤土占15.5%，主要分布在坝缘山地；风沙土占4.2%，主要分布在三道河口、千层板林场西部一带；砾石土占3.5%，主要分布在山地阳坡，土层薄，石砾含量多；草甸土占3.3%，主要分布在山谷低洼处，这些地区土层薄，林木生长缓慢。

塞罕坝机械林场经过多年研究和经营实践发现，影响林场林木生长发育的主导因子有海拔、坡向、地形地貌、土厚、土类等。以海拔1500m为界，1500m以上通常适合经营樟子松、落叶松、云杉，1500m以下适合经营油松。坡向显著地影响林地的水热条件，不同坡向的水分条件差异明显，阴坡较阳坡具有较好的水分条件。土层厚度主要影响土壤的肥力状况，通常土层越厚，土壤肥力越高，林木生长越好；土层越薄，土壤肥力越低，林木生长越差。

根据林地自然条件分析，考虑到林场的现有经营水平，将全场划分为12个立地类型，如表4.1所示。

表4.1　塞罕坝立地类型

类型代号	地貌	海拔	坡向	土厚
1	坝上沙地	1300m 以上		
2	坝上曼甸	1500m 以上		厚
3	坝上曼甸	1500m 以上		薄
4	坝上丘陵	1500m 以上	阳坡、半阳坡	薄（石质丘陵）
5	坝上丘陵	1500m 以上	阳坡、半阳坡	厚
6	坝上丘陵	1500m 以上	阴坡、半阴坡	薄
7	坝上丘陵	1500m 以上	阴坡、半阴坡	厚
8	接坝山地	1500m 以下	阳坡、半阳坡	薄
9	接坝山地	1500m 以下	阳坡、半阳坡	厚
10	接坝山地	1500m 以下	阴坡、半阴坡	薄
11	接坝山地	1500m 以下	阴坡、半阴坡	厚
12	河滩地或低湿地			

注：土壤厚度大于25cm为厚土层，小于25cm为薄土层。

（二）树种选择和苗木培育技术

1. 树种选择

建场之初的攻坚造林阶段，林场根据特殊的地理位置和气候条件，通过考察林场范围及其周边区域的残存古树，选择了华北落叶松为主要造林树种，云杉、樟子松为拓展造林树种。随着立地条件的改善，造林树种的选择遵循适地适树原则，以华北落叶松、樟子松、云杉、桦树等乡土树种为主，大力引进培育兴安落叶松、长白落叶松、日本落叶松、冷杉、花楸等，以丰富造林树种，逐步改善林分结构。同时，为增加生物多样性，提高森林生态系统的稳定性，培育优质林分，采取"引针入阔"或"引阔入针"等形式大力营造混交林。

2. 苗木培育技术

塞罕坝林场在建场之初，造林所用苗木均从东北地区调运，由于路途遥远，调运中间环节较多，加之外调苗木不能完全适应坝上气候条件，致使造林成活率较低，本地培育苗木因技术限制，导致苗木"高""瘦"，造林成活率依旧较低。为加速绿化进程，塞罕坝创业者在气候极其恶劣的河北坝上地区，采用雪藏混沙拌种、播种覆土严格控制厚度、调节温度防高温伤苗和低温霜冻、解决立枯病及地下病虫危害、建立一套科学的苗木管护措施等办法，攻克落叶松种子处理关、出苗关和幼苗培育关三大难题。1964年落叶松全光育苗试验获得成功，"矮胖子""大胡子"等落叶松品种造林获得成功，苗木存量由起初1962年1hm²产18万余株到当年1hm²产300万株，满足了大面积造林对苗木的需求，成功地实现了自育自栽，从此结束了从省外苗圃调苗的历史，为塞罕坝由荒原变绿洲奠定了坚实的基础。

现阶段，塞罕坝机械林场把实现森林资源的持续利用作为首要目标，在提高二代人工林培育质量与成效上下功夫，在缩短森林培育周期上做文章，取得了显著成效。当前，林场重点以第三乡林场、北曼甸林场、大唤起林场、千层板林场、阴河林场、三道河口林场6个分场的骨干苗圃为中心，建立了保障苗木36.1hm²（表4.2），实施分区培育、重点带动，扎实推进全场的育苗造林工作。现6个分场共有大田育苗面积205亩、轻基质容器苗培育面积320亩，并配备了专门的喷灌、晒水池、起苗机械、供排水设施及种子加工、精选、检验等设备，基础设施齐全。每年可产落叶松、樟子松等良种壮苗1000余万株，除满足本场造林需求外，还远销北京、内蒙古、山西、陕西等地。

表4.2 塞罕坝苗圃地容器育苗产量

单位：hm², 万株、%

项目/单位	面积	主要育苗树种	年产苗量	所占面积比例
总计	36.1		1605	100.0
大唤起林场	9.5	落叶松、樟子松、云杉、花灌木	475	26.3
第三乡林场	1.7	落叶松、云杉	85	4.7
阴河林场	4.9	落叶松、樟子松、冷杉、花灌木	245	13.6
北曼甸林场	2.1	云杉	84	5.8
千层板林场	13.1	樟子松、云杉	524	36.3
三道河口林场	4.8	樟子松、云杉	192	13.3

（三）森林营造技术

自1962年建场以来，塞罕坝机械林场不断探索在高寒、半干旱、沙化严重的困难立地上营造人工林的技术，造林面积从1965年开始超过3000亩，即使在"文化大革命"期间，塞罕坝也是"抓革命、促生产"，从未停止过造林工作。创业初期，虽有5台苏联产的大型拖拉机、植树机，1000台造林机械和工具，还有从东北运来的苗木，但因缺乏在高寒、高海拔地区造林的成功经验，1962、1963年连续两年塞罕坝造林成活率不到8%。造林面积统计如图4.2所示。

1964年4月20日，林场党委书记王尚海带领120名职工在千层板林场打响"马蹄坑会战"，顶着−2℃的寒冷，连续吃住在山上，种植516亩落叶松。这次造林的树苗是

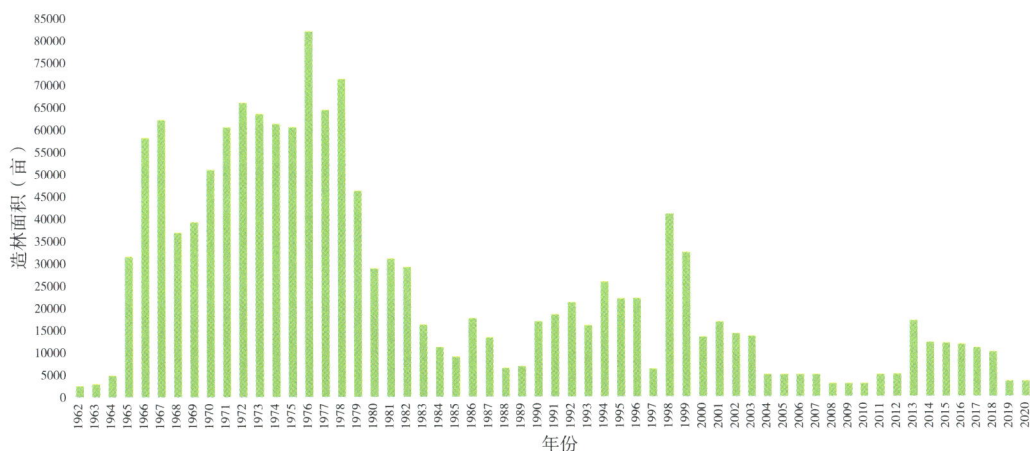

图4.2 1962—2020年塞罕坝机械林场造林面积统计

一棵一棵精挑细选的"矮胖子""大胡子"落叶松；所有的苗木全程保湿，覆盖草帘，以防阳光照射。植树机过后，对每一棵树要进行人工校正，用脚踩实。自此，塞罕坝机械林场的早期森林营造技术基本形成。

塞罕坝造林技术不断进步，先后改进了原有的造林机械，改进了传统遮阴育苗法，开创了高寒全光育苗技术，创新了"三锹半"植苗法：第一锹向内倾斜45°斜插底土开缝，重复前后摇晃，直到缝隙宽5~8cm，深度达25cm；顺着锹缝侧面抖动苗木投入穴中，深送浅提，以舒展根系，再脚踩定苗；离苗5cm左右垂直下插第二锹，先拉后推，挤实根部防止吊苗，挤法同第一锹；第三锹，再距5cm，操作同第二锹，仍为挤实；最后半锹堵住锹缝，防止透风，以利于苗木的成活。最后是平整穴面，覆盖一层沙土以利保墒。该方法与行业通用的"直壁靠边"栽植法相比，造林功效提高一倍，同时能节约成本。此外，林场还引进了抗旱树种樟子松，解决了主要树种集约经营问题，防控了松毛虫、落叶松尺蠖等有害生物发生蔓延，创建了育苗、造林、抚育、保护等森林经营技术体系。

进入新的发展时期，林场实施了攻坚造林工程，在建场以来多次造林难以成活和从未涉足的荒山沙地、贫瘠山地等"硬骨头"地块，不断总结改进造林技术，采取客土、浇水、覆土防风、覆膜保水等超常规举措，整坡推进、见空植绿，造林成活率和保存率分别达到98.9%和92.2%的历史最高值，并总结作业经验，形成了一套针对塞罕坝高寒、半干旱、沙化困难立地的森林营造技术，包括以下技术要点：

1. 造林树种选择

造林树种的选择遵循适地适树的原则，坝上曼甸以华北落叶松、云杉、白桦等乡土树种为主，坝上沙地以樟子松、落叶松等为主，土石山地以华北落叶松、樟子松、蒙古栎、油松（海拔1500m以下）、白桦等为主，逐步改善树种结构，充分利用造林地上已有的天然幼苗、幼树，形成天然和人工混合起源的混交林。此外，大力引进培育兴安落叶松、长白落叶松、日本落叶松、冷杉、花楸等，以丰富造林树种，逐步改善林分结构。同时，为增加生物多样性，提高森林生态系统的稳定性，培育优质林分，采取"引针入阔"或"引阔入针"等形式大力营造混交林。

2. 混交方式

有坡度的地方以顺山带状为主，无坡度的曼甸以块状为主。块状或带状混交是最好的方式，便于经营和采伐。使其形成7∶3、8∶2或6∶4等不同的天然和人工混交及人工不同树种交错的混交林分。

3. 造林密度

使用樟子松、落叶松、云杉等树种的容器苗造林，初植密度为3330株/hm²、2500株/hm²、1660株/hm²。

4. 整地及土壤改良方法

针对土层瘠薄、岩石裸露、地处偏远、施工难度大、成本高的荒山荒地，通过采取大穴鱼鳞坑整地、人工穴状整地和机犁沟整地、人工客土、保水剂、薄膜覆盖等措施，选用高规格樟子松、油松容器苗造林，提高造林成效，充分发挥生态效益。本着分区施策原则，把提高整地质量作为根本，全部整地穴面规格必须不低于60cm×60cm×40cm，并将穴内石块清除干净，整齐垒于坑下沿，在大坑中央挖出30cm×30cm×30cm左右的小坑，垫入客土，通过客土等方式保证穴内全部为土，夯实攻坚造林第一关。

5. 造林时间

塞罕坝以春季造林为主。林场一般在4月中旬到5月中旬开始造林。具体造林时间依据苗木萌动情况、造林地土壤解冻情况而定，土壤解冻深度达到或超过锹头深度为宜。适时顶浆造林可以提高苗木的合格率、成活率和保存率。

6. 造林作业方法

（1）苗木选择与运输。选用良种壮苗。根据不同立地，选择苗高25cm以上、装桶培育2年以上、粗壮抗性强的大规格容器苗，并通过延长基质有效期、增强苗木抗旱抗逆能力，提高造林成活率；为了克服坡陡难行的问题，采取"二拖一"的运苗方式运送苗木，避免了运苗时间过长造成失水现象的发生，通过采取浇透苗木底水、装箱运输、人抬或牲畜驮箱二次散苗、细化栽植等环节管理，确保100%栽植合格。

（2）苗木栽植与覆盖。先割底再取杯，覆土时将土中石块和草根去除，用细土覆盖好根系。覆盖保水膜时尽量展开呈"锅底坑"形，可以更大程度存水保水，最后用土覆盖地膜表层，防止地膜风化，延长使用时间。

（3）辅助保障措施。在苗木培育中采用生根粉、保水剂、食盐水溶液浸根等技术措施，造林后采用薄膜覆盖、施肥、草帘覆盖防风等辅助措施，确保工程建设成效。

7. 抚育管护

造林后对林地进行封禁保护，不准进入林地放牧和打柴，及时做好松土除草、病虫害防治工作，并有计划地进行割草；易受冻、旱害的针叶树造林，当年冬季应采取覆土、盖草等防寒（旱）措施，保证幼树健康生长。对更新迹地内天然萌生或根蘖的幼生树苗，在整地的过程中合理保留，尤其是阔叶树种和野生灌木树种。

现阶段，林场根据立地类型、造林目的和树种生物学特性，结合自身经营情况，参照造林技术规程有关规定，进行树种配置、整地方式、造林密度、株行距、造林季节、方法、苗木等技术总结，全场共设计9类造林类型，如表4.3所示。

表4.3 9类造林类型典型案例

经营类型	适宜立地类型名称	造林类型号	树种	配置方式	行间距(m)	整地方式、规格（cm）	造林季节	苗木规格	幼抚措施	备注
沙地樟子松林	坝上沙地	I	樟子松		111（3×2）222（1.5×2）	机犁沟或人工穴状深宽40×20或50×50×30	春、雨、秋季适宜时机栽植	3年生容器苗	造林后踏实、培土，除草松土第一年一次第二年2次第三年1次	缓阳坡当年秋天培土、防寒，雨后撤淤
沙地樟子松林	沙地丘间低地中厚土	II	樟子松		111（3×2）	机犁沟或水平沟深宽20×40				
沙地樟子松林	沙地沙丘陡阳坡	III	樟子松		111（3×2）	穴状50×50×25				
沙地阴坡厚土云杉林	沙地低湿地	VI	云杉		222（1.5×2）	穴状60×60×25				根据低湿情况可调整株行距
曼甸落叶松林	曼甸	V	落叶松	块带状针混落云2：1	222（1.5×2）167（2×2）	机犁沟\深宽20×40、穴状60×60×25		2年生容器苗		
阴坡厚土落叶松林	山地阴坡厚土	VI	落叶松		222（1.5×2）167（2×2）	穴状60×60×25				
阳坡厚土樟子松林	山地阳坡厚土	VII	樟子松		222（1.5×2）111（3×2）	穴状60×60×25		3年生容器苗		
灌木林		VIII	沙棘、山丁子等		333（1×1）	穴状40×40×20		1~2年生容器苗		河边台边界线以内50m宽灌木带

（四）中幼林抚育技术

塞罕坝机械林场主要树种平均林龄为31.7年，中幼林占总面积的50%以上。针叶纯林或针叶混交林中，幼林林分密度较大，林木分化严重，互相挤压，竞争较激烈，林相杂乱。将林分因子相近的林木划分为若干植生组，按有利于树冠形成梯级郁闭、主林层和次林层都能达到直接受光的要求，在每组内，将林木分为优良木、有益木和有害木，依据去劣留优、间密留匀的原则，伐除有害木、病死木和胸径5cm以下的被压木，对影响目的树种生长的灌木、萌条实施局部割灌、清理，保留有益木，培养优良木，从总体上优化林分结构，形成混交林，最大限度地提高生态系统的整体功能。幼林抚育技术主要有以下3项。

1. 修枝抚育

主要在郁闭度0.6以上、自然整枝不良、通风透光不畅、密度过大的中幼龄林内进行。同时，为培养优质无节大径材、降低森林树冠火的发生概率、提升森林公园风景观赏林的景观价值，对公路沿线的近、成熟林进行高位修枝。

2. 透光抚育

针阔混交林中以针叶树为主，针叶树每公顷在2250株以上的，伐除无顶、树冠畸形等无培育前途的针叶林木，阔叶树每丛保留1~2株；针叶树每公顷在2250株以下的，桦树、柞树每丛保留2~3株，山杨每公顷保留2250株左右，进行定株。针阔混交林中，如以桦树、柞树为主，桦树、柞树每丛保留3~4株。人工针叶纯林幼龄林，可本着留优去劣原则进行定株。同时割除影响目的树种生长的灌木、萌条。最终使保留的针、阔叶目的树种达到合理密度。

3. 病虫害防治

如遇到病死树，要立即砍伐，将树根彻底挖出，避免病虫害在土壤内滋生、繁殖，侵害其他树木。

（五）森林抚育技术

森林抚育是森林经营的一项重要技术手段，只有科学合理地对林分进行抚育，才能保证林木健康、高效地生长。林场现有森林面积74777.45hm^2，其中自然保护区内的严格保育公益林有13990.15hm^2，多功能经营区的多功能林有60787.3hm^2（表4.4），因此林场针对上述两种功能区分别形成了以生态保护为重点的自然保护区生态抚育技术，以及以发挥森林多功能效益为重点的多功能森林抚育技术。

表4.4 塞罕坝森林经营类型面积统计

单位：hm^2、m^3

功能分区	森林经营类型	森林类型	面积	蓄积量
现有森林面积		人工落叶松林	35423.3	6187429
		人工樟子松林	11450.86	1300730
		人工云杉林	2980.04	109166
		人工油松林	626.68	56368

功能分区	森林经营类型	森林类型	面积	蓄积量
		天然桦树次生林	13609.1	1709577
		天然柞树残次林	3391.83	119362
		阔叶混交林	2607.32	247140
		针阔混交林	3670.37	521525
		针叶混交林	1017.95	116364
		小计	74777.45	10367661
自然保护区	严格保育公益林	人工落叶松林	5043.75	1096126
		人工樟子松林	5885.93	648187
		人工云杉林	152.01	9782
		人工油松林	4.5	0
		天然桦树次生林	2333.61	308339
		天然柞树残次林	366.03	8301
		阔叶混交林	160.97	9294
		针阔混交林	17.3	2631
		针叶混交林	26.05	2736
		小计	13990.15	2085396
多功能经营区	多功能林	人工落叶松林	30379.55	5091303
		人工樟子松林	5564.93	652543
		人工云杉林	2828.03	99384
		人工油松林	622.18	56368
		天然桦树次生林	11275.49	1401238
		天然柞树残次林	3025.8	111061
		阔叶混交林	2446.35	237846
		针阔混交林	3653.07	518894
		针叶混交林	991.9	113628
		小计	60787.3	8282265

1. 自然保护区生态抚育技术

2002年，由河北省林业局申请，经河北省人民政府批准建立省级塞罕坝自然保护区；2007年，《国务院办公厅关于发布河北塞罕坝等19处新建国家级自然保护区名单的通知》正式批准建立河北塞罕坝国家级自然保护区。根据《自然保护区类型与级别划分原则》（GB/T 14529—1993），结合塞罕坝自然保护区的性质和特点，确定其为森林生态系统类型的自然保护区，以保护原始温带针阔混交林生态系统及其野生动植物物种为宗旨。

在核心保护区内，尽量减少人为干预，必要时对该区内的森林资源进行护林防火和病虫害防治保护工作；对保护区内疏林地和灌木林地，通过封山育林、人工促进自然恢复等措施，恢复原生植被，以维护该区域内生态功能的完整性。

在一般控制区内，主要开展生态抚育作业。坚持生物合理性原则、利用自然自动力原则和促进森林反应能力原则，基本出发点是维护生物多样性。抚育方式为生态疏伐，措施是通过森林结构和进程的经营控制，充分利用自然自动力，促进土壤形成和生物多样性发展，最终在林木（生态目标树、原生种、濒危种等）、林分（树种组成、混交格局、最小生态位保护等）、森林斑块空间（栖息地、多样性岛屿等）3个层面上维持或提高森林的多样性与稳定性，建设良性循环的森林生态系统。技术要点如下。

抚育采伐。坚持采劣留优、采弱留壮、采密留稀，保护乡土珍贵树种，保护幼苗幼树，兼顾林木分布均匀的原则，坚持保留适合当地立地条件的稀有树种，以及能为鸟类或其他动物提供食物或栖息地的林木的原则。

修枝。保护区实验区人工林修枝主要目的是增加大型哺乳动物通过性和林下生物多样性。要求高度依据林分枯枝高度确定，幼龄林修枝高度一般不超过树高的1/3。要求修枝茬口平滑，不留残桩，一律锯修，不准棒砸斧砍。修枝一般在疏伐作业前进行。

抚育剩余物清理。为降低森林有害生物产生和森林火灾隐患，要求每隔50～100m设一条抚育剩余物堆积带；对作业难度大、坡度陡的实验林分，设置简易抚育剩余物清理通道。

生物多样性保护。保留国家和地方重点保护的野生植物，注重关键树种、关键林木及枯立木的保护，在成熟的森林群落之间保留森林廊道，为野生森林动物营造良好的栖息环境。在保护中不断丰富种类、增加数量，使林内生物多样性得到有效保护。将当前立地条件下稀有的、具有保存价值的树木，将增加林分生物多样性、保持林分结构或为鸟类等其他动物提供食物或栖息地具有重要作用的生境树，作为特殊目标树进行保留和管理。

2. 景观游憩林抚育技术

适当调整现有人工纯林的树种组成与林分垂直结构，提高林分景观质量。对密度过大、林内枯枝落叶较多的林分，通过抚育间伐将其逐步调整至225～300株/hm²，同时清理树体4m以下的枯枝，以营造通透空间，促进林下植被的发育。另外，抚育时注重林下多彩灌木及特色野花野草的保护，逐步引阔入针。植苗补种蒙古栎、白桦等乡土树种，营造混交林景观；此外，通过补植一些伴生彩叶树种，如花楸、五角枫等，营造针阔混交色彩层次丰富的风景游憩林，提高森林公园的风景资源质量。

3. 生态防护林抚育技术

以生态防护为主导功能的森林，林场面积最大、森林类型最多、林地差异最大。坝上曼甸沙壤的主要森林类型以华北落叶松、樟子松、云杉单层纯林为主；接坝山地，山高坡陡，土壤瘠薄、生态环境脆弱，天然林面积较大，且坡度大于15°的陡坡占比较高。

对该类森林采取以抚育为主、主伐为辅的经营措施。人工林抚育采取小强度、长间隔期、多次间伐的方式，确保森林郁闭度不会减小。对天然次生林，根据立地条件采取不同经营措施，对于坡度在15°以下、土层较厚的林分可在林冠下引入针叶树种；对于坡度在15°以上的林分实施严格封禁。

对于生态脆弱的沙地森林、石质阳坡的低矮林分、坡度在20°以上的上坡与梁脊上的林分和特别灌木林，在经营生态风险大、难以改造或可及度低时，以自然修复、生态保护为主，原则上不开展生产性经营活动。通过设置标志、建网围栏、人工巡护等措施进行保护。条件适宜的地方适度采取措施，保护天然更新的幼苗、幼树，或采取必要的补植等人工辅助措施，促进建群树种和优势木生长，加快森林正向演替。

修枝技术。当林冠郁闭且树冠下部出现枯枝时开始修枝。作业时，人工把树冠下部已经枯死、即将枯萎死亡的弱枝、消耗枝及时修掉。修枝季节一般选择秋末至春季萌芽前。修枝强度可根据不同的树种及年龄确定，幼龄林修枝后，冠长不低于树高的2/3；中龄林修枝后，冠长不低于树高的1/2。

抚育技术。在林分幼龄林、中龄林阶段，当林分过密而发生激烈竞争时，伐除密度过大、生长不良的林木，间密留匀、去劣留优，进一步调整林分树种和空间结构。疏伐的目的有两个，一是调整林分结构、促进保留木的生长；二是通过降低郁闭度或形成较大的林隙，促进林下更新和幼苗幼树的生长，以形成复层混交林。结合上层乔木与待更新树种的生物学特性，也可适当主伐，进行群团状采伐与更新，如在华北落叶松林或白桦次生林内可进行群团状采伐，在采伐形成的林隙内以群团状更新云杉，更好地促进良好林分结构的形成。

生物多样性保护。在森林抚育的过程中，注重关键树种、关键林木的保护，不断丰富种类、增加数量，使林内生物多样性得到有效保护。将增加林分生物多样性、保持林分结构或为鸟类和其他动物提供食物或栖息地具有重要作用的林木标识为生境树，作为特殊目标树进行保留和管理。

4. 商品用材林抚育技术

立地条件是确定森林经营技术体系的主要因素。按照塞罕坝立地分类评价结果，可选择Ⅰ、Ⅱ、Ⅲ立地等级林地，结合森林经营目标，采用全周期森林经营策略，培育大径级林木，而立地条件较差的Ⅳ、Ⅴ地段，则主要培育以生态保护为主导的中小径级林木。

以木材储备为主导功能的商品林主要分布于地势平坦、土壤相对肥沃的5个曼甸的Ⅰ、Ⅱ、Ⅲ立地等级林地上，曼甸地区土层较厚，利于用材林培育。树种以人工落叶松、樟子松为主。

（1）人工落叶松抚育技术

对于Ⅰ、Ⅱ等级立地条件的落叶松，主要培育45cm以上的大径材，对于小于Ⅲ立地等级的林分，以培育中径材为主。抚育工作经验总结形成一套抚育技术体系，主要包含以下几种环节：定株、透光伐、修枝、下层疏伐、低效林改造及主伐等。具体操作方法为：在林分11年左右，当人工林出现第一轮死枝时进行第一次修枝作业，也就是首次进行抚育，每亩保留密度设定在150～220株（即每公顷2250～3300株），伐除被压木、枯死木及Ⅳ、Ⅴ级木（克拉夫特分级法）；此后每隔4～5年（抚育间隔期）利用下层疏伐法再进行一次抚育间伐，一直到每亩保留株数为50株（即每公顷750株左右）为止，在林分40年左右时进行主伐。

林木分级。将能够反映林木个体、个体与群体关系及林木个体竞争情况的18种指标作为竞争因子对华北落叶松人工林生长状况进行测算及分析。在所有计算的竞争指标中，华北落叶松的树冠圆满度、简单竞争指数、冠面积（相对冠面积）、树冠体积等与冠幅相关的指标有着较大程度的变异，能够较好地反映林木竞争情况。考虑到实际操作，应选择便于量化、操作简易的指标，因此可以确定相对冠面积作为反映林木分级的参数。再综合克拉夫特林木分级及牛山式分级法，将三种立地条件下，不同生长阶段（幼龄、中龄、近熟龄）的华北落叶松人工林分为优势木、中间木及劣势木三类，大于相对冠面积的平均值+标准差（$\geq x+s$）为优势木，小于平均值-标准差（$\leq x-s$）为劣势木，介于两者之间的（$\geq x-s$ 且 $< x+s$）为中间木。

抚育起始期。对于华北落叶松人工林抚育起始期，通过对曼甸立地下7、8、9、10、11、12年及15年生华北落叶松林分进行调查，比较确定抚育起始期的四种常用方法（利用按林分生长量分析确定、按林木分级结果确定、按林分直径离散度确定及按林分株数按径级分配比例）的优劣势，最终得出利用林分生长量分析确定华北落叶松人工林抚育起始期最为合适。

利用林分生长量法对曼甸、阳坡薄土及阴坡厚土三种立地条件的华北落叶松林分进行样地调查及解析木分析，最终确定曼甸立地条件林分的抚育起始期为10年左右；阳坡薄土立地条件林分的抚育起始期为14年左右；阴坡厚土立地条件林分的抚育起始期为10年左右。

抚育间隔期。利用间伐材积与年平均材积生长量之比，对三种立地条件的华北落叶松人工林抚育间隔期进行推算，最终确定曼甸立地较为合适的抚育间隔期为6~8年；对于阳坡薄土立地条件，较适的抚育间隔期为5~10年；对于阴坡厚土立地条件，较为合适的抚育间隔期为5~8年。

抚育强度。利用编制好的合理经营密度表，通过调查林分现有密度，确定不同立地条件的华北落叶松人工林的最适抚育强度，最终确定曼甸立地条件的华北落叶松人工中龄林抚育强度应在42.18%~62.50%；阳坡薄土立地条件的华北落叶松人工中龄林在35.75%~60.57%；阴坡厚土立地条件的华北落叶松人工中龄林在29.31%~54.10%。相关技术参数见表4.5。

表 4.5　塞罕坝不同立地条件下华北落叶松人工林抚育技术参数

		曼甸	阳坡薄土	阴坡厚土
抚育方法		下层疏伐法		
间伐木选定		根据相对冠面积的平均值及标准差的关系来划分优势木、中等木及劣势木。再根据推算出的抚育强度，优先间伐劣势木中的林木，在实际操作中要注意灵活间伐，避免发生开天窗等现象		
第一次抚育	林龄（年）	10	14	10
	保留密度（株/hm²）	1682~2242	1170~2360	1691~2255
第二次抚育	林龄（年）	18	24	18
	保留密度（株/hm²）	1140~1521	1129~1505	1372~1829
第三次抚育	林龄（年）	26	34	26
	保留密度（株/hm²）	809~1079	812~1083	1016~1354
第四次抚育	林龄（年）	34	—	34
	保留密度（株/hm²）	631~841	—	761~1014
主伐	林龄（年）	40	40	40

（2）樟子松抚育技术

樟子松适应性强，适生于海拔较高、阴坡或半阴坡、酸性或微酸性的砂壤土或风沙中层土立地条件（立地等级为Ⅰ、Ⅱ、Ⅲ），其中立地等级Ⅰ、Ⅱ级的林分培育目标为50cm以上大径材主导—兼顾生态防护，立地等级在Ⅲ级及以下培育目标生态防护为主导—兼顾景观。

按照全周期经营计划要求，针对多功能经营目标，充分考虑樟子松林分特点，林场总结出如下全周期经营计划（表4.6）。

表4.6 塞罕坝樟子松–阔叶树异龄混交林发展类型全周期经营计划

编号	林分特征	树高范围	主要抚育措施
1	造林/幼林形成或林分建群阶段	<2.5m	造林/幼林形成阶段，避免人畜干扰和破环，一般情况下不作任何抚育，但需要严格保护
		2.5~6m	个别过密的情况下间伐抚育
2	幼林至杆材林的郁闭林分，是竞争生长质量形成的阶段	6~10m	核心目标是通过抚育促进优势个体高生长 第一次疏伐，目标树选择（纯林300株/hm²），针对目标树间伐干扰树 第一个打枝期，打枝高度要控制在3~3.5m的下部
3	杆材林（含少数小径乔木），是质量选择和生长抚育阶段	10~15m	核心目标：通过采伐干扰树促进优势个体生长和结实 目标树再次检验和淘汰，林分密度维持在1200株/hm²左右 目标树打枝控制在5~6m高度以下 为每林目标树除伐1~2株干扰树 对特殊目标树个体进行维护管理
4	乔木林（小径—中径），目标树生长阶段	15~20m	核心目标：通过抚育促进优势个体径生长，提高林下幼树和混交树种的数量和质量 选择目标树的密度控制在180株/hm²左右 通过抚育使目标树保持自由树冠，以促进径向生长（材积生长），保持下木和中间木层生长条件 促进天然更新，并在林窗补植阔叶树种，如蒙古栎、白桦等
5	大径乔木林，林分蓄积生长阶段	>20m	核心目标：培育第二代目标树，维护和保持生态服务功能并生产高品质用材 持续的目标树材积生长抚育，使其保持自由树冠，目标树密度可在150株/hm² 林分的蓄积生长抚育，达到目标直径要以单株或群状形式进行主伐 除伐间木层和劣质木，同时抚育第二代目标树 保持林内卫生，及时清理林内生活垃圾和采伐剩余物

（六）森林主伐技术

1.主伐作业原则

塞罕坝机械林场基于当前木材市场、未来市场的需求材种、价格体系及设计林分的生产能力等综合因素，确定林分所生产材种适应市场销售，无进一步培养的价值，且达到了经济成熟时进行主伐，是调整塞罕坝林区森林资源结构、提高局部区域森林健康水平、满足市场畅销材种需求、合理实施持续更新作业、发挥林地生产潜力的重要营林措施。

主伐作业设计应遵循林业可持续发展、森林资源优化配置、统筹兼顾、全面发展、从实际出发，调整资源结构与科学合理利用并重，技术合理、生产可行、经济合算等原则。

2. 主伐期确定

塞罕坝机械林场落叶松人工林集约经营系统研究结果表明：在塞罕坝地区以11、13地位指数为主的林地中，森林总收益、森林纯收益、造林利益率、土地纯收益最大的成熟龄分别为27年、23年。而净现值最大的成熟龄，按不同立地类型、不同贴现率、净现值最大的成熟龄也在22～27年之间。

3. 主伐方式

采伐作业应由总场、林场、营林区三级管理单位及相关林业技术人员综合管理，采用块状、带状渐伐或皆伐，形成异龄复层林相，有利于更新和森林生态系统的稳定性，要严格按管理程序操作，避免破坏生物多样性和环境。

采伐过程中，应注意以下几点：①先注意树的高度和周围人员活动，再掌握好树的倒向，平地要顺着树的有利倒向，坡地要顺坡下倒。②本着采伐木的最大利用原则，要最大限度地降低伐根高度，平地一律要求为零，坡地要求在地基径1/3以下，注意上下茬口对齐、不劈裂、不抽心、不错位。③依据采伐木原条的具体干形、材质，遵循"优材不劣造、长材不短造"的原则，按照造材标准，符合市场导向，合理造材，发挥采伐原条的最高经济价值。④采伐工作结束后，对林地进行仔细清理，所有作业剩余物必须清除出林外，或在雨季集中烧毁。⑤对林下幼树、灌木等下木，针对具体情况合理保护和保留。⑥在作业过程中，加强林地保护，防止因作业出现过度损坏现象。

4.伐后更新

伐后更新主要采用人工更新的方式，在皆伐作业的翌年完成更新造林。造林苗木选用一级苗，做到树种适宜；更新密度一般为落叶松每亩333株，采用人工穴状整地方式，穴面规格为60cm×60cm×30cm。更新后幼林抚育采用3年5次，即按2∶2∶1进行；更新后加强幼林管护，必要时架设围栏，保证后备资源培育成活。

（七）森林更新技术

1. 人工促进天然更新

（1）及时清理枯落物。华北落叶松、云杉、樟子松种子主要集中在枯落物层，萌发的更新苗常常由于胚根不能达到土壤，无法获得充足的养分，导致更新苗死亡率增加，并且枯落物的持续积累也会对植被的自然更新形成阻碍，主要表现为物理上的机械阻挡、化学上的他感作用、生物上的动物侵害和微生物致病作用，因此，在林分经营活动中应及时对大量堆积的枯落物进行适当清理。

（2）改善土壤化学性质。针对塞罕坝地区华北落叶松，生产实践和大量试验表明：弱酸的土壤环境更有利于中龄林林下天然更新，而偏中性的土壤更有利于近熟林林下天然更新；此外，在近熟林林分中，提高土壤全钾含量对幼苗的平均高度、平均基径和平均苗龄有积极影响，适当增加土壤中的全钾含量，可以维护森林更新。

（3）保护林下更新苗木。对林下珍贵的、有培育价值的天然更新幼树和幼苗需要全部保留，对影响天然更新幼树和幼苗生长的灌木、高草进行清理，不影响的灌木要保留。

作业时，要注意减少对幼树和幼苗造成的损坏。如针对华北落叶松一年生幼苗能在林冠下生长，2年生苗即不耐侧方庇荫的特点，割灌、清理高草的时间不宜过晚，应在6月下旬进行，以保证幼苗、幼树得到足够的光照空间，促进其生长到下木层和中间层；为了保证华北落叶松或云杉顺利落地发芽成苗，在种子年，种子成熟飞散前进行整地松土作业；在一些易受人为干扰的林下，设置警示牌或用铁丝网阻隔的方式保护更新林地；对于补植的蒙古栎等阔叶树幼苗，可有选择地用网罩进行单株保护。

2. 再造林技术

（1）采伐迹地再造林。再造林是对已存在但受到采伐影响而被耗尽的森林和林地的补充，在塞罕坝地区，20世纪60年代，营造林分已陆续进入采伐利用期，林场经过长期的生产实践，总结形成了以下再造林技术，可有效提人工林采伐迹地更新造林保存率。

树种选择：按照适地适树的原则，优先选择乡土树种与实践证明其生长良好的外来树种。坝上曼甸以华北落叶松、云杉、白桦等乡土树种为主，坝上沙地以樟子松、落叶松等为主，土石山地以华北落叶松、樟子松、蒙古栎、油松（海拔1500m以下）、白桦等为主，逐步改善树种结构。

整地：整地可以有效增加采伐迹地的蓄水保墒能力，对造林保存率的提高有良好的促进作用，在经济条件和自然环境允许的情况下，林场采取大穴整地的方式来提高造林保存率；在立地条件较好的地段，宜选择小穴整地，相对大穴整地而言，可大幅度降低整地成本。

造林时间：林场主要选择春季造林，林苗木成活率可达到97.5%，也可根据实际情况适当选择秋季造林。

苗木高度等级：林场在生产实践中发现，苗木高度等级越高，更新造林苗木的成活率和当年高生长量越大，所以人工林迹地更新苗木以选择较高苗木为优。华北落叶松苗木高度标准应在30cm以上，以确保更新效果。

混交方式：坝上曼甸与沙地以块状、带状为主，坡地以带状为主。考虑到种间竞争与互利关系，需谨慎采用株间混交、行间混交。提倡多树种混交造林，并可通过优化空间配置，形成带状或块状混交。充分利用造林地上已有的天然幼苗、幼树，形成天然和人工混合起源的混交林。林冠下造林时，采取"引针入阔"或"引阔入针"等形式，大力营造混交林。

（2）干旱贫瘠地再造林。在干旱贫瘠的立地再造林，要充分利用已有植被或采伐剩余物，进行防风保水。对萌生或根蘖的幼苗幼树，要在整地过程中合理保留，特别是阔叶树和灌木。一般使用容器苗造林，初植密度为3330株/hm²或为1650株/hm²。在干旱阳坡与土层较薄小班，可适当稀植；干形好的树种可稀植；干性较差的阔叶树，如蒙古栎等宜密植。

（3）林冠下再造林。在郁闭度低于0.5的华北落叶松近、成、过熟林，或其他郁闭度较低且缺少目的树种的林分中，或现有林分的较大林窗、林中空地中实施林下造林，以调整树种结构形成复层异龄混交林。补植树种应选择能在林冠下生长、防护性能良好，并能与主林层形成复层混交的耐荫树种，可以是区域潜在顶极树种或优良伴生树种，如云杉、蒙古栎、五角枫、花楸等。补植时，尽可能保护原有的幼苗幼树，不整地或少整地，以减少对土壤与原有植被的保护，补植点应配置在较大的林窗、林中空地处。成活率应达到85%以上，3年保存率应达80%以上。

（4）困难立地再造林。针对林场土层瘠薄、岩石裸露的"硬骨头"地块，实施困难立地攻坚再造林工程。在造林中，全部选用高规格容器苗，采取大穴鱼鳞坑整地、客土、薄膜覆盖、浇水等措施，保证造林成活率；在苗木装运上，采取专人负责、职工装运等形式，节约成本，并购置容器苗运输箱，实现容器苗运输规范化、科学化管理；在容器苗栽植上，打破以往栽植技术，容器苗全部采用割底清除盘结根系、侧面划开，培土撤桶栽植，全力提高造林成效。

（八）森林有害生物防护技术

林场坚持以"预防为主、科学治理、依法监管、强化责任"的森防方针为指导，采取"突出重点、分类施策、多措并举"的防治举措，实施人工喷烟、人工喷雾、飞防、人工捕捉、密闭熏蒸、天敌及营林等综合防控方法，防治效果较为明显，初步建立了林业有害生物综合防控体系。并根据防治风险，完成相关功能区划，如表4.7、图4.3所示。

表 4.7　塞罕坝林业有害生物防治风险等级功能区划明细

风险程度	所在分场	所在营林区
高危区	大唤起林场	1 大梨树沟营林区
		2 小梨树沟营林区
		3 哈里哈营林区
		4 八十号营林区
	第三乡林场	5 莫里莫营林区
		6 坝梁营林区
		7 北岔营林区
	北曼甸林场	8 四道沟营林区
		9 高台阶营林区
		10 石庙子营林区
		11 十间房营林区
		12 湾湾沟营林区
	阴河林场	13 三道沟营林区
		14 前曼甸营林区
		15 红水营林区
		16 亮兵台营林区
		17 白水营林区
	千层板林场	18 羊场营林区
		19 烟子窑营林区
		20 马蹄坑营林区
		21 长腿泡子营林区
	三道河口林场	22 二道河口营林区
		23 五十三号营林区
	大唤起林场	24 德胜沟营林区
		25 下河边营林区
	第三乡林场	26 母子沟营林区
		27 翠花宫营林区
高风险区	阴河林场	28 丰富沟营林区
	三道河口林场	29 四道河口营林区
		30 果园营林区

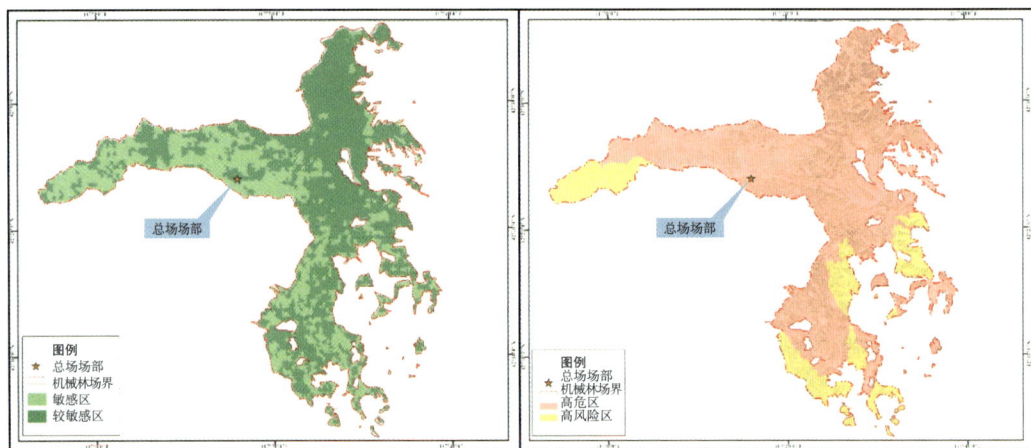

图 4.3 塞罕坝生态敏感性分析图、森林有害生物防治等级划分

（九）森林火灾防控技术

林场全域均为Ⅰ级森林火险等级，建场以来未发生森林火灾。现有专业扑火队7支、队员110人；半专业扑火队9支、队员169人；瞭望员18名、专职护林员399人。林场森林防火基础设施设备包括：预警监测设施、扑火机具、防火隔离带及路网、信息，以及指挥系统、预测预报系统。预警监测设施有瞭望台9座、固定防火检查站14个、视频监控点43个、红外探火雷达6台、雷电预警监测系统1套、无人机巡护系统1套（配备无人机8架、卫星小站2套）、火场标绘系统1套。扑火机具有森林消防指挥车1辆、宣传车1辆、运兵车15辆、消防车9辆、灭火水枪100台、风力灭火机356台、灭火二号工具3719件、其他手持机具6580件。现有防火隔离带956km、生态安全隔离网60km、路网980km、巡护路线561km。信息及指挥系统包括计算机10台、中继台8台、基地台7台、车载台34台、对讲机40台。预测预报系统包括气象台站1座。

2016—2020年，林场相继完成北方地区森林防火信息化和塞罕坝视频监测与指挥系统建设项目、驻防武警森林部队防火营房建设项目、应急安保工程、应急通信保障系统、无人机侦查系统建设。完成望火楼、检查站、管护点的维修建设工作，完成防火隔离带除草，购置消防车、运兵车、无人机、灭火机、油锯、防护服等设备，有效提升火灾防控水平和能力。防火区划及相关设施如表4.8、图4.4所示。

表 4.8　塞罕坝森林防火风险等级功能区划明细

风险程度	所在分场	所在营林区
高危区	大唤起林场	1 大梨树沟营林区
		2 小梨树沟营林区
		3 德胜沟营林区
		4 五十三号营林区
		5 八十号营林区
	第三乡林场	6 母子沟营林区
		7 翠花宫营林区
	北曼甸林场	8 四道沟营林区
		9 高台阶营林区
		10 石庙子营林区
	阴河林场	11 亮兵台营林区
		12 白水营林区
		13 三道沟营林区
	千层板林场	14 羊场营林区
		15 烟子窑营林区
		16 马蹄坑营林区
		17 长腿泡子营林区
	三道河口林场	18 二道河口营林区
		19 四道河口营林区
		20 果园营林区
高风险区	大唤起林场	21 下河边营林区
		22 哈里哈营林区
	第三乡林场	23 莫里莫营林区
		24 坝梁营林区
		25 北岔营林区
	阴河林场	26 丰富沟营林区
		27 前曼甸营林区

风险程度	所在分场	所在营林区
		28 红水营林区
	北曼甸林场	29 十间房营林区
		30 湾湾沟营林区

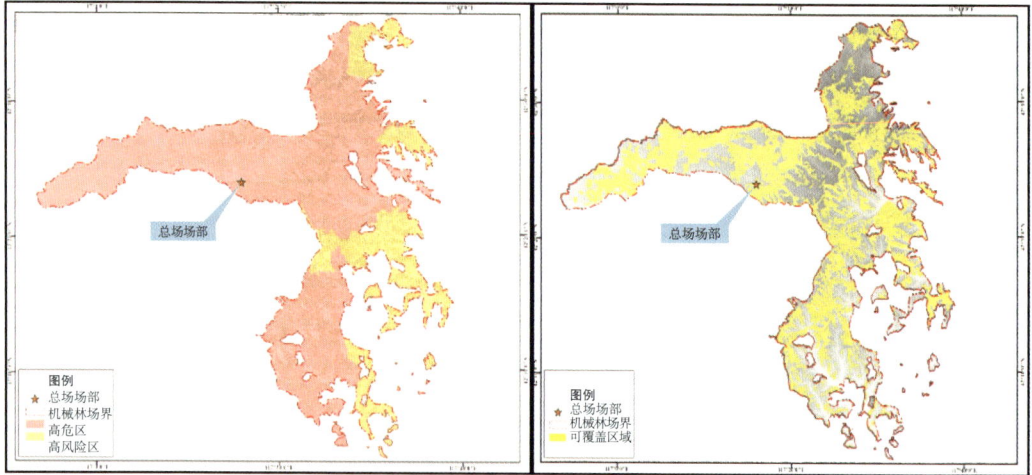

图 4.4　森林防火等级规划图、瞭望检测设施覆盖分析

（贾黎明　黄选瑞　李永东　尹群　李盼威　贾忠奎　彭祚登）

塞罕坝新时期发展战略研究

张向忠 摄

第五章　塞罕坝经济发展战略

塞罕坝经济发展要基于国有林场资源保护和经营基础，科学确定林场新时期生产经营目标和保障机制措施，通过资源基础评价和现有经营效率分析，优化投入组合，更加有效地组织资源，实现生态产品高质量及高效供给，实现塞罕坝经营效率提升，在更高的水平上实现绿色发展，促进"绿水青山"向"金山银山"的有效转化。

一、经济效益基本状况

林场年均支出达到17410万元，包括木材成本费用及育林基金提取支出5215万元、其他产业支出5232万元、管理费用支出6963万元。林场的收入来源主要来自财政补贴、营林收入、旅游产业等三项。截至2021年底，林场经济发展水平实现了质的飞跃。2000年林场总产值为4625万元，到了2021年实现总产值达到4.7亿元。此外，林场还积极发展林业碳汇项目，实现经济效益309万元；致力于带动周边发展乡村游、农家乐等业态，实现社会总收入6亿多元；带动周边发展生态苗木基地4400多亩，苗木总价值达7亿多元，人均年收入1.5万元。基于林场2001—2021年的数据，对林场经济发展状况进行系统分析，以期更好地衡量林场的经济发展水平。分析以2000年作为基期，其他年份与价格有关的指标均进行了CPI平减处理。

（一）林场总产值与人均产值

林场总产值能够反映整个林场的经济发展水平和财富能力，其增长速度反映了林草产业发展能力。以2000年为基期，对林场2001—2021年总产值进行数据分析。2021年最高，为47191万元，与2001年的5654万元相比，增长了近8倍。从总体趋势来看，林场总产值不断增长，但增长速度呈波动趋势。2001—2010年，林场总产值增长速度平均在16%左右。2020—2021年增长速度最快，高达30.9%。总体来看，林场以总产值反映的产业发展能力与2001年相比，得到了大幅度提升（图5.1）。

图5.1　塞罕坝林场总产值和林场总产值增长速度变化情况

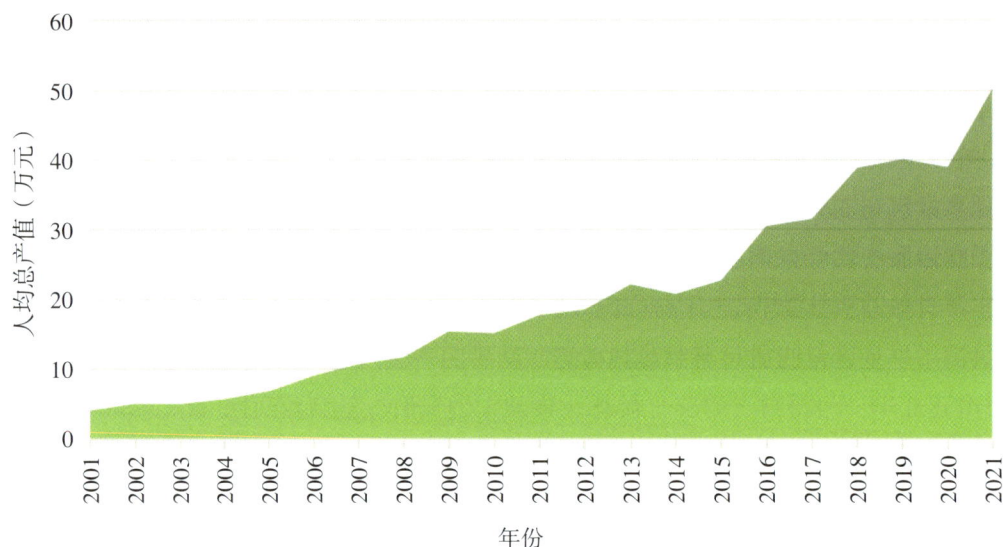

图 5.2　塞罕坝林场人均总产值变化情况

林场人均总产值能较好地反映出林场的经济发展质量。林场人均总产值总体呈增长趋势。2021年的林场人均总产值为50万元，与2001年4万元的林业人均总产值相比，增加到12.5倍。在2001—2010年期间，2009年的人均总产值最高，为15.3万元。2001年的人均总产值最低，为4万元。在2011—2021年期间，2021年的人均总产值最高，为50万元。2011年的人均总产值最低，为17.6万元。总的来说，以林场人均总产值反映的林场经济发展态势良好（图5.2）。

（二）林场产业结构

由于自身地理位置和政策制度等原因，林场以第一产业和第三产业为主。下面分别对林场第一和第三产业进行系统分析。

1.林场第一产业发展情况

20世纪80年代初，林场建场初期营造的人工林如今正进入经营期，其提供了良好的木材资源基础。木材产业从最初的"零星采伐、即产即销"发展到现在的"竞价销售为主，议价销售为辅；批发销售为主，零售为辅；活立木销售、订造材销售、单径级销售、零售相结合的多样化"的立体销售模式。从最初的每年采伐蓄积不足1万 m³到现在的每年采伐蓄积20多万 m³，足以说明木材销售产业已逐步成为林场的主导产业之一。

从图5.3可以看出，第一产业产值2021年与2001年相比，增加了8倍。2001—2015

图 5.3　塞罕坝林场第一产业产值和林场第一产业产值比重变化情况

年期间，林业第一产业产值占林业总产值的比重相对稳定，大概在40%左右。从2016年起，小幅增加到42%左右，与前几年相比，上升大概2个百分点。但到2016年以后，林业第一产业产值占总产值的比重逐渐下降，2019年下降到29%左右，2019年以后，比重开始上升，但未达到之前40%的水平。

2. 林场第三产业发展情况

发展林业第三产业有利于促进林业生产的社会化和专业化水平的提高，有利于优化产业结构、促进市场充分发育、缓解就业压力，从而促进整个经济持续、快速健康发展（图5.4）。2021年最高，为28803万元；2001年最低，为3392万元；2021年与2001年相比，增长了8.5倍。在2001—2010年间，2009年最高，为12766万元，2001年最低，为3392万元。在2011—2021年间，2011年最低，为14253万元；2021最高，为28803万元。2001—2015年期间，林业第三产业产值占总产值的比重相对稳定，大概在60%左右。2016年略有下降，但2017年增长幅度较大，占比为70.4%，2019年占比进一步提高到71%。

3. 林场第一产业与第三产业发展情况的对比

林场经过长期发展，2001—2021年，林场第三产业产值占总产值的比重都超过林场第一产业产值占比（图5.5）。2001—2010年间林场第一产业产值和林场第三产业产值相差较小。2001年，二者差值仅为1131万元。2009年是这十年期间差值最大的一年，为4255万元。从2013年以后二者之间差距拉大，达到了5953万元。2019年林场第一产业产值和林场第三产业产值差距最大，达16295万元。

图 5.4　塞罕坝林场第三产业产值和占比变化情况

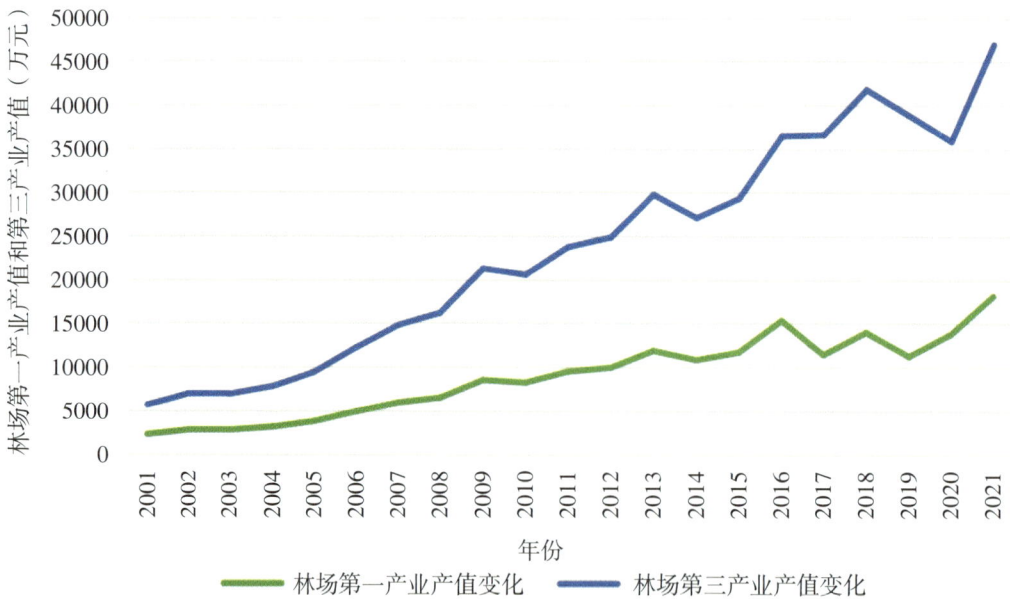

图 5.5　塞罕坝林场第一产业产值和第三产业产值变化对比情况

　　由以上分析可得，虽然塞罕坝机械林场现代化起步进程较晚，但逐渐由"传统第一产业为主"的发展阶段慢慢转变成"高效益的综合发展阶段"，产业结构逐渐转型升级。整体来说，第三产业产值占林场总产值的比重虽然高于第一产业产值，但第三产业仍有上升的空间，产业结构可以继续优化。

（三）林场固定资产投资情况

近年来，我国经济实力明显增强，国家对林业发展也愈加重视，加大了对林业的投入。林场固定资产投资额整体呈增长趋势（图5.6）。2001—2010年，2010年最大，为1763万元；2001年最小。2011—2021年，2021年最大；2014年最小，为390万元。2021年与2001年的固定资产投资额相比，增长了650.6%，固定资产投资额的增加是支撑林场经济发展的重要力量。

在固定资产投资中，营林设施投资占比较高。营林设施投资主要包括营林房舍维修新建，林区道路维修新建，设备设施购置等投资。一般来说，营林设施投资更注重经济效益，建设的风险较小，能带来持续性的环境效益，创造巨大的环境价值，满足人们可持续发展林业的需求，促进林场林业产业化进程。营林设施投资主要集中在2011、2012、2014、2015、2017、2018年间，尤其是2017年，是营林设施投资额最高的一年，投资额为4649万元（图5.7）。在2001—2010年间，营林设施投资一直处于较低水平，最高的年份在2008年，也仅为675万元。2013年，营林设施投资也是2011—2021年中投资较低的一年。2020年和2021年的营林设施投资较低，与最初的2001年基本持平，营林设施投资出现了缓冲期，未来需要进一步加强营林建设和管理职能，在

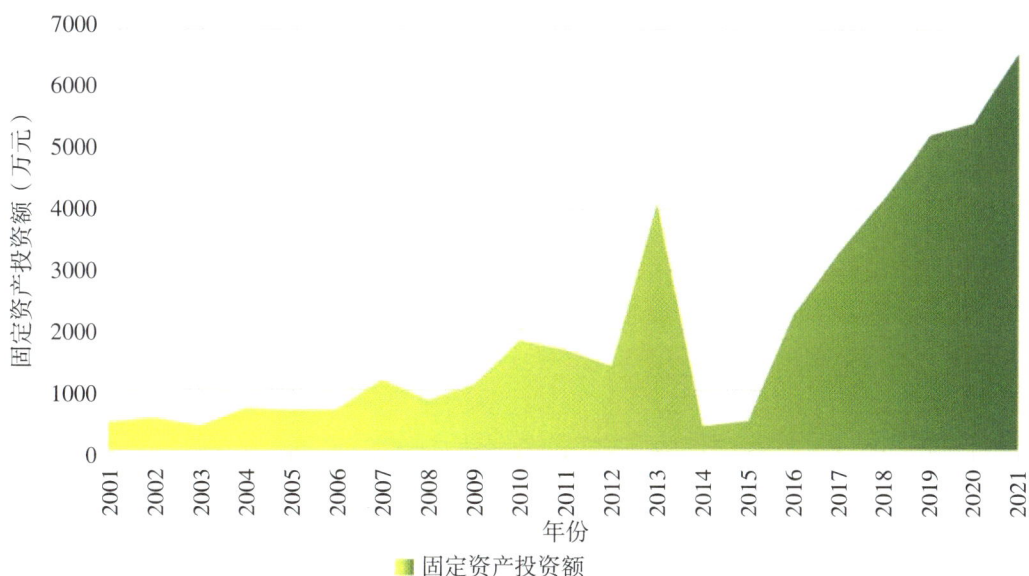

图 5.6　塞罕坝固定资产投资额变化情况

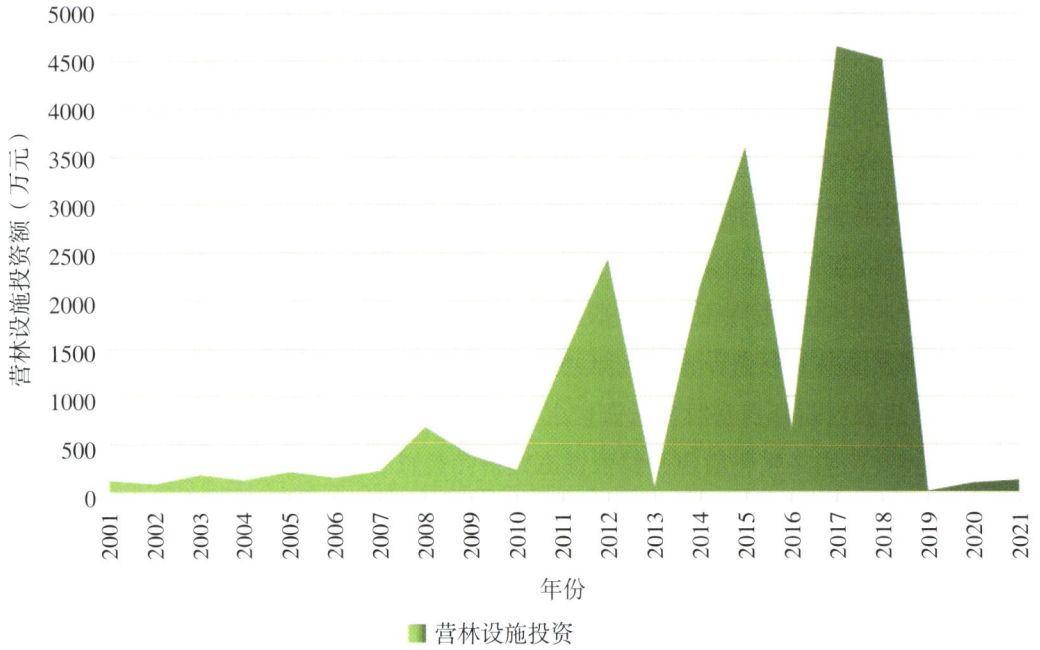

图 5.7　塞罕坝营林设施投资额变化情况

图 5.8　塞罕坝营林设施投资额和人均营林设施投资额变化情况

营林方面助力林场现代化进程。

（四）种苗销售收入

林木种苗能带动农民增收，林场总场下设6个林场、有8个苗圃，已建成以"云杉、樟子松、油松"为主的苗木基地0.67万 hm^2，另有可作为绿化苗木的白桦、柞树、榆树和柳树等阔叶树种，总苗木储量可达3385万株（不包括落叶松大苗）。经调查分析，具备采挖销售条件的苗木达到750万株。2012年是种苗销售收入最高的一年，为3019万元，2000年最低，为131万元。2019—2021年，种苗销售收入逐渐降低，2021年仅为405万元，与最高年份相比，下降了7.45倍（图5.9）。表明苗木产业可能在供需结构上出现了问题，市场需求匮乏，自主创新能力不足，需要进行改造升级及结构调整。

（五）森林生态旅游

林场充分利用自身森林资源优势，发展休闲观光旅游，合理开发旅游资源，充分挖掘林场森林草原、湿地、乡风民俗等旅游资源，加大与周边旅游资源合作，实现生态与经济价值的双丰收。塞罕坝的"百万亩"林海，营造了一处天然氧吧，除美化环境外，还为人们提供了休闲游憩的好去处。森林生态旅游产业迎合了当今人们回归自然、追求绿色环保的需求，与木材销售产业、绿化苗木销售产业成为塞罕坝机械林场

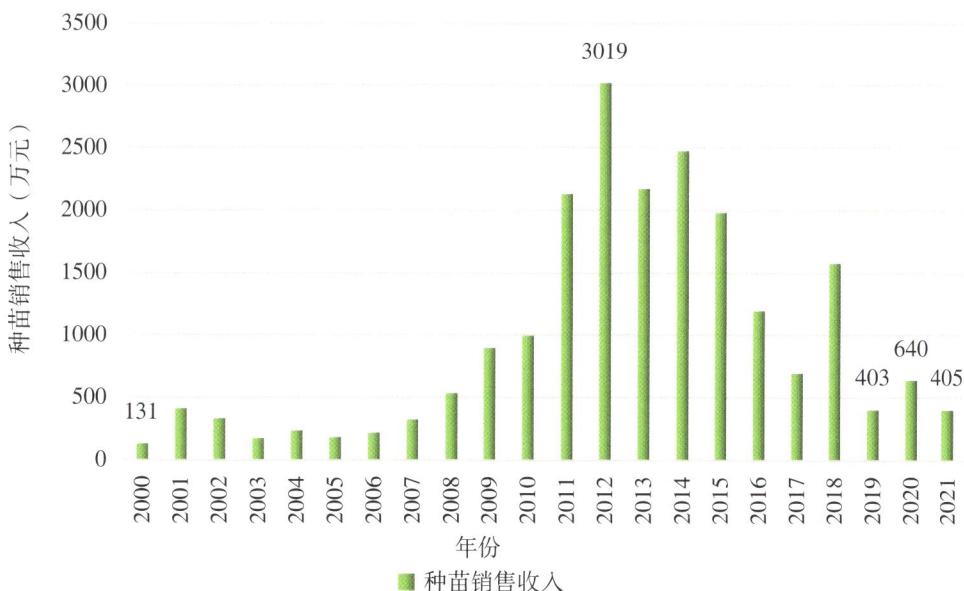

图 5.9　种苗销售收入变化情况

的三大支柱产业。

1. 旅游投资

从 2000 年开始，旅游投资逐年上升。2000 年旅游投资最低，为 125 万元；2021 年最高，为 574 万元，二者相差 4.2 倍。2000—2010 年，2007 年的旅游投资最高，为 321 万元，2011—2021 年，2021 年的旅游投资最高（图 5.10）。

2. 旅游从业人数

整体来说，从 2000 年开始，旅游从业人数逐年增加，在这 20 年期间，2021 年的旅游从业人数最多，2000 年的旅游从业人数最低，二者相差了 4.4 倍，从侧面反映了旅游开发重视程度的增加（图 5.11）。

3. 旅游管理费用

2000—2021 年，2014 年旅游管理费用最高，为 1884 万元，同年的旅游收入也高居榜首。2000 年的旅游管理费用最低，为 37 万元。2019—2021 年间的旅游管理费用均在 1200 万元左右（图 5.12）。

4. 旅游收入

2000—2018 年，虽然旅游收入有所波动，但整体呈增长趋势。在这期间，2018 年的旅游收入最高，为 3570 万元。2000 年的旅游收入最低，为 241 万元，整体相差 14.8 倍。但从 2019 年开始，受疫情的影响，整个旅游行业受到较大负面影响，塞罕坝机械林场

图 5.10　塞罕坝旅游投资变化情况

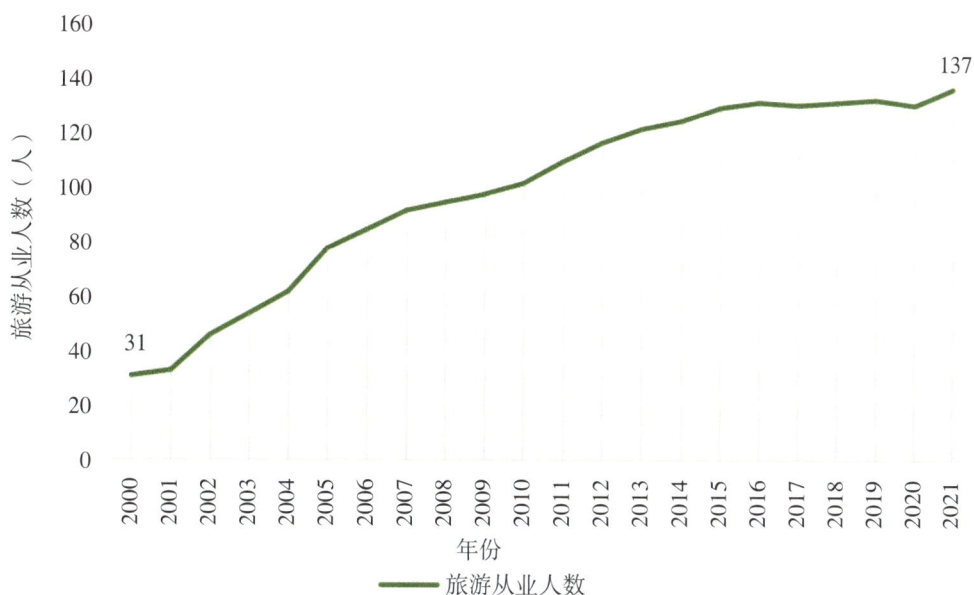

图 5.11 塞罕坝旅游从业人数变化情况

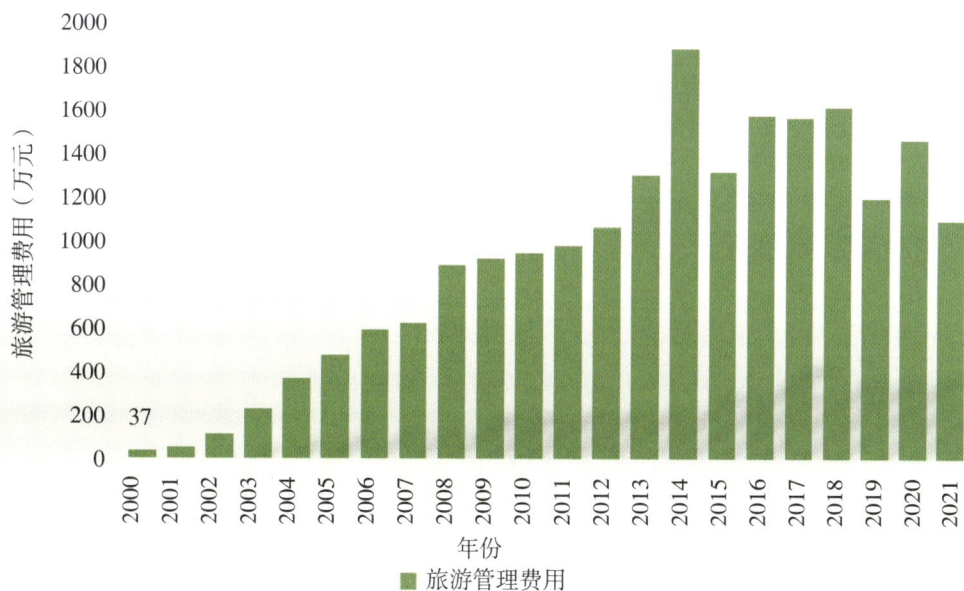

图 5.12 塞罕坝旅游管理费用变化情况

的旅游收入也出现较大幅度下降。2019年旅游收入为137万元，2020年的旅游收入为579万元，2021年的旅游收入为316万元（图5.13）。

综上来看，塞罕坝机械林场重视旅游发展，旅游业发展稳步提速，旅游投资数额

图 5.13　塞罕坝旅游收入变化情况

增加，雇佣旅游从业人数的比例增加，虽然近两年受疫情影响，旅游收入减少，但总体来说，旅游收入比最初增加了，因此塞罕坝机械林场也应把握旅游"寒冰期"，在森林旅游方面有所突破，提高旅游韧性。

二、经济可持续发展分析

全面比较林场产值构成、职工工资、林业投资及与林业产值，分析塞罕坝经济发展可持续性和职工收入水平。

（一）不同产业发展情况分类分析

1. 林场第一产业

林场第一产业产值主要来源于林木育种和育苗、营造林、木材和竹材采运三部分。在2018年，这三种涉林产业产值分布相对平均，到2021年，三者之间的产值逐渐拉开差距。具体来说，木材和竹材采运占比最大，2021年该产值最大，为15698万元。林木育种和育苗占比最小，2018年该产值最大，为1573万元（图5.14）。

2. 林场第三产业

林场第三产业主要由林业旅游与休闲服务、林业公共管理及其他组织服务两种涉

图 5.14　塞罕坝机械林场第一产业涉林产业构成情况

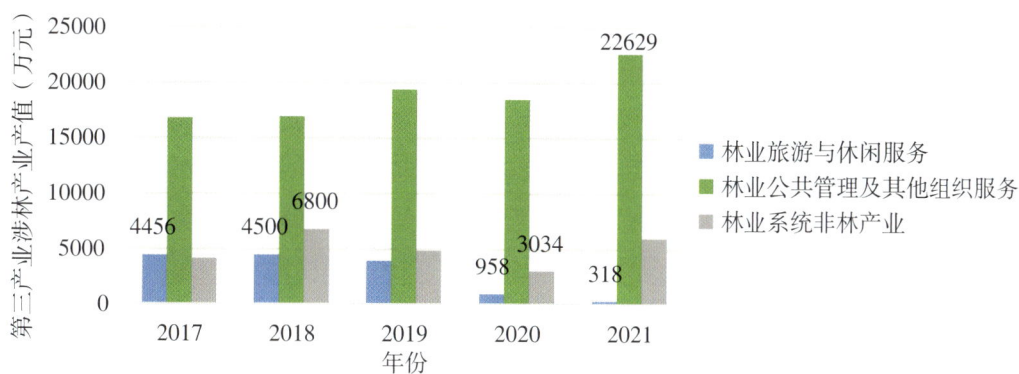

图 5.15　塞罕坝机械林场第三产业构成情况

林产业和林业系统非林产业两部分组成。林业公共管理和其他组织服务占比最大，林业旅游与休闲服务占比最小。系统说来，2021年，林业旅游与休闲服务的产值最低，2018年该产值最高，二者相差约14.15倍；2018年林业公共管理及其他组织服务产值最高，2021年该产值最低，二者相差约2.24倍；2020年林业系统非林产业产值最低，2018年该产值最高，二者相差约为4.65倍（图5.15）。

（二）在岗职工年平均工资对比分析

1. 塞罕坝机械林场在岗职工年平均工资情况

　　2017—2021年林场在岗职工年平均工资总体呈增长趋势。其中，2020年的职工年平均工资最高，为102938元，2017年的职工年平均工资最低，为79236元，二者相差

图 5.16　2017—2021 年塞罕坝机械林场在岗职工年平均工资情况

约为 1.3 倍（图 5.16）。值得注意的是，2021 年职工工资较 2020 年有所下降。

2. 分地区年平均工资对比情况

在岗职工平均工资表明，一定时期内在岗职工平均工资的实际情况，是各级政府制定政策的参考依据，是制定社会保障政策、建立赔偿制度的基础数据。分地域看，将塞罕坝机械林场在岗职工年平均工资和承德市在岗职工年平均工资，河北省城镇非私营单位就业人员年平均工资做横向对比，可以发现，在三大区域中，职工年工资总额整体都是逐年增加的，塞罕坝机械林场的工资水平在这三者中排名最高，其次是河北省，最后是承德市。系统说来，2017 年三大区域年平均工资水平差距最小，2021 年三大区域年平均工资水平差距最大（图 5.17）。

3. 塞罕坝机械林场和其他行业年平均工资对比

分行业看，将塞罕坝机械林场在岗职工年平均工资与河北省城镇非私营单位农、林、牧、渔业就业人员年平均工资进行对比，前者的工资水平远远高于后者，行业间收入差距较大。说明塞罕坝机械林场整体福利水平较好（图 5.18）。

（三）林业投资情况分析

1. 塞罕坝机械林场财政资金来源构成情况

2017—2021 年塞罕坝机械林场财政资金主要由中央预算内基本建设资金、中央财

图 5.17 2017—2021 年分地区年平均工资对比

图 5.18 2017—2021 年塞罕坝机械林场和其他行业年平均工资对比

政资金、地方财政资金三部分组成。其中，中央财政资金占比最大，其次是地方财政资金，中央预算内基本建设资金占比最小（图 5.19）。

2. 塞罕坝机械林场投资使用情况

林场投资主要使用于生态修复治理及林业草原服务、保障和公共管理两部分。其

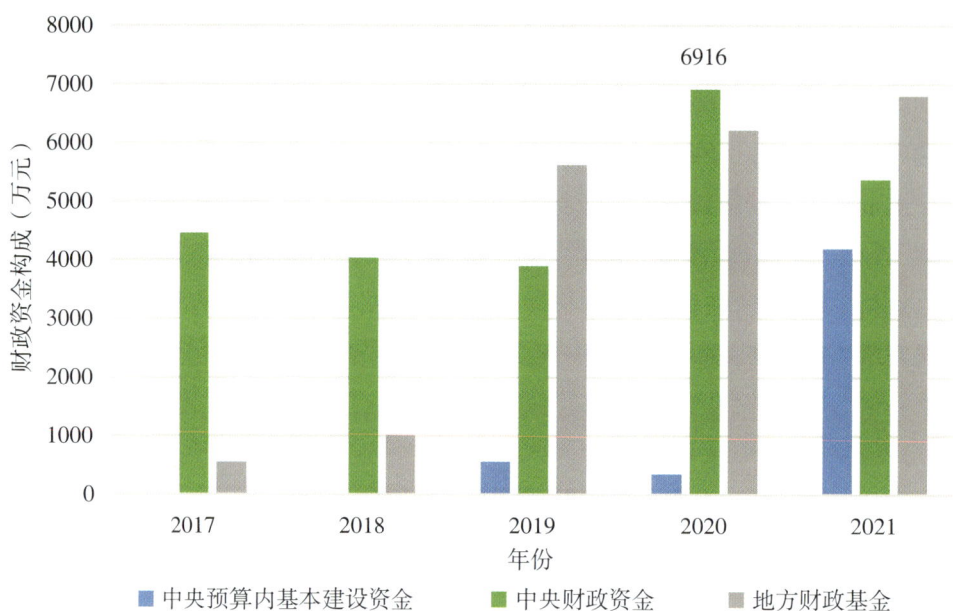

图 5.19　2017—2021 年塞罕坝机械林场财政资金构成情况

图 5.20　2017—2021 年塞罕坝机械林场投资指标分布

中，林业草原服务、保障和公共管理整体呈增长趋势，生态修复治理投资整体呈先增长后下降的趋势（图5.20）。

　　系统来说，林场的投资主要分布于造林与森林抚育、湿地保护与恢复、林业草原有害生物防治、林业草原防火、自然保护地监测管理和野生动植物保护几个方向。其中林业草原防火在2017—2021年都有投资，且投资数额先增加后下降；自然保护地监测管理和野生动植物保护在2021年开始进行投资；湿地保护与恢复自2020年以后没有进行投资（表5.1）。

表5.1　2017—2021年塞罕坝机械林场投资系统分布

时间（年）	造林与森林抚育	湿地保护与恢复	林业草原有害生物防治	林业草原防火	自然保护地监测管理	野生动植物保护
2017	1613	300	70	55	0	0
2018	2110	0	200	215	0	0
2019	2071	150	170	7691	0	0
2020	1320	0	180	6052	0	0
2021	2141	0	1690	3097	2721	20

（四）林业产业总产值和产业发展投资对比分析

塞罕坝机械林场的投资用途主要是财政投资和人力投资两部分。塞罕坝机械林场总产值大于总投资，其中2018年二者相差最大为26804万元，2020年二者相差最小为13181万元，经济效益显著，可以助力林场实现可持续发展（表5.2、图5.21）。

表5.2　2017—2021年塞罕坝林业产业总产值和总投资对比分析

时间（年）	林业产业总产值（万元）	林业产业财政投资（万元）	林业产业人力投资（万元）	林业产业总投资（万元）
2017	37050	5019	9223	14242
2018	42532	5049	10679	15728
2019	39791	10082	9278	19360
2020	36621	13784	9656	23440
2021	47191	16386	9533	25919

通过上述图表分析可知，塞罕坝机械林场的经济效益良好，职工收入水平优于河北省及承德市平均水平，林场总产值可以满足人力投资和财政投资的需求，具有较强的可持续发展能力。

图 5.21 2017—2021 年塞罕坝林业产业总产值和总投资对比分析

三、资源、生产与经营发展评价

塞罕坝机械林场的经济发展以资源经营为基础，对林场生产与经营的评价应该建立在资源评价的基础上，从分析塞罕坝机械林场资源生产与经营的发展状况来研究。选取塞罕坝机械林场2001—2021年的相关数据，从资源、生产和经营综合发展的角度，建立经济状况、创新效率、资源状况3个子系统和13个发展指标，采用熵值法分析评价塞罕坝机械林场资源、生产与经营高质量发展状况。

其中，资源状况是林场高质量发展、实行再次突破转型的基础，一个林场只有资源状况良好，才能发展更多的资源，确保生态资源安全的需要，才能进行下一步资源的整合和利用。经济状况反映了一个地区的生产力的高低，一个地区的经济状况越好，说明这个地区的生产力越强，通过研究林场一产、三产的发展水平，也能促进林场进行生产结构优化和转型升级。创新效率代表了林场的经济发展方式和经济发展动力，如果林场内部的动力提升，创新效率高，则这个地区的经营状况能得到改善，有利于培育林场新业态、新动能，加速林场发展和新旧动能转换过程。

（一）发展评价指标体系设计

从对塞罕坝机械林场资源、生产与经营综合发展的理解出发，按照系统性、代表性、客观性、数据可获得性等原则，从经济状况、创新效率和资源状况3个维度构建了包含3个一级指标、14个二级指标的评价指标体系来更好地说明塞罕坝机械林场资源、生产与经营发展状况（见表5.3）。

表5.3 塞罕坝机械林场发展评价指标体系

第一层指标		第二层指标	指标属性
塞罕坝机械林场发展评价指标	经济状况	林场总产值增长速度（%）	+
		林场一产产值（万元）	+
		林场三产产值（万元）	+
		林场固定投资额增长速度（%）	+
		采伐量（m³）	+
	创新效率	人均工资（万元）	+
		人均总资产（万元）	+
		人均固定资产（万元）	+
		人均营林设施投资（万元）	+
	资源状况	森林抚育面积（hm²）	+
		造林面积（hm²）	+
		森林病虫害发生面积（hm²）	−
		森林病虫害防治率（%）	+

1. 经济状况

为了对林场的经济状况进行评价，选取了林场总产值增长速度、林场一产产值、林场三产产值、林场固定投资额增长速度、采伐量等5个指标。林场总产值增长速度反映了林场产业发展能力，因为没有一定速度的增长，林场高质量发展就没有足够的动力。林场一产产值反映了林场经济基本面的发展状况，林场三产产值反映了林场高附加值服务业发展情况，反映林场生产力的提高。林场固定资产投资额增长速度反映了林场产业发展投入力度和林场经济发展的潜力。采伐量反映了林场资源利用的程度。

2. 创新效率

为了对林场的创新效率进行评价，选取了人均工资、人均总资产、人均固定资产、人均营林设施投资等4个指标。人均工资反映了林场资源配置的总体状况。人均总资产有助于提高林业创新效率，发展与扩大林业再生产。人均固定资产水平反映了林场发展的基础潜力。人均营林设施投资使营林投资的资金供应适合营林建设的特点，在一定程度上反映了林场创新发展的潜力。

3. 资源状况

为了对林场的资源状况进行评价，选取了森林抚育面积、造林面积、森林病虫害发生面积，森林病虫害防治率等4个指标。森林抚育面积与森林资源状况直接相关，森林抚育面积越高越能有效促进林木生长，改善林木组成和品质。造林面积满足维持生态平衡、保存物种资源等需要，直接反映林场资源状况水平。森林病虫害发生面积反映森林被破坏的状况，森林病虫害发生面积越小说明森林破坏程度越低、资源状况越好，因此该指标属性为负。森林病虫害防治率是关系林木健康状况的重要指标，对林场资源状况有直接影响。

（二）评价方法与数据来源

1. 评价方法

现有研究对综合指标体系的评价方法较多，主要包括相对指数法、层次分析法、主成分分析法、因子分析法以及熵权法。熵权法和主成分分析法均是客观评价法，可以在一定程度上避免评价主观性，反映指标之间的相对重要性。但主成分分析法的使用具有一定的前提条件，不仅需要提取的前几个主成分达到较高的累计贡献率，而且提取的主成分必须和实际的意义相符合。相比而言，熵权法更准确，因此使用熵权法对塞罕坝机械林场资源、生产与经营发展进行测度。

2. 数据来源

根据林场资源、生产与经营评价的研究要求，收集整理了林场2000—2021年森林资源现状、经济及社会的发展状况3大类数据。具体类型如下：

（1）林场森林资源数据，包括森林抚育面积、造林面积、森林病虫害发生率、森林病虫害防治率等数据。

（2）林场生产发展数据，包括林场总产值、林场一产产值、林场三产产值、林场固定投资额、采伐量等信息。

（3）林场经营发展数据，包括总资产、工资费用、职工人数、固定资产、营林设施投资等信息。

以上所有可能受到通货膨胀影响的变量都以2000年数据作为不变量，其他年份根据CPI平减指数进行平减调整，其中，CPI平减指数数据来自《2022年中国统计年鉴》。

（三）发展水平测度与分析

1.指标权重和信息熵

采用熵值法，测算出林场资源、生产与经营发展指标权重和信息熵（表5.4）。

表5.4　塞罕坝机械林场发展评价指标权重值

第一层指标		权重	第二层指标	信息熵	权重	排名	指标属性
塞罕坝机械林场发展评价指标	经济状况	0.26955978	林场总产值增长速度（%）	0.998	0.001442424	13	+
			林场一产产值（万元）	0.892	0.066835529	8	+
			林场三产产值（万元）	0.877	0.076279109	6	+
			林场固定投资额增长速度（%）	0.941	0.036848724	9	+
			采伐量（m³）	0.858	0.088153994	5	+
	创新效率	0.579025603	人均工资（万元）	0.782	0.135019984	3	+
			人均总资产（万元）	0.811	0.117431645	4	+
			人均固定资产（万元）	0.761	0.148157801	2	+
			人均营林设施投资（万元）	0.898	0.178416173	1	+
	资源状况	0.151414617	森林抚育面积（hm²）	0.712	0.069562226	7	+
			造林面积（hm²）	0.888	0.022537109	12	+
			森林病虫害发生面积（hm²）	0.964	0.026264159	11	−
			森林病虫害防治率（%）	0.958	0.033051123	10	+

对林场3个子系统的13个指标的原始数据进行计算处理，得出各指标的权重值（表5.4）。一个指标的权重值越大，说明该指标越重要。第一层指标权重大小分别为：创新效率＞经济状况＞资源状况，说明在林场发展的过程中创新效率的重要程度更高。因为创新效率与经营状况有关，所以林场要注重创新效率的发展，才能真正地改善经营状况。从具体的权重来看，权重大小排名依次为人均营林设施投资、人均固定资产、人均工资、人均总资产、采伐量、林场三产产值、森林抚育面积、林场一产产值、林场固定投资额增长速度、森林病虫害防治率、森林病虫害发生面积、造林面积、林场总产值增长速度。说明在林场资源生产与经营评价体系中，林场资源配置情况、林场的创新效率和创新潜力、营林设施投资、林场的资源利用程度是影响其发展的重要因素。最大指标为人均营林设施投资，权重值为0.178左右，最小指标为林场总产值增长

速度，权重值仅为0.001左右。说明林场想实现更好的发展，不能只注重速度上的提升，还要把握具体的质量，增加林场基础设施建设，提高民生状况，增加固定资产投入值，同时注重把握采伐量，做到适度采伐，防止资源的浪费。

从系统分层来说，经济状况指标层采伐量的权重值最大，其次是林场三产产值、林场一产产值。说明林场如果想要切实提升经济状况，应该注重提升采伐量的效率，同时注重林场产业结构的调整，适当地转变林场第三产业的发展方式，以此增加产值，合理调配好林场第一产业的发展模式，促进生产状况的提升。

创新效率指标层人均营林设施投资权重值最大，其次是人均固定资产、人均工资，人均总资产排名最后。因此，为了提高林场的创新效率，最重要的是改善营林设施投资，提高人均固定资产，改善民生状况。

资源状况指标层森林抚育面积权重值最高，其次是森林病虫害防治率和森林病虫害发生面积，最后为造林面积。说明林场如果想要资源状况得到提升，需要加强对森林抚育面积的管理，适度造林，强化森林安全监管。

资源状况指标整体权重排名相对落后，说明现在对于林场而言，想要实现高质量的发展，重点在于转变发展模式，提升创新效率。塞罕坝机械林场本身的资源状况处于相对稳定期，根据前面经济状况的描述可知，近两年的造林面积低于之前年份，无法在造林上实现突破，只有通过内部创新，改善经营方式和生产方式，才能进一步带动资源状况的提升。

2. 综合分析评价

对塞罕坝的经济状况、创新效率和资源状况进行综合分析评价（表5.5）。

在经济状况方面，2001—2021年，经济状况总体不断改善，在2015年经济状况综合得分达到了0.025，此后经历波动下降和回升阶段，2021年经济状况综合得分最高，为0.027。具体来看，虽然林业三产产值受疫情影响波动较大，但2021年林业总产值得到了大幅度提升。总体来说，2021年与期初2001年相比，综合经济状况得到了大幅提升。

在创新效率方面，2001—2021年间林场创新效率逐年增强，尤其是2018年，综合得分达到了0.102，虽然2019年有所下降但得分仍然达到了0.067，2020、2021年又有所上升。整体来看，塞罕坝机械林场2021年的创新效率比2001年增长了数倍之多。

在资源状况方面，2001年的资源状况综合得分为0.006，相对较低，2013年资源状况综合得分较高，达到了0.015，但此后有所波动。

从最终的综合得分来看，塞罕坝机械林场综合得分自2001年以来呈逐渐上升趋势，表明塞罕坝机械林场综合发展态势良好。最终的综合得分主要依托资源状况，但塞罕坝机械林场未来仍需要提高创新效率、改善经济状况，促进林场产业转型升级，提高资金、资源利用效率。

表 5.5　塞罕坝机械林场综合得分情况

时间(年)	经济状况	排名	创新效率	排名	资源状况	排名	综合得分	排名
2001	0.0003	21	0.0003	20	0.006	13	0.0064	21
2002	0.0011	20	0.0011	19	0.005	20	0.0067	20
2003	0.0037	18	0.0016	18	0.007	12	0.0118	18
2004	0.0031	19	0.0026	17	0.005	17	0.0105	19
2005	0.0056	17	0.0036	16	0.005	16	0.0140	17
2006	0.0056	16	0.0039	15	0.005	15	0.0149	16
2007	0.0070	14	0.0068	14	0.005	14	0.0192	15
2008	0.0069	15	0.0096	12	0.005	19	0.0210	14
2009	0.0210	7	0.0091	13	0.005	18	0.0346	12
2010	0.0129	13	0.0123	12	0.004	21	0.0293	13
2011	0.0140	12	0.0246	11	0.007	11	0.0454	11
2012	0.0152	11	0.0316	8	0.007	10	0.0543	10
2013	0.0120	8	0.0275	10	0.015	1	0.0627	9
2014	0.0224	5	0.0311	9	0.012	3	0.0660	8
2015	0.0253	3	0.0456	6	0.012	4	0.0827	6
2016	0.0223	6	0.0362	7	0.014	2	0.0726	7
2017	0.01620	10	0.0850	2	0.008	7	0.1091	4
2018	0.0180	9	0.1020	1	0.008	8	0.1280	1
2019	0.0226	4	0.0668	5	0.008	9	0.0970	5
2020	0.0266	2	0.0780	4	0.009	6	0.1138	3
2021	0.0274	1	0.0782	3	0.011	5	0.1166	2

四、投入产出效率分析

研究林场经济发展效率，尤其是投入产出效率，对于林场乃至全国林场高质量发展都具有重要意义。塞罕坝自然地理条件并不突出，当前林场经济高质量发展仍然面临较大的挑战，如林场生产与林场人力资源利用率不高之间的矛盾、林场生产与巨大的林场资源消耗量之间的矛盾、林场生产与林场内部结构转型之间的矛盾等等，这些矛盾制约着林场的"二次创业"，也制约着其绿色可持续发展。本章基于林场整体产业、第一产业以及旅游产业的投入与产出作为分析对象，以2000—2021年的数据为基础，分析林场投入产出效率，并找出关键的影响因素，为林场未来发展提供针对性对策建议。

（一）投入产出效率分析方法与数据来源

本章采用数据包络分析（Data Envelopment Analysis，DEA），是利用线性规划的方法，把单输入、单输出的工程效率概念推广到多输入、多输出的具有可比性的同类型决策单元（Decision-Making Unit，DMU）进行相对有效性评价的一种数量分析方法。

1. 决策单元（DMU）和输入输出指标

（1）决策单元的确定

DEA方法对决策单元具有同质性的要求，对林场投入产出效率进行评价，因为重点是对塞罕坝机械林场进行分析，所以对林场不同年份的投入产出效率进行评价、分析和对比。选择2000—2021年22个年份作为DEA分析的决策单元。

（2）输入输出指标的选取

DEA方法是对决策单元投入产出相对有效性进行评价的数量方法，根据研究目的选择合适的投入、产出指标尤为重要。根据本文的研究目的，选择塞罕坝机械林场总产值投入产出效率、塞罕坝机械林场第一产业投入产出效率、塞罕坝机械林场旅游投资效率进行分析，选择输入指标时应契合研究的主题，在输出指标方面，按照无强线性相关性与可行性、可比性的要求进行选择。因此，在选择研究塞罕坝机械林场总产值投入产出效率时，选择工资费用、林场固定投资额、造林和补植费用、营林设施投资、旅游投资、职工人数作为输入指标，林场总收入作为输出指标；研究塞罕坝机械林场第一产业投入产出效率时，选择造林和补植费用、中幼林抚育费用、看护工资和费用、看护工资和费用、间伐费用、营林设施投资作为输入指标，林场一产产值作为输出指标；研究塞罕坝机械林场旅游投资效率时，选择旅游投资、旅游从业人数、旅游管理费用作为输入指标，旅游收入作为输出指标。

2. 模型的设定和原始数据的获取

DEA模型就像一个万花筒，依研究目的的不同可以采取不同的模型设定形式。本文的研究目的是聚焦塞罕坝机械林场可持续经营，对现有经营模式的投入产出状况进行分析，测算现有经营模式的生产效率，明确投入产出中存在的问题，并进行原因分析。因此，选择BCC模型将综合技术效率分解为纯技术效率和规模效率，以较好地满足研究目的，也更具有可行性。另外，BCC模型在理论与应用上比较成熟，能够得出比较精确的结果，从而作出正确的判断。

在输入与输出指标的原始数据方面，课题组收集整理了林场2000—2021年的投入产出数据进行研究分析。

（1）林业产业投入产出指标体系构建

研究塞罕坝机械林场林业产业的投入产出，以人力资本投入、资本投入、造林投入、基础设施建设投入、旅游发展投入作为投入指标，林场总产出作为产出指标（表5.6）。

表5.6　林业产业投入产出指标体系

指标	一级指标	指标定义
投入指标	人力资本投入（1）	工资费用（万元）
	人力资本投入（2）	职工人数（人）
	资本投入	林业固定资产投资额（万元）
	造林投入	造林和补植费用（万元）
	基础设施建设投入	营林设施投资（万元）
	旅游发展投入	旅游投资（万元）
产出指标	林场总产出	林场总收入（万元）

（2）林业第一产业投入产出指标体系构建

研究塞罕坝机械林场林业第一产业的投入产出，以人力资源投入、基础设施建设投入、森林抚育投入、造林投入、采伐投入作为投入指标，以林业一产总产出作为产出指标（表5.7）。

表5.7　林业第一产业投入产出指标体系

指标	一级指标	指标定义
投入指标	人力资源投入	看护工资和费用（万元）
	基础设施建设投入	营林设施投资（万元）
	森林抚育投入	中幼林抚育费用（万元）
	造林投入	造林和补植费用（万元）
	采伐投入	间伐费用（万元）
产出指标	林业一产总产出	林业一产产值（万元）

（3）旅游产业投入产出指标体系构建

研究塞罕坝机械林场旅游产业投入产出，以旅游人力投入、旅游资本投入、旅游管理投入作为投入指标，以旅游总产出作为产出指标（表5.8）。

表5.8　旅游产业投入产出指标体系

指标	一级指标	指标定义
投入指标	旅游人力投入	旅游从业人数（人）
	旅游资本投入	旅游投资（万元）
	旅游管理投入	旅游管理费用（万元）
产出指标	旅游总产出	旅游收入（万元）

（二）计算结果和分析

应用DEAP 2.1软件，采用BCC（VRS）模型，使用投入导向的多阶段DEA方法对2000—2021年的数据进行计算，得到林场有效性测度结果（表5.9）。

表5.9　林业产业投入产出效率评价结果

时间（年）	综合效率	技术效率	规模效率	规模报酬
2000	0.795	1	0.795	递增
2001	0.776	1	0.776	递增
2002	0.900	1	0.900	递增
2003	0.761	1	0.761	递增
2004	0.707	0.817	0.865	递增
2005	0.665	0.824	0.807	递增
2006	0.933	1	0.933	递增
2007	0.776	0.915	0.848	递增
2008	0.952	1	0.952	递增
2009	1	1	1	不变
2010	1	1	1	不变
2011	0.886	0.897	0.987	递减
2012	0.842	0.855	0.985	递减
2013	1	1	1	不变
2014	1	1	1	不变

续表

时间（年）	综合效率	技术效率	规模效率	规模报酬
2015	1	1	1	不变
2016	1	1	1	不变
2017	1	1	1	不变
2018	0.996	0.999	0.998	递减
2019	1	1	1	不变
2020	0.896	1	0.896	递增
2021	1	1	1	不变
平均值	0.904	0.969	0.932	

当综合效率的值为1时，说明达到了DEA有效。从表5.9来看，综合效率达到DEA有效的有9个年份，约占决策单元总数的40.9%。这表明，整体来看，我国塞罕坝机械林场林业产业投入产出效率状况不够理想。在13个综合效率非DEA有效的年份中，2018年的综合效率值最高，达到了0.996，其次是2008年和2006年，分别达到了0.952和0.933；综合效率值超过0.8的年份共7个，在0.7~0.8之间的有5个，低于0.7的有1个。在DEA方法中，综合效率又叫作规模技术效率，实质上是技术效率和规模效率的乘积，所以分析综合效率非DEA有效的原因主要是根据其规模效率值和技术效率值。观察表5.9，不难发现，导致这些年份综合效率非DEA有效的主要原因在于规模效率的非DEA有效，即规模无效，其中完全由规模无效导致的有6个年份，其他则是由规模无效和技术无效共同导致的。表5.9进一步表明，导致规模无效的原因有所不同，大部分是由于规模报酬递增，另外一小部分则是由于规模报酬递减。

技术效率指的是在给定投入组合的情况下，决策单元的产出值与所能获得的最大产出之间的比率。表5.9表明，技术效率达到DEA有效的有16个年份，约占总数的72.7%，比综合效率和规模效率的情况要好，而且在非DEA有效的决策单元中，技术效率值普遍高于综合效率值。

规模效率又称规模收益，考察的是在技术水平一定的情况下，各个年份是否在最合适的投入规模下开展林场生产活动。对规模效率状况的考察有助于我们认清当前各年份林场的发展状况是否与林场增长相协调。规模报酬一般有三种情况：规模报酬递增、规模报酬不变和规模报酬递减。规模报酬不变是最理想的一种生产状态，而递增和递减都属于规模效率无效，对于递增和递减的决策单元，都需要进行改进以达到理想状况。表5.9表明，规模效率达到DEA有效的年份有9个，占40.9%。规模效率在0.9以上的有5个，规模效率值在0.8~0.9之间的有5个年份，规模效率值低于0.8有3个。进一步考察表5.9可以发现，在这13个规模效率无效的决策单元中，规模报酬递增的年份有10个，占45.4%，这些年份的投入相对不足；规模报酬递减的年份有3个，占13.6%，这些年份投入相对过剩。总的来说，塞罕坝机械林场大部分年份的林业产业投入超过最优范围，调结构而不是增数量已成为提高林场产量和效益的关键。

具体到林场的发展状况，使用松弛变量这一工具进行考察。根据现行规划的基本理论，松弛变量的值表明，同其他决策单元相比，在保持产出不变的条件下，被考察单元的投入要素可以减少的数量。研究发现，有2个年份工资费用投入的松弛变量值不为0，1个年份林场固定资产投资额投入的松弛变量不为0，2个年份造林和补植费用投入的松弛变量不为0，5个年份营林设施投资投入的松弛变量不为0，5个年份旅游投资投入的松弛变量不为0，5个年份职工人数投入的松弛变量不为0。从具体的年份指标来看，以2018年为例，在产出不减少的条件下，约可以减少工资费用2306个单位、造林和补植费用259个单位，营林设施投资1708个单位、职工人数10个单位。2012年在不减少产出水平的情况下，约可减少造林和补植费用339个单位、营林设施投资662个单位、旅游投资33个单位、职工人数50个单位。因此，就塞罕坝机械林场发展态势来说，重点应该因地制宜发展营林设施投资，改善旅游投资数额，合理规划职工人数，以改善民生状况。

表5.10 林业第一产业投入产出效率评价结果

时间（年）	综合效率	技术效率	规模效率	规模报酬
2000	1	1	1	不变
2001	1	1	1	不变
2002	0.972	1	0.972	递增
2003	0.92	1	0.92	递增
2004	0.883	1	0.883	递增
2005	0.792	0.859	0.922	递增
2006	1	1	1	不变
2007	1	1	1	不变
2008	1	1	1	不变
2009	1	1	1	不变

时间（年）	综合效率	技术效率	规模效率	规模报酬
2010	0.793	0.804	0.986	递增
2011	0.56	0.941	0.595	递减
2012	0.876	0.876	0.999	递增
2013	1	1	1	不变
2014	0.593	0.817	0.725	递减
2015	0.688	0.695	0.99	递减
2016	1	1	1	不变
2017	0.966	0.97	0.995	递增
2018	0.727	0.867	0.839	递减
2019	1	1	1	不变
2020	0.68	1	0.68	递减
2021	1	1	1	不变
平均值	0.884	0.947	0.932	

从表5.10可以看出，当关注第一产业投入产出效率时，综合效率达到DEA有效的有10个年份，约占决策单元总数的45.5%，这表明，整体上塞罕坝机械林场第一产业投入产出效率仍然有提升的空间。在12个综合效率非DEA有效的年份中，2002年的综合效率值最高，达到了0.972，其次是2017年和2003年，分别达到了0.966和0.92，综合效率值超过0.8的年份共5个，占22.7%，综合效率值在0.6~0.8之间的有5个，占22.7%，效率值低于0.6的年份共2个，占9.1%。观察表5.10不难发现，导致这些年份综合效率非DEA有效的主要原因在于规模效率的非DEA有效，即规模无效，其中完全由于规模无效导致的有4年，分别为2002、2003、2004、2020年，其他则是由规模无效和技术无效共同导致的。表5.10进一步表明，导致规模无效的原因有所不同，大部分由于规模报酬递增，另外一小部分是由于规模报酬递减。

从表5.10可以看出，技术效率达到DEA有效的有14个年份，约占总数的63.6%，比综合效率和规模效率的情况要好，而在非DEA有效的决策单元中，技术效率值普遍高于综合效率值。

从表5.10可以看出，规模效率达到DEA有效的有10个年份，约占决策单元总数的45.5%。在其余12个规模效率非DEA有效的决策单元中，规模效率值在0.9以上的有7个，占31.8%，规模效率值在0.7~0.9之间的有3个，占13.6%，规模效率值在0.7以下的有2个，占9.1%。进一步考察表5.10可以发现，在这12个规模效率无效的决策单元里，规模报酬递减的年份有5个，占22.7%，这些年份投入相对过剩；规模报酬递增的年份有7个，占31.8%，这些年份投入相对不足。总的来说，林场第一产业投入产出效率仍然有改进的空间，2021年林场规模报酬不变。改进林场第一产业投入产出，可以适当调整林场的规模，通过改变林场第一产业投资的重心来拓展发展空间。

具体到塞罕坝机械林场第一产业的发展状况，仍可以用松弛变量这一工具进行考察。研究发现，有6个年份的造林和补植费用投入的松弛变量不为0，5个年份中幼林抚育费用投入的松弛变量不为0，3个年份看护工资和费用投入的松弛变量值不为0，2个年份间伐费用投入的松弛变量不为0，8个年份营林设施投资投入的松弛变量不为0。这些不等于0的松弛变量对应的投入指标是提高规模效率的重点关注对象。具体到年份来说，以2017年为例，在产出不减少的情况下，约可以减少造林和补植费用405个单位、中幼林抚育费用189个单位、看护工资和费用79个单位、营林设施投资4082个单位。其他年份也是如此，如果想获得更有效率的值，需要在相应的指标上进行改进。因此，就塞罕坝机械林场第一产业发展态势来看，如果未来想获得更大的改变，重点应突出改变营林设施投资，其次是间伐费用及造林和补植费用，通过间伐费用也可以改善森林生态系统和林分结构，加速林木生长，提高林分质量，有利于缓和木材供需的矛盾，促进林地的经营。

表 5.11　旅游产业投入产出效率评价结果

时间（年）	综合效率	技术效率	规模效率	规模报酬
2000	1	1	1	不变
2001	1	1	1	不变
2002	0.722	0.754	0.957	递增
2003	0.381	0.634	0.602	递增
2004	0.74	0.814	0.91	递增
2005	0.664	0.696	0.954	递增
2006	0.687	0.728	0.945	递增
2007	0.85	0.868	0.978	递增
2008	0.547	0.719	0.762	递增
2009	0.75	0.836	0.898	递增
2010	0.715	0.802	0.892	递增

时间（年）	综合效率	技术效率	规模效率	规模报酬
2011	1	1	1	不变
2012	0.834	0.859	0.971	递增
2013	0.939	0.94	0.999	递减
2014	1	1	1	不变
2015	0.948	1	0.948	递减
2016	0.955	0.962	0.993	递减
2017	0.865	0.91	0.951	递增
2018	1	1	1	不变
2019	0.046	0.344	0.132	递增
2020	0.164	0.342	0.479	递增
2021	0.094	0.253	0.371	递增
平均值	0.723	0.794	0.852	

从表5.11可以看出，当关注旅游产业投入产出时，综合效率达到DEA有效的有5个年份，约占决策单元总数的22.7%，这表明，塞罕坝机械林场整体的旅游产业投入产出效率状况不够理想。在17个综合效率非DEA有效的年份中，2016年的综合效率值最高，达到了0.955，其次是2015年和2013年，分别达到了0.948和0.939；综合效率值超过0.8的年份共6个，约占决策单元总数的27.3%，综合效率值在0.5~0.8之间的有7个，约占决策单元总数的31.8%，效率值低于0.5的有3个，占13.6%。分析综合效率非DEA有效的原因，主要是规模效率无效和技术效率无效同时导致的。表5.11进一步表明，导致规模无效的原因有所不同，大部分由于规模报酬递增，另外一小部分是由于规模效率递减。

从表5.11得知，技术效率达到DEA有效的有6个年份，约占总数的27.3%，比综合效率和规模效率的情况要好，而且在非DEA有效的决策单元中，技术效率值普遍高于综合效率值。

从表5.11可知，规模效率达到DEA有效的年份共5个。在其余17个规模效率非DEA有效的年份中，规模效率值在0.9以上的有10个，约占总数的45.5%，规模效率值在0.7~0.9之间的有3个年份，占总数的13.6%，规模效率值低于0.7的有4个年份，约占总数的18.2%左右。进一步考察表5.11可知，在17个规模效率值无效的决策单元中，规模报酬递减的年份有3个，分别为2013、2015、2016年，这些年份投入相对过剩；规模报酬递增的年份有14个，约占总数的63.6%，旅游投资仍然有上升的空间。总的来说，塞罕坝机械林场旅游投资的投入产出效率很低，可改进的空间比较大，旅游发展还未达到最优范围，仍然需要进行数量和结构上的改进。

具体到旅游投资的发展状况，仍然用松弛变量进行考察。研究发现，有7个年份的旅游投资投入的松弛变量不为0，6个年份旅游管理费用投入的松弛变量不为0，6个年份旅游从业人数投入的松弛变量不为0，以2020年为例，在产出不减少的情况下，约可以减少旅游管理费用2个单位、旅游从业人数279个单位。其他年份亦是如此，对于一些非零指标，可减少相应值，以获得更高的旅游投入效率。

通过上述分析可知，塞罕坝机械林场近20年发展的总体水平较高，但仍然有改进的空间。改善塞罕坝机械林场的经济状况，可以调整产业之间的结构，注重发展林场的质量而不是数量。塞罕坝机械林场最重要的是提升创新效率，注重基础设施的建设，将营林设施投资调整到合理的水平，提高劳动效率，但也要注重塞罕坝机械林场的资源状况，注重林场树木的保养，防止病虫害入侵，保障林场的生态安全。

从投入产出法的分析可知，整体上林场的投入产出效率仍然有提升的空间，改善营林设施建设仍然是重中之重，同时也应该注重民生状况的改善。林场的第一产业需要合理调配投资的方向，旅游投资从投入产出分析上来看也需要进行重点改善，尤其是疫情时期，如何在已有的生态状况条件下，合理利用现有的空间发展旅游资源，是下一步要重点考虑的问题。

总体来说，林场经济发展进一步提升，需要改善民生状况、提高创新效率、升级产业结构、提升生态安全、优化林木质量等。从林场基础设施建设、资金的融通问题、第一产业和第三产业的巩固和发展、民生状况的改进等几个方面入手，提出建议和改进措施，力求取得实效。

五、投融资模式研究

（一）投融资基本情况

多年来，河北省充分利用财政资金支持和保障功能，通过多种渠道筹集资金，加大资金投入，全面推动塞罕坝生态建设，统筹山水林田湖草综合整治。"十三五"期间，塞罕坝累计筹集到省级以上专项资金6.7亿元，其中，中央和省级分别投入3.6亿元、3.1亿元，有力保障了塞罕坝各项生态建设项目的资金需求。

　　为支持林场创建国家生态文明示范基地，河北省已连续5年安排1.3亿元专项资金，集中力量支持重点领域和关键环节，对林场场部改造提升和道路交通、供水供电、供热、环境治理等基础设施建设给予重点支持。同时，继续加大森林防灾、森林防火、隔离网、隔离带等工程的建设，及时调拨资金，有效降低了森林火灾的发生。

　　林场木材收入曾经占林场全部收入的90%以上。为算好保护与开发的"大账"和"长远账"，河北省财政安排国有林场改革补助资金5016万元，积极推进塞罕坝林区的市场化改革，促进林业产业转型，促进林业的生态保护与可持续发展。塞罕坝机械林场多年来成功地开展了林业碳汇、林业经营碳交易，并在此基础上探索了一种新的林业生态效益补偿市场机制，以促进林业可持续发展。

（二）投融资存在问题

1. 融资渠道单一

　　目前，塞罕坝机械林场融资渠道单一、缺点突出，大部分资金来自政府的专项资金，缺乏间接、直接的融资手段，而从其自身的角度来看，难以有效地满足自身的发展需求，所以必须通过银行贷款和社会资本的参与来获取资金。

2. 地方限制存在风险性

　　随着我国整体发展速度加快，金融信贷机构建设也突飞猛进，为保证自身长期发展，国有商业银行正在大规模精简机构。但县域与城市相比，金融机构发展水平存在差异，农村信用社自身无法实现对资金规模的有效保障，无法为林场提供完整服务；社会资本在开展投资活动时虽然能够为乡镇级别实现信贷供给，但仍然处于初期阶段。而中小型金融服务机构，还需要不断完善自身服务机制、健全相关法律法规，通过此类金融机构融资存在一定风险性。

3. 直接与间接融资难

　　虽然目前国有林场具有健全的财务制度，发展前景符合市场需求，同时自身也有足够的担保抵押物，但从塞罕坝融资情况来看，由于需要更多资金保证长期发展，往往需要利用长期信贷资金，而在筹措资金渠道困难的情况下，林场只能通过短期贷款来实现自我建设的需求，而这会导致自身在资金应用上存在着流动资金紧张的问题。同时短时间内难以实现对直接融资渠道的获取，难以保证其长期发展。

4. 信贷模式制约投融资

　　近几年，我国的国有商业银行为适应当前金融改革工作的落实，实现了在信贷管理体制上的全面改革，这对于国有林场而言十分不利。毕竟，在转变改革的过程中，基层信贷必然会出现信贷管理权限上移的现象，而且国有商业银行自身在分支机构所吸取的存款也必须要归纳到上级银行进行管理，以便于银行进行集体调用，这也使得信贷资金在一定程度上流转于大中型企业的建设。针对塞罕坝机械林场而言，现阶段很难实现通过商业银行贷款来满足自身建设的需求，并且其自身所能够获得的信贷资金支持也十分有限。

（三）投融资模式分析

综合近年国有林场投融资模式发展经验可知，投融资具体实施模式主要有（开发性、政策性）信贷融资模式、政府与社会资本合作模式（PPP模式）、股权合作模式。

1. 信贷融资模式

2017年，国家发展改革委、国家林业局、国家开发银行、中国农业发展银行联合发布《关于进一步利用开发性和政策性金融推进林业生态建设的通知》（发改农经〔2017〕140号），明确提出将国家储备林基地建设作为林业利用开发性和政策性金融贷款的主要支持范围。金融机构根据各地实际需求，提供长周期、低成本的资金支持，贷款期限最长30年，宽限期最长8年，实行基准利率和最低资本金比例，同时可以将对应计划任务的中央预算内投资作为项目资本金。

其融资途径具体可分为三类：第一为整合多方资金。统筹整合中央、地方财政营造林补贴资金，将中央基建及财政、地方配套资金中的营造林补贴资金、其他相关补助资金整合统一用于国有林场建设。第二为设立承贷平台。市级融资平台一方面对接市政府，与其签订委托代建或购买服务合同，另一方面对接市农发行，统一承贷统一还款。县级融资平台则与县区政府签订委托代建或购买服务合同，与市级融资平台进行对接。县区政府根据建设项目确定贷款规模，经市林业等相关部门审核后逐级申报。贷款申请经省农发行批复后，由市农发行向市级融资平台发放，市级融资平台根据确定的资金需求，向县级融资平台发放。第三为优化信贷产品。国家开发银行为该项目提供了新型信贷产品，贷款期长达27年，宽限期8年，极大地减轻了建设主体的前期还款压力。

2. PPP融资模式

根据《关于印发政府和社会资本合作模式操作指南（试行）的通知》（财金〔2014〕113号），投资规模较大、需求长期稳定、价格调整机制灵活、市场化程度较高的基础设施及公共服务类项目，适宜采用PPP融资模式。

以林场为例，河北政府与社会资本合作项目融资模式是指政府与社会资本合作的模式，通过招标的方式，确定社会资金的来源，通过政府的可行性缺口补贴、用户付费等方式，确定各方权利和责任。政府与社会资本合作（PPP）的筹资模式主要包括：河北省人民政府委托河北省林业局为项目实施单位，以公开招标形式选择PPP项目顾问，然后通过公开招标的形式进行社会资金的筛选，确定后由政府与其签署PPP项目合同，与政府出资方共同组建SPV项目公司。

3. 股权合作模式

2021年11月，国务院办公厅印发了《关于鼓励和支持社会资本参与生态保护修复的意见》，要求统筹各类政策措施，进一步促进社会资本参与生态建设。股权合作模式是地方国有平台以国有商品林或其他形式资产作价入股，引入具有投融资能力或相应施工能力的社会资本方共同参与国家储备林建设。

（四）投融资提升建议

1. 完善国家持续的林业公共财政投入体系

由于林业提供大量公共产品及其所带来的正外部性，增加国家财政的相关投入十分必要。未来仍需要保持国家对林业投入的稳定增长，完善国家持续的林业公共财政投入体系，提高林业财政投入效率。目前，我国林业财政资金主要投向造林，对林木抚育、病虫害防治、森林火灾防控等方面的资金投入不足，导致林业基础设施建设和维护不足、森林经营水平较低。而森林火灾、病虫害等对于林业高质量发展有至关重要的影响，财政支出应更多地投向森林抚育和防护，以推动林业实现可持续健康发展。

政府也需要加大财政支持力度，牵头组建相关投融资平台，解决林场基础设施建设的资金问题，拓展森林旅游功能，积极引导农户参与林下经济种植，争取实现规模化运营和发展，还应打造全新的银行对接平台，找到适用于林场发展的信贷模式，利用好间接融资模式为林场的贷款提供准备。

2. 减少信贷约束，扩大信贷覆盖范围

我国林业涉林融资在经济发展过程中发生了新的变化，主要表现在贷款期限逐渐延长、信贷规模明显增加，但覆盖面窄、优惠力度不够、无法充分满足林业企业的资金需求等。在制度上，要建立健全林业资金的多元化筹资途径，以发放森林信贷解决林权不足，促进其发展；在此过程中，政府可以给予政策支持和制度调节，央行应当通过降低银行存款准备金率来刺激银行对林农、林产企业放贷。在实际操作中，应进一步简化贷款流程，放宽贷款申请条件，尽快建立森林资产评估与抵押制度；适当延长贷款期限，按项目本身及地区经济发展水平确定贷款期限和利率；要积极探索森林信贷方式，激活森林金融。例如，通过对林农、林产企业的抵押贷款，为林农、林产

提供担保，降低信用风险。

3. 吸引社会资本参与林场建设管理

根据林场具体情况，省市区分别制定优惠政策吸引社会资本参与林场建设管理。政府还需要投资完善水利、道路、电力等基础设施，为造林、营林创造良好条件。此外，资金投入依然是"门槛"。面对前期巨大的一次性建设资金投入和逐年支付的土地流转补助及养护资金，必须持续不断创新，加强政策研究，在保证政府投入为主渠道的同时，积极探索建立生态工程共建、共享、共担的社会化、市场化投融资机制，鼓励和吸纳更多的社会资金投入绿化建设中。在确保林场建设目标实现的基础上，进一步明确企业经营主体的权利和义务，引导企业适当发展苗木种植、林下经济和森林旅游，提高企业经济效益，激发其参与林场建设管理的积极性。

六、经济发展对策

由上述分析可知，塞罕坝利用20年左右的时间，实现了林业总产值的大幅度提升，但生态状况、民生状况、经济状况等仍然需要进一步改善，以促进林场经济发展，提高林场综合经济实力。

（一）加强基地建设，优化经济布局

基础设施建设体现着塞罕坝的经济文化面貌，基础设施齐全可以大大提高经济发展效率。加强林场基础设施建设主要是对林道建设、办公设施、管护用房、信息网络等方面加强规划。将高科技、数字化作为林场高质量发展的新要素，推动林场逐步从传统林业向现代林业迈进。在生产方面，实施数字化项目，将科技转化为生产力，全面激发林场生产内生动力。按照现代国有林场建设标准，秉承"先路后房、总体规划、分步实施"的原则，大力加强以水、电、路、讯等为主要内容的林区基础设施建设，科学规划护林房、林区道路、网络通信设备等。对营林房舍维修新建、林区道路维修新建、设备设施购置等合理投资，加强营林设施投资效率，提升基础设施建设水平。有序推进营林区、望火楼、管护站点改造提升，建设林场生活生产住房，解决无房户职工的实际困难。配套布局合理、全面覆盖的污水收集管网。改造升级部分主干道路，新建巡护次干道、简易道、游步道等，不断完善道路交通网络，满足森林防火、资源保护及生产生活等方面需要。力争经过5~10年建设发展，使林场经济布局更合理、林场生产生活条件明显改善。

（二）资金引领发展，形成长效动力

林场要结合自身财力情况和本地经济发展实际，加大林业资金整合力度，充分发挥财政资金杠杆作用，引导社会资金投入林业产业。成立林场资金建设领导小组，加强组织领导，建立和完善内部控制制度，形成一个职责明确、相互制约、各司其职、运行有序的群体。提高林场资金管理水平，对造林、抚育采伐、低产（效）林改造、封山育林、森林保护等营林生产投资做好测算，强化资金保障，积极争取上级资金，努力争取国有林场各种补助专项资金。财务部门要及时掌握林场资金投入建设内容及建设进度，对照设计方案上的资金预算，对每项工程所需资金数额要做到心中有数，根据"资金流到哪，管理管到哪"的思想，加强对项目资金支出的管理，并根据工程进度向财政部门申请资金，保证工作运行过程中资金顺利实施。加大林场建设项目的资金稽查监管力度，全面了解项目实施的内容、进度。强化林场会计人员业务素质，提高会计监督水平，提升整体资金的利用效率。

（三）坚持科学育林，丰富生态资源

森林合理经营是塞罕坝经济发展的基础，关键在于森林抚育和林木采伐。要提高林地生产力，改善林场生态环境，加强林场生态公益林建设，建立林木采伐精细化台账管理机制，对林木采伐审批落实全过程跟踪监督管理，每个采伐审批事项落实一名护林员全程现场监督，林场林业站对护林员履职情况进行定期抽查，确保监管责任能落实、有成效。认真贯彻执行森林法规、政策，坚持"早发现、早制止、严处理"的原则，以"林长制"建设为抓手，夯实监管责任，加大执法力度，对各种破坏森林资源、乱砍滥伐违法行为一律"零容忍"，及时"亮剑"，严肃查处。通过整枝、砍灌、割草等方式对自然整枝不良、死枝过多的树木及通风透光不畅的树林进行抚育，清除妨碍树木生长的灌丛、藤条和杂草，促进树木良好生长，精准提升森林质量。积极践行"绿水青山就是金山银山"的理念，坚持生态建设产业化、产业建设生态化的发展原则和道路，落实退耕还林的任务，大力选用适合当地的经济树种种植，加强营林防治的基础性作用，减少森林病虫害，加强森林防火措施，发展森林生态安全。从全面的角度出发，将生态因素融入其中。从选择树种、造林地以及造林方式等方面加强重视，更多地选择抵抗病虫害能力强的树种，同时做好抚育管理工作。保证树种本身的基本性能，提升树种抵御病虫害的能力。实施林草生态价值转化工程，打造碳达峰碳中和行动引领区。

（四）巩固第一产业，创新发展模式

巩固好第一产业，是筑牢经济发展的基础。坚持以市场为导向，通过广泛宣传、民主决策及竞价销售等措施提高木材、苗木销售价格；通过健全林产品销售制度，加强产品库区管理、出口监督管理，强化措施，堵塞漏洞，实现增收增效；加强苗木基地建设，打造苗木品牌，以市场为导向，本着用材林与商品苗基地建设相结合及采取多品种、多规格、多形式、集中规划建设苗木基地的原则，选择优质种苗，采取有效措施，缩短培育周期，进一步加大绿化苗木后备资源的培育力度，用特色化、规模化、专业化、精品化占领市场。在品种配置上要打破原有单一的格局，在优势树种云杉、樟子松的基础上，增加油松、白桦、五角枫、花楸及其他花叶园林绿化品种的培育。同时注重大规格容器苗培育，不但可以增加花色品种、提高成活率，还可以不受季节限制，延长苗木产业链；加大大径材培育力度，调整木材产业结构，当前林场主要木材为中小径材落叶松，市场应用范围逐年减小，而大径材市场无论是国内还是国际都极为广阔。塞罕坝现在拥有百万亩森林，其中樟子松约 1.3 万 hm^2，中小径材价值极低，应加大大径材樟子松培育力度，提高其木材及深加工产品价值；充分利用宜林荒地，加强经济林建设，结合生态建设，充分利用坝下阳坡进行山杏等经济树种造林，在绿化的同时创造经济效益。依靠科技发展林业，改变传统的以环境和自然资源为代价的粗放式经济发展模式。利用现代信息科技手段，推动林业经营和治理的精确化、科学化。要坚持科研成果从实践中来，到实践中去，指导林业的发展，鼓励科技人员通过技术承包、技术转让、技术服务、联合开发、创办经济实体等形式，加快科技成果的转化，增强市场竞争力。

除此之外，要高度重视林下经济发展，将林下经济发展当作二次创业和产业转型发展的支柱产业。对林下经济产品发展模式进行全面革新，充分发挥塞罕坝的良好形象，创新品牌定位，建立具有塞罕坝标识的统一品牌和模式，实现林下经济产品的品牌化发展；充分开拓市场，逐步建立线上线下的销售模式，为塞罕坝的林下经济产品打开销路。积极发挥塞罕坝品牌优势，以塞罕坝精神为依托，凸显品牌的独特优势，建立林下产品畅销体系。建立政府引导，企业、专业合作组织和农民投入为主体的林下经济产业多元化投入机制。积极争取中央预算内投资，支持良种基地、新造林下产品等工程建设项目，统筹省预算内投资，支持项目建设，标准发展林下经济。开展林下种植羊肚菌、红景天、金莲花、益母草、柴胡等食用菌或中草药试验研究，打造一批效益好、带动力强的林下经济示范基地。推进林场和林木种苗融合发展，利用林场

丰富的育苗技术经验，加强树种苗木培育，建成北方地区重要的抗性树种苗木基地，为干旱半干旱地区造林绿化提供适地适树的苗木，推广石质山地、旱区造林绿化成功经验。

（五）做强第三产业，探求多元发展

创新第三产业，是促进经济发展的重要力量，发展第三产业要充分认识到塞罕坝生态环境的脆弱及地理位置的特点并准确定位。塞罕坝集高海拔、高寒、大风、沙化、干旱5种极端恶劣环境于一体；塞罕坝植物区系属于森林草原交错带，物种相对单一，土质条件比较差，土层薄，历史上曾两度被流沙覆盖，生态环境极其脆弱，承载力低；塞罕坝国家森林公园地处浑善达克沙地东南缘，形成一条横亘于北京、天津北部的绿色屏障，也是滦河、辽河的重要源头集水区，生态战略位置十分重要。塞罕坝旅游发展应定位为"生态优先，适度发展，示范教育，持续利用"，要坚持在开发中保护，在保护中发展的原则，突破发展瓶颈，塑造龙头品牌。完善塞罕坝城区功能建设，使之成为游客向往的生态旅游小镇；大力完善和提升基础设施建设和旅游环境建设，提升塞罕坝旅游市场中的核心竞争力；改善交通落后状况，建立多种方便快捷的交通运输方式，保障游客出行和进入；重点开拓休闲避暑旅游、滑雪运动、冬季旅游温泉和SPA旅游市场；探索具有坝上特色的生态旅游发展途径，建立以生态建设和生态保护为主导的坝上旅游。

在塞罕坝良好自然资源下，重点以自然教育体现主题特色、越野运动丰富自然互动体验、森林康养提升产业品质、生态露营展示环境优势，突出彰显塞罕坝生态旅游品质特色，大力发展森林旅游康养产业。加大旅游资源整合力度，有针对性地发展林区民宿、农林研学、森林康养、森林穿越等特色项目，积极融入全域旅游大格局。用旅游的方式，寓教于乐地传播塞罕坝精神和塞罕坝事迹，让游客深度理解塞罕坝精神。向国民讲好"两山理论"，倡导绿色发展方式和生活方式，进行国民生态理念教育；向世界讲好"中国故事"，使中国的生态文明建设成为具有国际借鉴意义的重要实践。

（六）改善民生状况，优化人才结构

解决民生状况是经济发展的根本，发展经济就是为了改善民生。把改善民生作为林场工作的出发点和落脚点，加强林场生态建设工作，让人民群众充分享受林场建设成果，让绿色发展的观念深入人心，促使广大群众投入塞罕坝机械林场"二次创业"建设过程之中，提高劳动生产率。要着力保障和改善民生，加大政策扶持力度，拓宽增收致富渠道，不断提高林区职工群众生活水平。入户摸底排查，保障民安，依托网格化服务管理平台，深入开展安全隐患排查、矛盾纠纷调解等活动，及时、平稳地处理职工群众矛盾，将争议纠纷化解在萌芽状态，力图问题不堆积。深入走访调研，关注民生，以大走访活动为契机，综合采取座谈、问卷、电话回访等形式，多渠道收集、梳理职工群众意见和建议，并落实整改措施，尽快解决较为突出的问题。加强宣传教育，惠及民利，借助微博、微信等平台，全面发挥线上传播受众面广的优势，切实把爱民惠民、共建共享的措施宣传好，在辖区内进一步营造关心、支持民生实事的良好氛围。转变工作作风，保障民权，结合实际制定工作标准及目标，明确工作人员职责，并开展经常性的工作指导与督促检查，做到群策群力、责任到人，为职工群众办事提供良好的服务环境。

　　林场产业人才队伍持续力量不足的问题，一方面，制约森林经营效益提升，影响社会资本参与营造林积极性，不利于绿水青山的增量扩大；另一方面，无法赋能传统林场产业提质增效、前沿新兴林业产业做大做强，制约林场第三产业的附加值创造能力，影响金山银山的实现。因此，要大力实施"人才强林"战略，牢牢抓住"培、引、育、留"4个环节，努力培养一支数量充足、结构合理、素质优良、优势突出的高素质林业产业人才队伍，为森林资源和林业产业高质量发展蓄力赋能。国家和省级层面应建立林场产业人才培养制度，制定出台人才培养计划，将培养经费列入年度财政预算，实现培育人才常态化、规范化、制度化，确保人才培养工作的持续性、连贯性。扶持林场参与高校人才培养工作，稳定吸收新生力量。搭建林场与高校的链接渠道，引导扶持林场与相关高校实施产学合作协同育人，探索工学结合、联合办学、联合培养和"订单式"培养等模式，将产业链上相关资源整合起来，建设类型多样的实践教学基地、实习（实训）基地和科研基地，实现人才从培养到工作的无缝对接，形成循环有序发展的产教融合模式。培养一批高质量的技术骨干和设计师队伍，以及林业碳汇计量与监测师、森林康养师等新型人才队伍，培育一批具备林业知识背景和熟悉市场规律，会管理、善经营、懂法律、能创新的复合型人才，如技术高管、产业教授等。林场主管部门要用好省级紧缺急需人才引进项目资金，坚持招才引智与招商引资并举，做到以产引才、以才促产。采取技术入股等方式加快引进林场各细分产业紧缺急需的高层次人才，集聚更多掌握核心技术、具有自主创新能力的"高精尖缺"人才和创新创业团队、设计师队伍，提升人才梯度，强化双创人才智力支撑，加大林场各细分产业相关科技特派员评选及服务力度，强化对林场产业生产和培训的指导。

（李凌超　侯一蕾）

塞罕坝 新时期发展
战略研究

林树国 摄

第六章　塞罕坝生态补偿战略

对塞罕坝生态效益进行完整摸底和整体核算，有利于全面掌握塞罕坝的生态系统服务价值，为未来生态产品价值实现奠定坚实的基础。

一、塞罕坝生态系统服务价值量化评估

（一）森林与湿地资源资产及生态系统服务评估

中国林业科学研究院林业科技信息研究所分别于2006年、2016年和2021年对塞罕坝机械林场的森林与湿地资源资产及生态系统服务价值进行了全面系统的量化评估。评估内容包括：资产价值评估、生态系统服务价值评估和社会效益评估（图6.1）。森林与湿地资产价值反映森林与湿地资产存量的增减趋势，可揭示森林与湿地资源经营的可持续性。森林与湿地生态系统服务价值反映森林与湿地资源每年可以源源不断提供的服务的流量，包括物质产品价值和生态产品价值2部分。森林与湿地社会效益反映的是森林与湿地资源为社会增加福祉、提供服务、惠及国计民生的综合效益和影响，包括全球贡献、国家贡献和区域贡献3个层次。由于数据的可得性和评估方法的局限性，社会价值评估只进行定性描述。

1. 森林与湿地资产价值

2021年，林场森林与湿地资产总价值为231.20亿元（表6.1）。其中，土地资产价值（林地和湿地）为87.59亿元，占37.88%；物质生产资产价值（立木资产、非木林产品资产）为76.74亿元，占33.19%；生态资产价值（森林碳资产）为28.47亿元，占12.31%；无形资产价值（品牌资产）为38.40亿元，占16.61%。

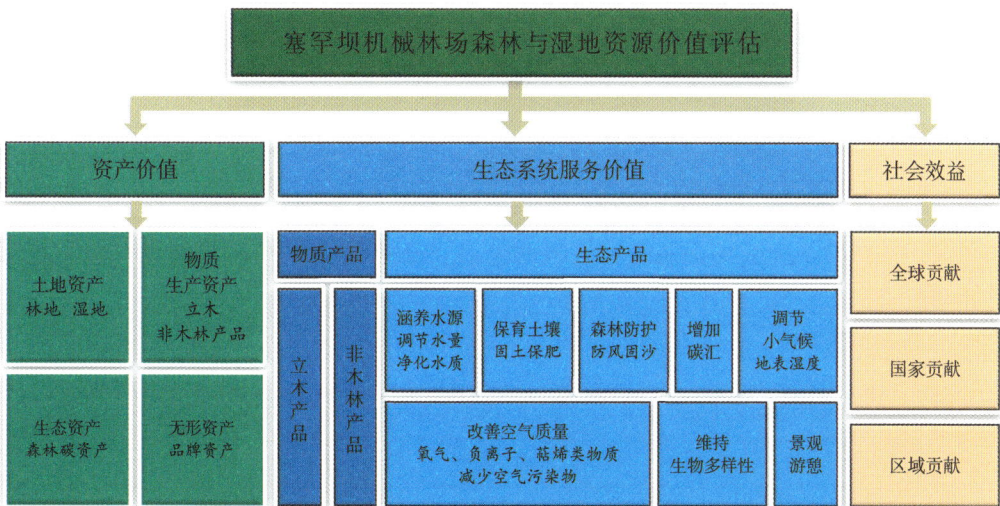

图6.1 塞罕坝机械林场森林与湿地资源价值评估指标体系

表 6.1　2021 年塞罕坝机械林场森林与湿地资产价值

资产类别		实物量		价值量（万元）	比重（%）
土地资产	林地资产	86322.83	hm²	804521.51	
	湿地资产	6862	hm²	71364.80	37.88
	小计	93184.83		875886.31	
物质生产资产	立木资产	10367970	m³	598750.27	
	非木林产品资产			168680.50	33.19
	小计			767430.77	
生态资产	森林碳资产	5694.20	万 tCO₂	284709.99	12.31
无形资产	品牌资产			384000	16.61
森林湿地资产价值合计				2312027.05	100.00

2. 森林与湿地生态系统服务价值

2021 年，林场森林与湿地提供的生态系统服务总价值为 155.95 亿元（表 6.2）。其中，生态产品价值为 152.11 亿元，占 97.54%；物质产品价值为 3.84 亿元，占 2.46%。生态产品价值是物质产品价值的 39.61 倍。

表 6.2　2021 年塞罕坝机械林场森林与湿地生态系统服务价值

生态系统服务类别			实物量		价值（万元）	比重（%）	
物质产品	立木产品		518398.50	m³	29937.51	78.02	
	非木林产品				8434.03	21.98	2.46
	物质产品价值合计				38371.54	100	
生态产品	涵养水源	调节水量	28407.51	万 m³	173569.88		
		净化水质（森林）	13759.05	万 m³	16510.86	12.54	
		降解污染物（湿地）	1912.68	t(COD,NH3-N)	676.47		
		小计			190757.21		
	保育土壤	固土	513.55	万 t	3264.60		
		保肥	36.14	万 t 标肥	14463.87	1.17	
		小计			17728.47		
	森林防护	防风固沙			552369.34	36.31	
	增加碳汇		86.03	万 t CO₂	4301.43	0.28	
	调节小气候	调节地表温度			12113.95	0.80	

续表

生态系统服务类别			实物量		价值（万元）	比重（%）
生态产品	改善空气质量	释氧	59.84	万 t	59838.93	39.37
		产生可利用负离子	6.39	×10²² 个	529766.18	
		释放萜烯类物质	10474.83	t	2095.00	
		减少污染物	171356.93	t	7130.49	
		小计			598830.60	
	维持生物多样性				38906.74	2.56
	景观游憩				106114.20	6.98
	生态产品价值合计				1521121.94	100.00
森林湿地生态系统服务价值总计					1559493.48	100.00

注：比重97.54对应生态产品价值合计。

（1）森林与湿地生态产品价值

2021年，林场森林与湿地所提供的生态产品价值中（图6.2），涵养水源服务价值为19.08亿元，占12.54%；保育土壤服务价值为1.77亿元，占1.17%；森林防护价值为55.24亿元，占36.31%；增加碳汇服务价值为0.43亿元，占0.28%；调节小气候服务价值为1.21亿元，占0.80%；改善空气质量服务价值为59.88亿元，占39.37%；维持生物多样性服务价值为3.89亿元，占2.56%；景观游憩服务价值为10.61亿元，占6.98%。

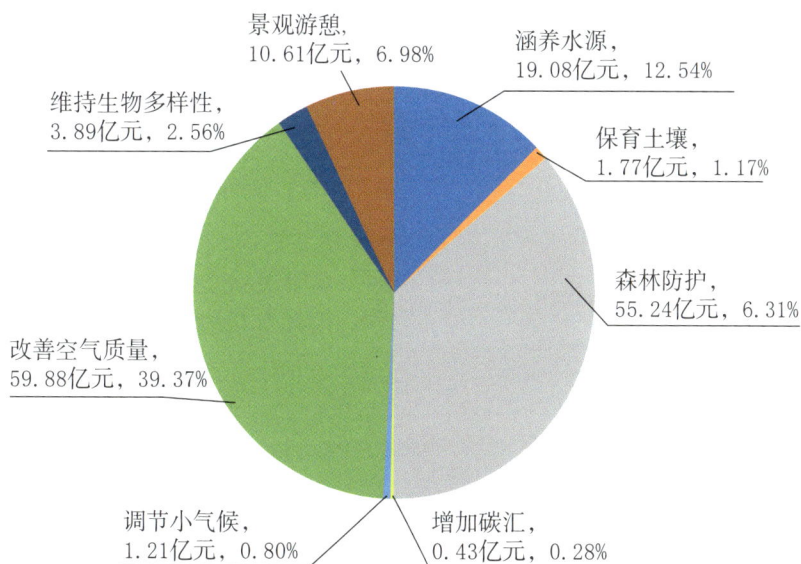

图 6.2 塞罕坝机械林场森林与湿地生态产品价值构成

2021年，林场森林与湿地提供的典型生态产品包括：涵养水源2.84亿 m^3，相当于涵养了4.7个十三陵水库的蓄水量；防止土壤流失513.55万 t，防止肥力流失36.14万 t 标肥；固定二氧化碳86.03万 t，可抵消约86万辆家用燃油小轿车一年的二氧化碳排放量，如果按照2019年我国人均6.41t的二氧化碳排放量（消费端）计算，相当于抵消了13.4万人的二氧化碳排放量，为实现碳中和目标发挥着重要作用；释放氧气59.84万 t，相当于219万人呼吸一年的空气含氧量；森林释放的可供人利用的负离子 6.39×10^{22} 个，特别是在夏季，塞罕坝机械林场的森林环境中平均空气负离子浓度达到2520个 $/cm^3$，最高值高达8.5万个 $/cm^3$，是北京城区平均值的6倍以上、最高值的112倍；释放对人体有益的萜烯类物质1.05万 t，这些对人体有益的成分主要分布于人们日常休闲的林区，为人们身心健康的强心剂；森林吸收二氧化硫1.35万 t、氮氧化物0.12万 t、滞尘15.67万 t。此外，还调节了环境温度和湿度，外业实测结果显示，林分内外空气温差最高可达7.84℃，平均温差为2.50℃；林分增加湿度最大可达17.98个百分点，平均增加3.69个百分点。林分降温效果为8.55%，增湿效果为10.69%。

（2）森林与湿地物质产品价值

2021年，林场森林与湿地产出的物质产品价值中，立木产品价值为2.99亿元，非木林产品价值为0.84亿元。

3. 森林与湿地社会效益

塞罕坝的森林与湿地资源产生了显著的社会效益，主要体现在全球贡献、国家贡献和区域贡献3个方面：

全球贡献：为应对全球气候变化提供了绿色碳库，为保护生物多样性提供了宝贵基因库，为全球生态保护修复提供了中国样板，荣获"地球卫士奖"。

国家贡献：塞罕坝精神成为中国共产党精神谱系的有机构成，塞罕坝机械林场成为践行"绿水青山就是金山银山"理念的先进典范，成为全国脱贫攻坚的优秀楷模，为京津筑起了牢固的生态安全屏障，成了林草科研教学的重要基地。

区域贡献：塞罕坝机械林场是区域生态建设的引领者，是绿色高质量发展的践行者，是农牧民就业致富的带动者，是生态宜居环境的提供者，是北方特色文化遗产的保护传承者。

4. 森林与湿地资源资产及生态系统服务变化趋势

根据中国林业科学研究院林业科技信息技术研究所三次评估情况来看，2006—2021年，塞罕坝机械林场森林与湿地资源资产及生态系统服务均呈现不断增长的趋势，其中，资产价值2021年比2006年增长了55.33%，平均每年增长5.49亿元；生态系统服务价值2021年比2006年增长了29.32%，平均每年增长2.36亿元。

（二）生态系统服务受偿意愿评估

假想市场法是以研究样本的环境偏好反映研究区域的资源稀缺性，符合新古典经济学中的偏好和效用论，优势在于包含了非使用价值的评估，即评估对象为生态系统服务的总经济价值，而且它适用性强，在信息缺失的限制下具有很强的能力提供数据源（Aanesen. et al., 2015; Mitchell and Carson, 2013）。假想市场法以条件价值法（CVM）为代表，在假设的市场环境中，CVM通常使用问卷来收集受访者为提供非市场服务或商品支付意愿（WTP）或愿意接受（WTA）补偿的数据。Davis（1963）首次将该方法用于估计沿海森林的休闲娱乐价值，Carson（2012）用此方法评估Exxon Valdez公司石油泄漏的价值损失。近年来，它已经在全球130多个国家进行的数千个案例研究中出现（Jones. et al., 2017）。目前，CVM已经成为西方国家价值评估最流行的技术方法（武照亮，2022），美国联邦机构也建议使用它来测量生态系统服务的非市场价值（Chu xi. et al., 2020）。

1. WTA评估的经济学原理

林场作为生态系统服务的提供者，为提供生态系统服务牺牲了经济收益更立竿见影的木材生产。如图6.3所示，林场原本的生产选择是A点，即选择生产ES1水平的生态系统服务和W1水平的木材产品，为了施行生态建设为主的发展政策，林场选择生产ES2水平的生态系统服务，牺牲了W1–W2水平的木材产品。放弃的W1–W2水平的木

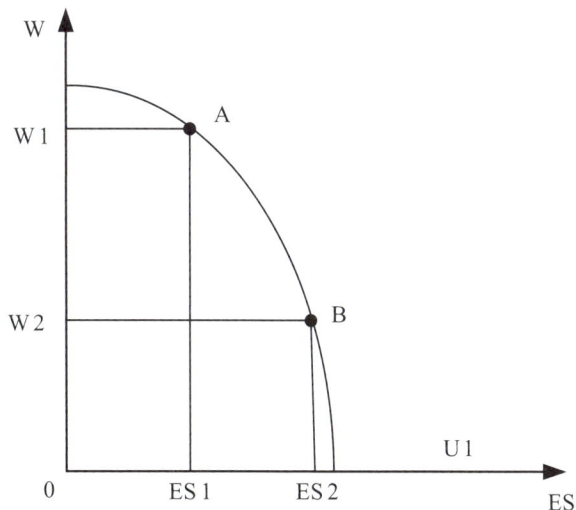

图6.3　生态系统服务货币评估

材产品所能带来的收入实质上体现了林场选择获取的生态系统服务为ES2-ES1时，供给者所愿意接受的最低受偿意愿（WTA）。林场作为生态系统服务的供给方，承担生产的群体为林场职工。因此，通过对塞罕坝机械林场职工的问卷调查，评估了林场提供生态系统服务的受偿意愿。

林场接受生态补偿的决策过程包括两个阶段。第一个阶段是意愿决策，受访者回答林场是否愿意接受补偿，按照决策回答的结果可以分为愿意接受补偿的群体和不愿意接受补偿的群体。回答不愿意接受补偿的群体需要进一步回答不愿意接受的原因。第二个阶段是愿意接受补偿的额度决策，即在第一阶段回答愿意接受补偿的受访者回答愿意接受补偿的值。林场的WTA受到林场职工特征的影响，包括其生计、生态意识等因素。为了阐明这些因素，本研究使用双栏回归模型来估计由受访者和影响因素确定的WTA的数量。

2. 问卷设计与调查

通过问卷调查获得林场的受偿意愿，其金额即对于生态系统服务的货币估值。问卷的核心估价问题如下："针对塞罕坝机械林场为社会提供的生态系统服务，您认为林场应该接受每年每亩补偿多少金额？"

共有来自塞罕坝机械林场的630名受访者参与了此次调查。在所有调查问卷中，有547份有效，回复率达到86.8%。采用传统的划分群处理方法，利用概率论的原理计算塞罕坝机械林场职工的WTA。因此，受访者期望最小的WTA用公式（1）表示：

$$E(WTA)=E(\bar{y})=\sum_{h=1}^{L}W_h\sum_{i=1}^{n}A_iP_i \tag{1}$$

式中，E（WTA）表示林场愿意接受的补偿额度的期望。$\bar{y}$表示受访者的样本均值，W_h表示分层抽样的层权，L表示分成了L个层，Ai表示补偿额度可能的意愿值，Pi表示该补偿额度出现的概率，n表示每个层的样本量。

首先考虑林场的受偿意愿决策，构建下列方程：

$$prob[\,y_i=0|x_i]=1-\varphi(\beta x_i) \tag{2}$$

$$prob[\,y_i>0|x_i]=\varphi(\beta x_i) \tag{3}$$

式中，i表示第i个观测样本；y表示林场是否愿意接受生态补偿，是因变量；x表示影响受偿意愿决策的自变量；$\varphi(\beta x_i)$为标准正态分布的累积分布函数，β为估计量。（2）表示不愿接受生态补偿的决策结果，（3）表示愿意接受生态补偿的决策结果。

$$E\left[y_i \mid y_i > 0, \ x_i\right] = \sum_{i=1}^{n} x_i \beta_i + \mu, \mu \sim N\left(0, \delta^2\right) \tag{4}$$

式中，y_i 表示受访者选择的 WTA 的金额，x_i 表示影响被调查者 WTA 的因素。β 为回归系数，μ 为随机误差，y_0 为被访者观察到的 WTA。

3. 受偿意愿评估结果分析

本次调查中零补偿意愿者所占比例较高，共91人，占有效问卷的16.6%。认为不应该补偿的受访者大部分表现出很高的生态认识和奉献精神，认为生态环境价值是难以估量的甚至是无价的，或认为提供生态系统服务是林场的职责，不需要补偿。说明林场非常重视生态环境，并且无论补偿与否都将持续提供生态系统服务。在一定程度上表现出研究得出的生态系统服务的价值被低估。

从样本特征变量上看，性别、年龄、受教育程度、家庭人口数和家庭月收入变量会显著影响WTA。其中年龄、家庭人口数越高，月收入越低，表现出更强的生计压力，受偿金额就越高。根据调查情况，部分职工反映目前工作时间、假期分配和工资不对等，家庭和生态建设事业无法兼顾，生计压力过大，子女教养和赡养老人问题尚未妥善解决。建议林场更加注重职工福利分配，解决职工生计问题。

从生态认知上看，提供生态系统服务对林场利益受损认知和接受生态补偿宣传与培训情况变量对WTA有显著影响。其中生态认知和受偿金额呈现负相关，表现了受访者对于生态补偿的信心，认为选择较少的合理的补偿金额能够达到持续提供生态系统服务的效果，还体现了受访者有较高的环境意识，对于生态系统服务有着清晰的认识，能够设立比较明确的价值区间。因此，政府应密切关注这种不断变化的情况，并相应地调整决策。

根据意愿调查评估结果，利用分场森林占地面积作为权重，各个分场的生态系统服务价值如表6.3所示，计算加权平均值得到塞罕坝机械林场生态系统服务的受偿意愿为每年每亩653.39元。各分场的受偿意愿有所差异，最高的为北曼甸林场，为每年每亩825.71元，其次为阴河林场，为每年每亩742.79元，最低的为大唤起林场，为每年每亩497.24元（表6.3）。2022年林场经营总面积140万亩，作为生态系统服务的供给者，利用受偿意愿计算得到林场生态系统服务总价值为每年9.15亿元。

表6.3　塞罕坝不同林场生态系统服务价值

部门	WTA值[（元）亩·年]	分场林地面积（亩）	生态系统服务价值（万元/年）
大唤起	497.24	284247.15	14133.92
第三乡	515.82	153596.25	7922.80
三道河口	573.27	155060.40	8889.15
千层板	692.50	274396.05	19001.93
阴河	742.79	296662.35	22035.78
北曼甸	825.71	236102.10	19495.19
合计	653.39	1400064.30	91478.75

（三）生态系统服务量化评估综合分析

1. 森林与湿地自然资本价值

自然资本代表着自然财富。限于数据及评估手段，本报告评估的森林与湿地资产仅是其全部资产中的一部分，无法代表森林湿地的全部资产价值。但从这部分的森林与湿地资产价值就能看出发展和保护自然资源的重要意义。

2021年，塞罕坝机械林场森林与湿地面积93184.83hm²，其资产价值2312027.05万元。也就是说，塞罕坝机械林场拥有自然财富（森林湿地）231亿元，相当于每公顷积累了24.81万元的资产价值，可见塞罕坝机械林场拥有丰厚的自然财富。

2. 森林与湿地生态系统服务供给能力

生态系统服务包括物质产品和生态产品。2021年，塞罕坝机械林场森林与湿地生态系统服务总价值为155.95亿元，其中物质产品价值为3.84亿元，生态产品价值为152.11亿元，生态产品价值是物质产品价值的39.61倍。可见，塞罕坝机械林场森林与湿地生态系统服务以生态产品为主。

从单位面积森林与湿地年产出生态系统服务价值看，2021年塞罕坝机械林场森林生态产品供给价值为每年每亩10917.38元，湿地生态产品供给价值为每年每亩10414.17元。

3. 生态系统服务供给的受偿意愿

基于对塞罕坝机械林场职工的受偿意愿调查，塞罕坝机械林场生态系统服务供给的受偿意愿为每年每亩653.39元，远远低于基于森林生态系统服务效用价值评估的结果，即每年每亩10917.38元。利用受偿意愿计算得到生态系统服务总价值为每年9.15亿元，也远远低于基于森林与湿地生态系统服务效用价值评估的结果，即每年生态产品价值为152.11亿元（不包括物质产品价值）。

二、塞罕坝生态系统服务的受益主体分析

（一）塞罕坝机械林场的生态区位

塞罕坝机械林场作为京津地区的一道绿色生态屏障，生态战略位置十分突出（图6.4）。其地理位置位于"三北"防护林环北京、天津区段的外围，地处冀北山地与内蒙古草原的过渡地带，其西向、西北向处于浑善达克沙地的前缘。林场在沙化土地上营造起百万亩人工林，在内蒙古高原南缘构建起浩瀚的绿色屏障，林场的树木和其他植物根系均可以固着土壤颗粒，减少了沙尘物质的产生，极大地保护土壤表层不被风蚀、沙化而起到防风固沙作用，成为浑善达克沙地南移的重要阻滞带。

涵养水源是林场提供的重要生态系统服务之一，塞罕坝机械林场即是重要的以流域为对象的生态产品价值实现区。如图6.4所示，小滦河流域为西翼，以阴河流域为东翼，林场全面实施山水林田湖草综合治理，重点营造成片防风固沙林和水源涵养林，加强草地、湿地与水资源保护和生物多样性恢复，为加快区域绿色发展奠定了坚实的生态基础。其中河北塞罕坝自然保护区东北部为滦河上游支流吐力根河的发源地；东南部为西辽河上游支流阴河的发源地。这些源头湿地连同其周边森林草原区每年可向滦河、辽河输入淡水近400万 m^3，对该流域水量供应与调节起着重要的作用。

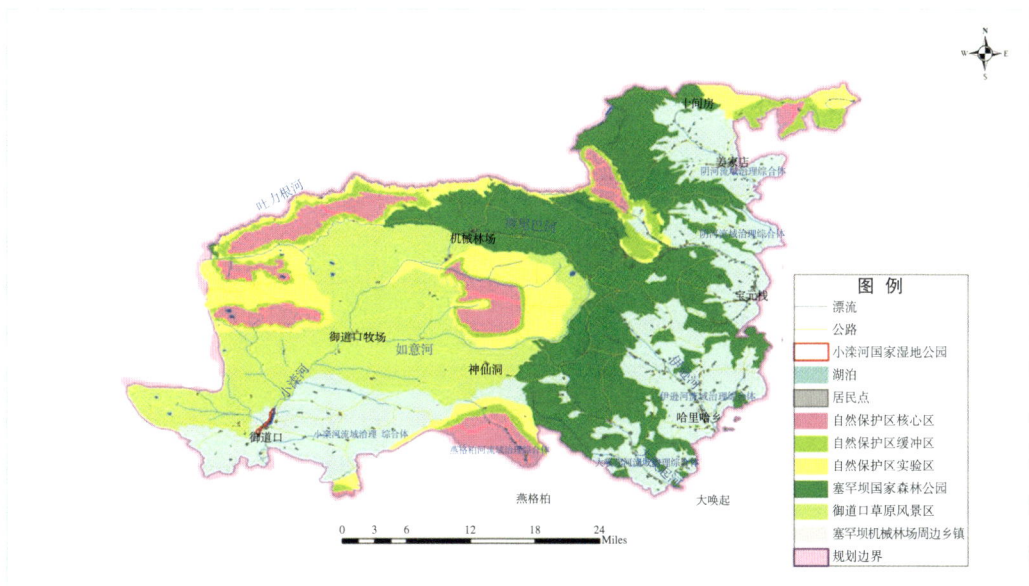

图6.4 塞罕坝机械林场及周边区域森林草原小流域综合治理布局

不同生态区位的生态环境、生态保护程度、对不同土地利用类型的生态需求有较大的差异。对生态系统服务的受益主体进行分析，可结合国土空间规划，以"生态—经济"紧密联系为重要依据，划定以塞罕坝机械林场为核心，流域、防风固沙地带等为对象的跨地区生态产品价值实现区。

塞罕坝为生态系统服务生产和消费的核心，林场提供的生态系统服务从中心向周边辐射，带动周边区域可持续发展，筑牢生态安全屏障。对林场进行科学分区，可充分发挥核心地域的生态建设引领作用，全面提升生态保护与可持续发展能力，培育健康稳定优质高效的森林生态系统，打造生态保护与环境治理国际化合作交流平台。

林场按照功能区划要求和林场肩负的生态、经济、社会责任等实际情况，可进一步划分为自然保护区、森林公园景观林区、生态防护林区和商品用材林区等四类功能区域。各功能区按照森林主导功能进行划分（图6.5），面积分布情况详见表6.4。

表6.4　塞罕坝林场功能区划面积分布情况

序号	功能区	面积（hm²）	面积占比（%）
	合计	92634.7	100.0
1	自然保护区	20029.8	21.6
2	森林公园景观林区	15269.2	16.5
3	生态防护林区	31322.4	33.8
4	商品用材林区	26013.3	28.1

1. 自然保护区

根据《国务院办公厅关于发布河北塞罕坝等19处新建国家级自然保护区名单的通知》，自然保护区总面积20029.8hm²，涉及三道河口、北曼甸、阴河和千层板4个林场。

自然保护区以保护森林草原湿地交错带生态系统及其野生动植物物种为宗旨。其主要特征是森林和野生动植物资源丰富，集中了林场特殊、稀有的野生生物物种，是各种原生性生态系统保存最好的地段。

2. 森林公园景观林区

森林公园景观林区涉及大唤起林场、第三乡林场、阴河林场、北曼甸林场、千层板林场。以塞罕坝国家森林公园木兰景区、梨树沟景区、龙泉景区、塞罕塔景区、亮兵台景区和石庙子景区共6个景区为核心，以林区公路为纽带，将景区范围内和主要公路沿线地区划定为景观林区，总面积15269.2hm²。

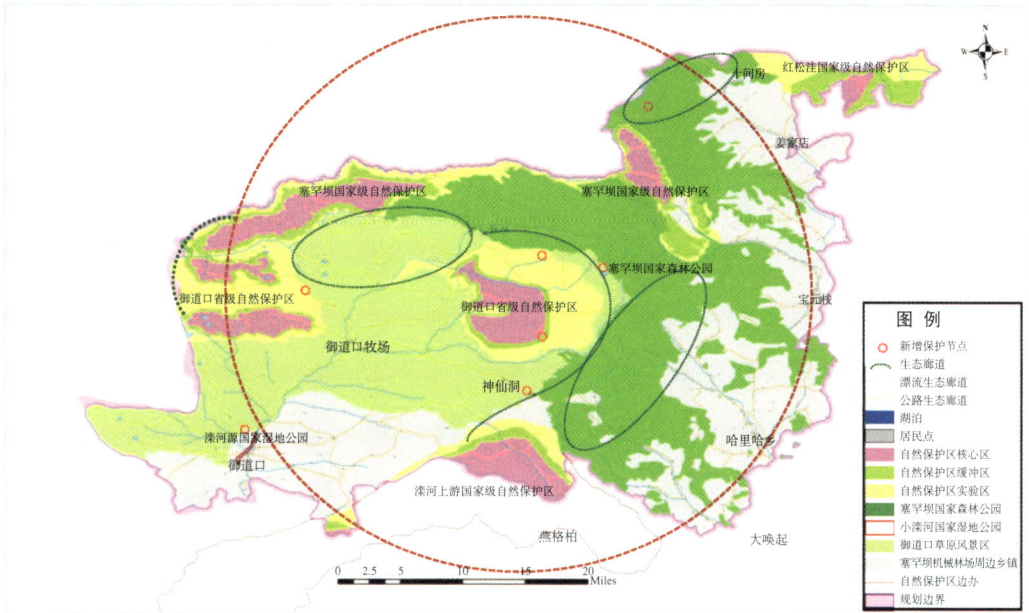

图 6.5　塞罕坝机械林场及周边区域森林草原保护网络规划图

森林公园景观林区景观资源丰富，林场主要景点均在本区。其主要特征是道路密度较大，生态旅游季节游客较多，森林和野生动植物资源受到干扰的程度也较大。

3. 生态防护林区

生态防护林区包括千层板林场、大唤起林场、第三乡林场、阴河林场、北曼甸林场的接坝山地，总面积31322.4hm²。

生态防护林区是林场进行生态建设的主要区域。其主要特征是立地条件相对较差，山高坡陡，土壤瘠薄，生态环境相对脆弱且重要，分布有落叶松、樟子松人工林和柞树、桦树等天然林，为4个功能区中最大的区域。

4. 商品用材林区

商品用材林区分布在大唤起林场、第三乡林场、阴河林场、北曼甸林场、千层板林场的5个曼甸上，总面积26013.3hm²。

商品用材林区是林场主要商品用材生产基地。其主要特征是立地条件相对较好，地势相对平坦，土壤相对肥沃，森林资源以人工落叶松林为主。

（二）生态系统服务的受益主体

如表6.5所示，对塞罕坝生态系统服务涉及的受益主体进行分析，可以从全球、国家、区域和当地4个层次进行分析。

从当地层次来看，享受林场供给的生态系统服务的主体主要为林场周边居民、游客和当地政府。其中林场周边居民享受的惠益还包括就业机会。主要是建场以来林场累计提供就业岗位超过2500个，其中安置毕业生、退伍军人和社会招工1260人。林场现有职工1990人；林场每年提供的临时就业岗位240万人；另外，林场所在地的各种产业、事业也提供了大量的劳动就业岗位。生态旅游主要以塞罕坝国家森林公园为载体。塞罕坝国家森林公园以森林景观为主体，兼具草原、河流、湖泊、天象等自然景观，并有木兰秋狝皇家文化的底蕴和满蒙民族文化风俗，森林葱郁，景色壮观。

从区域层次来看，滦河和辽河两大河流域、京津地区的居民以涵养水源、防风固沙两类生态系统服务为主要需求。森林保持水土、涵养水源和防风固沙等生态效能不断加强，生物资源及森林、湿地、草原生态系统和野生动植物资源得到全面有效保护。

从国家层次来看，目前林业碳汇成为国家重要的应对气候变化的政策工具。碳汇造林是指在确定基线的土地上，以增加碳汇为主要目的，对造林及其林木（分）生长过程实施碳汇计量和监测而开展的有特殊要求的造林活动。与普通的造林相比，碳汇造林突出森林的碳汇功能，具有碳汇计量与监测等特殊技术要求，强调森林的多重效益，有助于物质资本换取生态资本和自然资本。长期来看利于国民财富的积累和提质，实现可持续发展；短期内则可以增加绿色投资，促进国内绿色消费，带动国内循环。

从全球层次来看，科研文化服务是比较特殊的需求。建场以来，林场在高海拔地区实施工程造林、森林经营、防沙治沙、有害生物防治、野生动植物资源保护与利用等，取得了许多创新性成果，被国内10余所大学、科研机构确定为科研和教学基地，被国家确定为生态教育示范基地和思想教育基地。接待国外专家学者参观考察、参加各类国际研讨会等，展示了中国林业建设的成果和中国务林人的风采。

表6.5 生态系统服务供给和需求表

供需关系	层次	对象	主要需求	供给
供给者		塞罕坝机械林场	接受生态系统服务付费	生态系统服务
消费者	当地	林场周边居民	清洁的空气和水源、森林防护和保育土壤、良好人居环境、就业机会	劳动力
		游客	休闲游憩	旅游消费
		当地政府	当地生态环境改善，当地居民安居乐业，生物多样性保护	财政转移支付
	区域	流域下游居民	涵养水源	跨区域生态补偿
		京津冀居民	防风固沙、保育土壤	跨区域生态补偿

供需关系	层次	对象	主要需求	供给
		区域政府	区域生态环境改善，当地居民安居乐业，生物多样性保护	跨区域财政转移支付
	国家	高污染企业	购买碳汇配额	碳汇配额付费
		中央政府	国家生态环境改善，全国居民安居乐业，生物多样性保护	财政转移支付
	全球	全球居民	固碳释氧、净化大气环境	生态系统服务付费
		科研人员	科研基地、森林文化	先进技术等科研成果
		国际组织	世界生态环境改善，世界居民安居乐业，生物多样性保护	国际组织的项目参与补偿模式

三、塞罕坝生态补偿标准测算

林场的生态环境资源被认为是公共物品，现行市场体系不能够有效配置这些公共资源，为此需要通过转移支付或创建市场等生态补偿机制实现生态产品的价值。其中，生态补偿标准或生态产品定价是关键，直接关系到各利益相关方的利益和积极性。生态补偿标准是指在一定社会公平观念和社会经济条件下，对生态补偿支付的依据。生态保护者为了保护生态环境，投入的人力、物力和财力应纳入补偿标准的计算之中。同时，生态保护者由于保护生态环境，牺牲了部分的发展权，这一部分机会成本也应纳入补偿标准的计算之中。本研究中，生态补偿标准的确定按照以下4个方面进行初步估算：按生态保护者的直接投入成本和机会成本、基于效用评估的生态系统服务价值、支付意愿或受偿意愿确定补偿标准。生态保护者的直接投入是其用于生态系统服务生产已经付出的成本，通常是生态补偿的下限，但是他们为生产生态系统服务所牺牲掉的机会成本却没有被计算进去；基于效用评估的生态系统服务价值，虽然根据参数选择的差异会有所不同，但是其评估值通常很高；直接调查访问者支付意愿或受偿意愿能够对生态环境的使用价值和非使用价值进行考量，但是要求受访者熟悉调查内容，调查问题的设置会一定程度上影响评估结果，为此需要事前做好预调查、精心设计调查问卷并进行合理的访谈与调查，以尽可能减少各种偏差。

（一）基于生态保护和建设成本的生态补偿标准测算

过去5年来，塞罕坝机械林场生态保护和建设的实际投资逐年上升（图6.6），主要用于生态修复治理与林业草原服务、保障和公共管理两个方面，其中，生态修复治理支出主要用于造林与森林抚育、湿地保护与恢复；林业草原服务、保障和公共管理支出主要用于林业草原有害生物防治、林业草原防火、自然保护地监测管理、野生动植物保护等。2021年，林场实际投资16386万元，资金来源于中央预算内基本建设资金4202万元（占比26%）、中央财政资金5377万元（占比33%）以及地方财政资金6807万元（占比42%）。资金支出主要用于林业草原服务、保障和公共管理，共14245万元（占比87%），比2020年显著增加，是2020年该方面投资额的2.3倍。

2019—2021年林场每年生态保护与建设的实际投资增长约3000万元，相比于2017年和2018年的实际投资成倍增加。林场投资于生态系统服务建设的直接成本，理论上应该作为生态补偿标准的下限。以2021年为例，根据林场统计公报，林场实际生产投资16386万元，在岗职工年工资总额为9532.51万元，林业生产与人员支出合计为25918.51万元，按照林场有林地面积74777.45hm²计算，生态补偿标准为每年每亩231.07元。

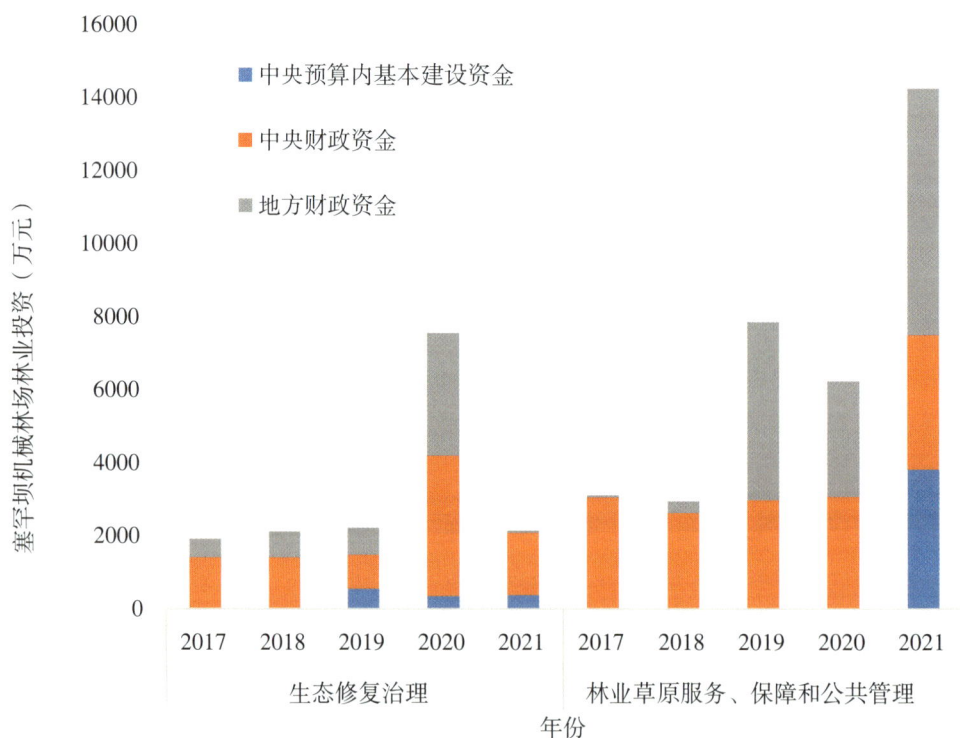

图6.6 塞罕坝机械林场2017—2021年林业投资情况

（二）基于机会成本的生态补偿标准测算

机会成本在经济学中被定义为"为得到某种东西而必须放弃的东西"，应用到生态补偿机制中，就是生态系统服务的提供者为了保护生态环境所放弃的经济收入、发展机会等，具体而言，生态补偿中的机会成本一般可以分为两个部分：土地利用成本和人力资本。目前，对人力资本的研究较少，主要集中于与生态环境关系密切的土地利用上。机会成本法被认为是目前较为合理且常用的确定生态补偿标准的方法，可以直接补偿生态系统服务提供者保护环境所遭受的经济损失。在生态保护过程中，保护者放弃了很多机会，不仅仅是农业或者林业的收入，也包括矿产资源或者发展工业等，这种机会成本通常是相当高的，目前所考虑的仅仅是机会成本的一部分。

过去5年，林场林业产值呈现波动变化趋势（图6.7），在2020年的短暂下降之后于2021年达到新高，为47191万元，比2017年增长了27%。以2021年为例，林场林业产值主要来源，首先是林业公共管理及其他组织服务（占比48%）；其次是木材采运（占比33%）；再次是林业系统非林产业（占比13%）；最后分别是营造林（占比5%）、林木育苗（占比0.86%）和林业旅游与休闲服务（占比0.67%）。

其中，林场木材采运产值主要源于旨在进行森林培育的抚育间伐活动，为了生态保护而放弃了更新采伐。根据林场2012年和2020年森林资源调查，有林地蓄积量从

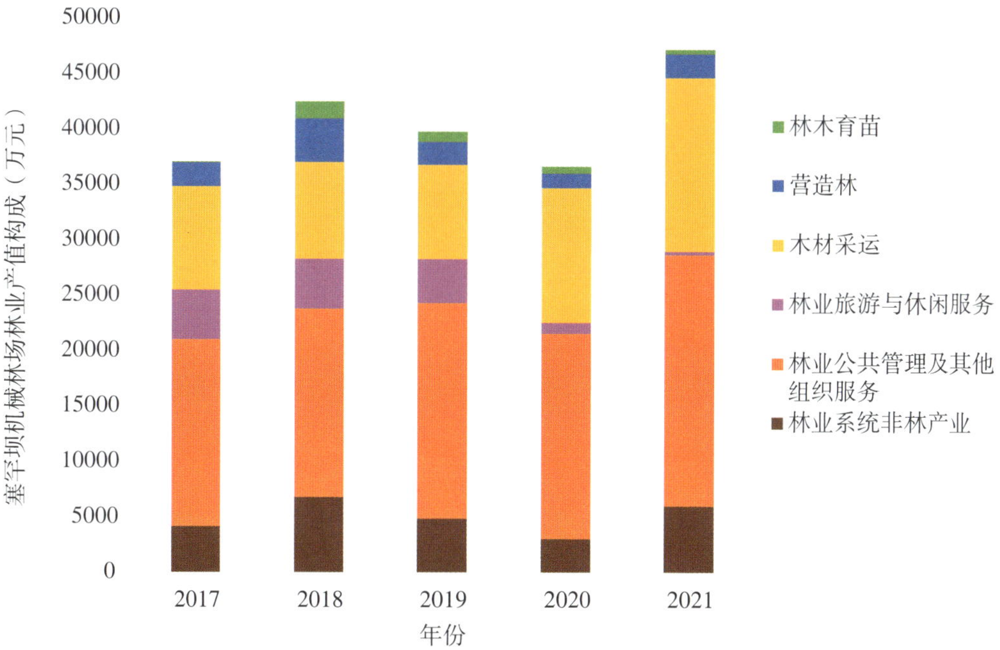

图6.7 塞罕坝机械林场2017—2021年林业产值情况

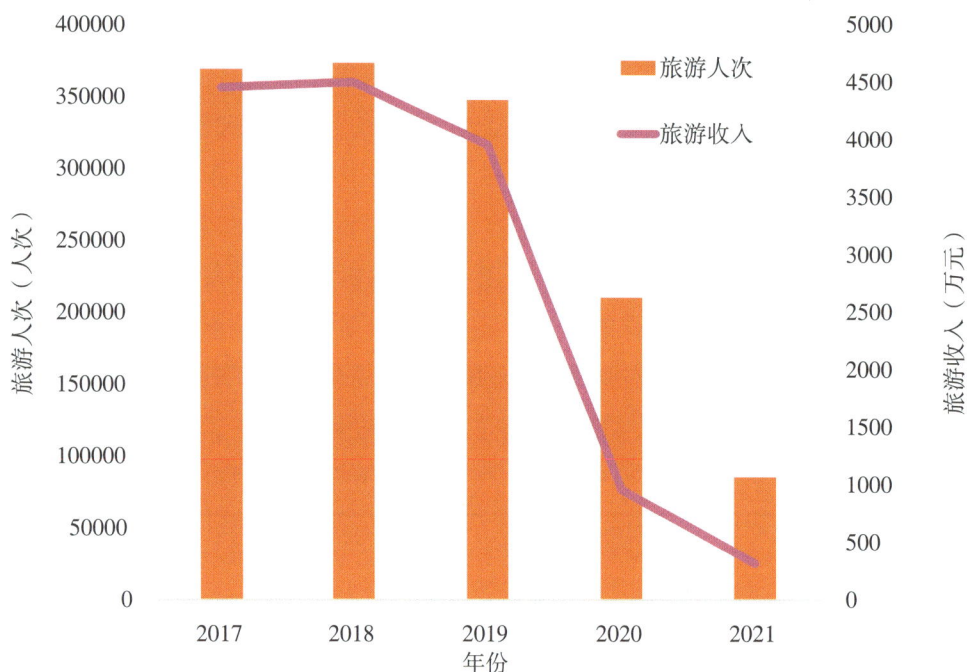

图 6.8　塞罕坝机械林场 2017—2021 年林业旅游与休闲情况

2012 年的 809.92 万 m³ 增加到 2020 年的 1036.77 万 m³，平均每年增加 28.36 万 m³，2021 年抚育间伐 13.89 万 m³。如果林场能够正常进行木材生产，按照采伐量为生长量的 80% 计算，林场可多采伐 8.80 万 m³，根据产品销售实际平均价格 1131 元/m³ 计算，林场木材收入损失为 9952.11 万元。

另外，林场林业旅游与休闲服务产值显著下降（图 6.8），一方面是由于新冠疫情的影响，旅游人次急剧减少，从 2017 年的 36.90 万人次减少为 8.54 万人次，减少了 76.86%；另一方面是由于政策调整，林场将转为公益一类单位，逐步放弃林业旅游与休闲产业，旅游收入从 2017 年的 4456 万元减少为 2021 年的 318 万元，减少了 92.86%。如果按照 2017—2019 年的林业旅游与休闲产业平均产值计算，林场林业旅游与休闲服务收入损失为 4303.33 万元。

如果将林场木材收入损失和林业旅游与休闲服务收入损失作为机会成本，则机会成本合计为 14255.44 万元，按照林场有林地面积 74777.45hm² 计算，生态补偿标准为每年每亩 127.09 元。

（三）基于生态产品价值的生态补偿标准测算

效用价值法是测度生态系统服务价值的常用方法，其核心内容是运用市场价值法、机会成本法、基本成本法、人力资本法、生态成本法和置换成本法等，估算出生态系统服务的价值，并且利用估算出的价值进一步确定生态补偿的标准。按照上述方法计算的生态系统服务的价值往往非常大，如Costanza计算的全球生态系统服务的价值比同期世界国民生产总值高18万亿美元。一般情况下，生态系统服务的价值与能够提供的生态补偿差别巨大，其次，而且很难区分出保护到底带来了多少增加的生态系统服务功能，即补偿的生态系统服务价值与整体的生态系统服务价值存在差异。因此，寻找生态系统服务价值与生态补偿标准之间的关系是效用价值法在应用中的难点。而且，不同地区的生态系统服务价值和支付能力存在较大的差异。尽管如此，生态系统服务价值仍然可作为生态补偿标准确定的依据之一，即把生态系统服务的价值作为生态补偿的理论标准，作为生态补偿的上限。2021年，基于效用价值法计算得到塞罕坝机械林场森林生态产品供给价值为每年每亩10917.38元，湿地生态产品供给价值为每年每亩10414.17元，由此森林与湿地生态补偿标准的上限可分别确定为每年每亩10917.38元和10414.17元，如果按照森林与湿地面积加权平均计算，塞罕坝机械林场生态补偿标准上限为每年每亩10875.08元。利用恩格尔系数和修正的皮尔生长曲线函数可以计算发展阶段系数，以及补偿阈值的动态值。

（四）基于受偿意愿的生态补偿标准测算

意愿调查法把生态补偿利益相关方的收入、直接成本和预期等因素整合为简单的意愿，避免了大量的基础数据调查，而且根据意愿调查获得的数据能够得出生态系统服务提供者自主提供优质生态系统服务的成本，也可以得到补偿提供者所愿意支付的最大值。根据对塞罕坝机械林场职工提供生态系统服务的受偿意愿调查，得到基于受偿意愿的生态补偿为每年每亩653.39元。

（五）基于支付能力的生态补偿标准及动态调整

综合考虑上述基于生态保护与建设的直接成本、机会成本、生态产品价值和受偿意愿，结合财政转移支付能力，可逐步调整生态补偿标准。第一阶段，最低补偿标准仅考虑生态保护与建设的直接成本，为每年每亩231.07元；第二阶段，在直接成本的基础上增加机会成本，生态补偿标准增加为每年每亩358.16元；第三阶段，按照受偿意愿进行补偿，生态补偿标准增加为每年每亩653.39元；第四阶段，根据发展阶段系数计算的生态产品价值动态调整生态补偿值。

四、塞罕坝生态补偿的实现机制

根据补偿支付手段不同，目前生态产品价值实现主要分为三类：公共财政补偿、跨区域生态补偿和市场机制补偿，具体机制如表6.6所示。

表6.6　生态产品价值实现的主要机制

类别	实现模式	参与主体			支付工具	定价方式
		购买方	中介	供应方		
公共财政补偿	转移支付/直接投资	政府	政府设立的实施机构	土地管理者	支付投资协议	单独协商
	政府补贴/税收优惠	政府	政府设立的实施机构	土地管理者	补贴协议、地役权合同	固定标准、直接协商、投标
跨区域生态补偿	转移支付、项目开发和环境服务收费	政府	政府设立的实施机构	政府、土地所有者	支付投资协议	直接协商、投标
市场机制补偿	保护性地役权交易	土地信托基金	——	土地使用者	地役权合同	直接协商、接受捐赠
	生态服务收费	直接受益的企业与个人	政府、非政府环保组织、当地社区等	森林所有者/管理者	使用费	政府定价、直接协商
	信用额度交易	政府、企业、非政府组织、消费者	交易所、中间商、信用额度批发商、零售商等	生态服务项目开发者	生态服务信用额度及其衍生品	交易所定价、场外交易协商、中间商撮合等
	生态标签	消费者	生态标签认证机构	相关产品生产商	贴有生态标签的商品	商品市场竞争性定价
	股权融资	国际环保组织、股票市场	国际环保基金	私营企业主	风险投资、股票投资	直接协商

（一）公共财政补偿机制

公共财政补偿机制是由政府通过转移支付、直接投资或各种补贴和税收优惠政策等手段来维持和改善生态系统服务。

财政转移支付是生态产品价值实现最直接的手段，也是最容易实施的手段。塞罕坝机械林场可在目前财政政策框架的基础上，根据林场生态功能区划，增加自然保护区、生态防护林区以及完成林场生态环境保护目标和生态保护工作进展迅速地区的补助和奖励，形成激励机制。针对限制开发区、禁止开发区，增加财政转移支付力度，保障当地居民在教育、医疗、社会保障、公共管理、生态保护与建设等方面享有均等化的基本公共服务。

补贴和优惠的税收政策也是维持和促进生态系统服务供给的有效手段，税收能够建立稳定、持久的资金供给渠道。给予生态系统服务的供给者优惠的税收政策，对于生态系统服务的使用者逐步提高税率、扩大征收范围、完善计税方法，促进使用者珍惜资源和节约资源。

法律保障是有效实施公共支付制度的重要措施，生态产品价值实现政策的法律化也在不断完善。我国出台并完善了许多和生态产品价值实现相关的法律法规，如《中华人民共和国森林法》《中华人民共和国水土保持法》《中华人民共和国防沙治沙法》《中华人民共和国水污染防治法》等。在1979年出台的《中华人民共和国环境保护法（试行）》中提出了谁污染谁治理的原则，表明了我国资源利用收费的态度，后续相关法律法规依次颁布修订，均对建立生态产品价值实现机制提出了明确要求，要求当地政府对治理保护者进行经济补偿，为生态产品价值实现提供法律保障。

（二）跨区域生态补偿机制

当前人类活动造成的环境问题的影响往往跨越地区边界，生态治理、生态保护，需要不同行政地区之间的协同协作，形成生态共建共享的良性机制。在此背景下，以构建跨地区生态补偿为抓手，建设以流域、防风固沙地带等为区域载体的生态共建共享机制，对于更好实施区域协调发展战略、推动生态文明建设具有重要意义。推动实施跨地区横向生态补偿，可以在协商一致的前提下，定量各区域和特定市场主体所分享的公益性生态环境效益和直接经济效益，并按照收益比例分担生态建设和环境保护成本。

塞罕坝机械林场作为滦河、辽河流域发源地，可以水质和水量控制为核心，与下游地区的政府等利益相关者通过协商建立流域环境协议，明确流域不同河段水质和水量要求，同时明确达标的补偿责任与不达标的赔偿责任。与下游地区的协议形式可以采取区域政府财政转移支付、项目发展扶持、异地开发、流域综合治理和环境服务付费等措施进行生态补偿。在目前取水许可证制度的基础上，进一步建立和完善水权初始分配制度和水权交易制度；完善水环境功能区划管理制度，考核流域交界断面水质；积极构建流域利益相关者磋商渠道、平台和政策依据，并完善有关仲裁制度。

塞罕坝机械林场作为京津地区的一道绿色生态屏障，可与京津地区签订环境协议进行补偿，基本原理与流域补偿类似。

（三）市场化生态产品价值实现机制

市场支付是在市场机制的作用下，生态系统服务的供给方与受益者之间根据市场规则进行的交易或补偿。这种支付模式赖以存在的基础是森林生态服务价值的供给者和潜在使用者之间进行广泛磋商，调动相关各方参与。市场支付包括私有业主的自主协议、中介支付、政府引导的开放的市场贸易和间接市场支付等形式。

私有业主的自主协议。塞罕坝机械林场作为上游的土地所有者，可以与下游需要清洁水源的企业达成协议，对水源地进行森林管理以提供涵养水源、净化水质的生态系统服务。通过促进造林和再造林、森林管理控制土壤侵蚀、保护水源，促进上游社区的经济发展，使下游企业达到生态要求。

通过中介支付。中介可以降低交易成本和风险，提供技术支持，明确和界定财产所有权，建立审核程序等。中介通常由非政府组织、社区组织和政府机构担当。如下游的水电公司为获取稳定的水流，以当地组织或非政府组织为中介，为上游的塞罕坝机械林场补偿森林经营和再造林的部分成本，提高了林场的森林覆盖率，通过保护与更新扩大森林面积，提升森林质量。

政府引导的开放的市场贸易。这要求具备相对健全的环境规章，政府制定严格的生态标准，如对于企业规定碳排放量，没有达标或超标的部门可以对指标进行买卖。在这种体系下，政府的立场其实是：只要环境总体质量达到标准或者实现了森林覆盖目标，政府并不关心保护责任由谁来承担、措施由谁来实施。成功推行的两个关键因素是强有力的管理体系和高效的监控体系。到目前为止，森林碳汇市场还没有形成由供求均衡决定价格的市场机制，而是一个以林业项目（如造林、再造林、森林经营、避免毁林等）投资为基础，并获取由此产生的碳信用的松散的交易集合。大部分林业碳项目所产生的碳信用主要通过自愿碳市场进行交易，随着碳交易市场的发展，林业碳信用交易量迅速增加。

间接市场支付。生态标签是实现森林生态服务补偿的间接市场支付方式，是利用市场机制促进森林资源可持续利用和保护的重要工具。典型的例子如森林认证。森林认证由独立第三方机构依照森林可持续经营与保护的标准对森林相关产品的生产、销售等环节进行检验，认可后发放森林认证标签。通过在市场上以较高价格购买经认证的、以环境友好方式生产的木材或林产品，消费者实质上向产品生产者支付了额外生态服务费用，间接地支持森林经营与保护。

除了公共支付和市场支付方式之外，一些国际机构、环保组织以及环保志愿者作为森林生态服务的买方，自愿捐资改善森林资源管理，以维持和增加森林生态服务的供给。例如世界银行、全球环境基金、世界自然基金会等在世界各地通过资助项目的形式改善当地的森林流域和生物多样性的管理。这些重要的环境保护活动参与者通过在发展中国家建立基金，援助各种团体保护生物多样性。例如，哥斯达黎加的生态服务补偿计划得到了世界银行和全球环境基金的支持，并成为世界上积极创建和完善森林生态服务补偿机制的领头羊。减少发展中国家的毁林和森林退化排放及通过可持续经营森林增加碳汇行动（REDD+），作为单独条款被纳入《巴黎协定》中，成为全球气候制度发展的一个核心要素，其实质就是通过经济激励与市场机制保护森林生态系统服务特别是森林碳服务。各国的REDD+项目的发展都得到了世界银行生物碳基金、联合国环境规划署和联合国粮农组织等国际组织的支持。国际机构参与森林生态产品价值实现的研究与实践极大地推动了森林生态产品价值实现机制以及森林生态服务市场化的发展，进而促进了森林资源的保护与经营。

五、完善塞罕坝生态补偿的政策建议

（一）生态补偿战略目标

根据2021年9月中共中央办公厅、国务院办公厅印发的《关于深化生态保护补偿制度改革的意见》，到2025年，与经济社会发展状况相适应的生态保护补偿制度基本完备。以生态保护成本为主要依据的分类补偿制度日益健全，以提升公共服务保障能力为基本取向的综合补偿制度不断完善，以受益者付费原则为基础的市场化、多元化补偿格局初步形成，全社会参与生态保护的积极性显著增强，生态保护者和受益者良性互动的局面基本形成；到2035年，适应新时代生态文明建设要求的生态保护补偿制度基本定型。同时，提出建立健全分类补偿制度，健全公益林补偿标准动态调整机制，鼓励地方结合实际探索对公益林实施差异化补偿。建立健全以国家公园为主体的自然保护地体系生态保护补偿机制，根据自然保护地规模和管护成效加大保护补偿力度。逐步建立统一的绿色产品评价标准、绿色产品认证及标识体系，健全地理标志保护制度等。

结合塞罕坝机械林场的实际情况，到2025年，充分考虑生态保护与建设的直接成本和机会成本，生态补偿标准达到每年每亩358.16元，同时开展林业碳汇交易，初步形成以财政转移支付为主体的市场化、多元化补偿格局；到2035年，动态调整生态补偿标准，充分考虑林场的受偿意愿，根据生态保护和管护成效加大补偿力度，生态补偿标准增加到每年每亩653.39元，利用当地资源优势，积极发展绿色产业。

（二）生态补偿实现路径与政策建议

生态补偿按照类型可以分为公共财政补偿、跨区域生态补偿和市场化补偿。公共财政补偿是政府直接拨款或主要引导整个补偿流程，通常执行力强，补偿资金有保障。跨区域生态补偿目前以不同政府为主要参与者，对宏观区域内生态系统服务进行交易。市场化补偿通过价格机制引导市场主体自愿决定补偿与否、补偿的数额和方式等。实现生态补偿战略目标，需要充分发挥体制机制优势，积极探索森林生态服务市场交易机制，进一步优化资源配置，充分发挥社会资金的作用，鼓励和引导更多的社会资金投向森林生态建设，使森林资源的利用、森林生态服务的享用不再是免费的午餐，逐步建立政府引导、市场推进和社会参与的市场化生态补偿机制。

1. 立法保障利益相关主体权益，强化政策执行效果的监督

建立一个长效、稳定的生态补偿法律机制对保护中国的生态环境、改善中国的环境质量、提高森林生态建设者的积极性都是非常重要的。生态保护受益主体不愿主动承担补偿责任，原因在于，一是森林生态服务使用多少难以跟踪，其价值不易衡量，补偿主体不认可应承担的补偿责任；二是森林生态补偿后生态改善的效果缺乏监管，对补偿对象参与生态保护与建设的约束力不足。因此，完善林场生态补偿机制，就是要厘清林场生态补偿与生态改善的关系，并通过立法保障利益相关主体的权益。鉴于生态补偿机制是一项公共事业，具有绝对的全局性和相当的复杂性，从而需要补偿的大多为弱势群体，因此国家要从法律上给予支援，尽快建立健全相关法律，加强评估监督，建立补偿评估与约束机制，实行结果导向型生态补偿。

2. 建立多元化生态补偿机制

中央和地方各级政府在建立生态补偿机制之前，需要根据主体功能区划确定生态补偿的实施范围。对禁止开发区、限制开发区、重点和优化开发区等分别采取不同的措施。对于大尺度流域，森林生态服务的受益者众多，且森林生态服务的提供者众多的情况，适宜采取公共财政补偿支付方式；对于小尺度流域，森林生态服务受益者较少且比较明确，而且森林生态服务的提供者在可控制的数量之内，适宜采取一对一交易的方式；对于森林生态服务可被标准化为可分割、可交易的商品形式，则适宜建立市场交易体系和规则，采取市场贸易的方式，如森林碳服务、森林游憩服务；对于能为以生态环境友好方式生产出来的产品提供可信的认证服务，如森林认证，则适宜采取生态标签的方式。

3. 充分发挥市场化补偿机制的作用，调动利益相关主体的积极性

由于森林生态服务的非排他性，其需求方往往是比较模糊的群体；森林生态服务本身难以度量，直接定价也非常困难；此外关于森林生态服务的产权制度也不明晰；这一系列因素都使森林生态服务市场不同于一般意义上的私人产品市场。因此，我国的森林生态补偿机制多由中央和地方政府主导，缺乏中小利益相关主体的参与，市场化补偿机制没有充分发挥作用。导致生态保护受益者不愿支付补偿，利益受损者不知道该得到多少补偿，各利益相关主体对完善生态补偿机制都没有积极性。因此，借鉴国内外成熟经验，在森林生态补偿机制中更多发挥市场的作用，政府可作为森林生态服务的购买者，同时制定森林生态补偿相关政策、法规，积极引导市场的形成与成长，对于相对较为成熟且具有较好前景的森林生态旅游市场给予鼓励和政策扶持，促进其发展壮大，从而不断扩大补偿资金来源，建立森林生态建设与保护的长效投入机制。

4. 充分利用林业碳交易市场推进森林可持续经营

积极鼓励开发林业碳汇项目，争取更多的林业碳汇项目（CCER）进入碳市场中进行交易。森林和林业在国家应对气候变化和低碳发展战略，以及生态文明建设中将发挥更大的作用，林业碳汇不仅有助于减缓气候变化，而且有助于促进生态建设、环境保护和社区发展。为此建议为林业碳汇项目CCER保留更大的空间，建议将林业纳入配额分配体系，从而鼓励发展林业碳汇项目，促进全社会参与植树造林和森林经营与保护。

对林业碳汇交易采取灵活优惠的扶持措施。考虑到林业碳汇的复杂性、非永久性、碳泄漏等特殊性，以及林业碳汇项目开发与执行成本高而碳价低等因素，建议通过预留碳信用、保险等措施规避碳损失风险。建议国家对林业碳汇项目计量、核查等相关的数据体系建设、审核能力建设等方面给予扶持，降低林业碳汇项目开发成本、提高项目执行能力。从其他国家经验来看，在排放量测量、报告和核查方面，各国均采取了灵活的碳汇计量办法，在体现真实、准确数据的基础上，方便了各方操作，有利于促进林业碳汇交易。

完善林业碳汇交易制度建设。全国碳市场仍在建设规划期，目前全国市场的规范性文件只有国家发展改革委发布的项目管理暂行办法和配额交易暂行办法，其余的均为地方性政府法规。2016—2017年是我国碳市场吸收和发扬试点经验，承上启下做好碳市场建设，催化各类全国性地方性配套实施细则出台的关键时期，为全国碳市场启动做好政策层面的准备。启动全国碳市场面临着立法保障、技术方法选用、历史数据处理、配额分配、审核管理、企业和个体参与等多方面的挑战，每个方面都需要有明确的政策指引细则，这些对各个行业和领域包括林业碳汇都将产生深远的影响，在整

体制度设计中建议优先考虑林业碳汇等绿色项目的发展。

逐步与国际核证碳减排标准接轨。当前各国的碳市场独立运行，没有统一的制定配额的方式和标准，配额价格和市场运行存在显著差别。我国在植树造林增加森林面积，以及加强森林经营和保护增强森林固碳能力等方面的潜力巨大，林业碳汇供给能力强，应该利用国际国内两个市场推进林业碳汇项目的发展，将全国碳市场延伸至"一带一路"和其他欠发达地区，从而加强林业融资，促进植树造林和森林可持续经营，促进森林生态安全和木材安全。

（王登举　吴水荣　郭同方）

塞罕坝
新时期发展
战略研究

第七章　塞罕坝木材生产经营战略

　　坚持绿水青山就是金山银山的发展理念，是塞罕坝机械林场可持续发展的基本原则。塞罕坝机械林场要在坚持生态保护优先的基础上，充分发挥全国森林可持续经营试点单位的作用，提升木材生产效能，努力成为木材生产经营与生态协调发展的全国领先、国际先进的现代化国有林场。

一、塞罕坝木材生产经营基本情况

（一）木材经营现状

塞罕坝机械林场是全国最大的人工林林场，也是华北地区最大的中小径级用材林基地。木材生产是塞罕坝机械林场重要的经济来源，从林场2017—2021年年报中分析，林场木材销售量平均为10万 m³，呈现逐年上升的趋势。2021年收入达到1.6亿元，是林场重要的收入来源（表7.1）。

表 7.1　塞罕坝木材销售收入表

年份	木材销售实际平均价格（元 /m³）	木材销售收入（元）	木材销售量（m³）
2017	981	93200000	95050
2018	895	87240476	97475
2019	787	85280000	108300
2020	906	121420000	133973
2021	1131	156980000	138850

（二）木材供给潜力分析

经过三代建设者近60年的努力，林场森林面积和蓄积稳步增加：林地面积由1.6万hm² 增加到7.7万 hm²，森林覆盖率从11.4%提高到82%，林木蓄积量由33万 m³ 增加到1036万 m³。乔木林平均蓄积量达138.6m³/hm²，每公顷乔木林年均生长量为6.59m³，全场林分年生长量49.3万 m³。

1. 林龄林种结构现状及木材生产方式

林场人工林面积54322.49hm²，蓄积8186143m³，分别占全场森林总面积和总蓄积的72.6%和79.0%；商品林面积534033.91hm²，蓄积4984730m³，分别占45.5%和48.1%。从林龄结构来看，乔木林中幼龄林、中龄林、近熟林、成过熟林的面积和蓄积比重分别为27.9%、30.4%、24.6%、17.0%和8.2%、27.1%、37.2%、27.5%，其中近熟林蓄积量达到了3861804m³（表7.2）。一方面，中幼林面积和蓄积比分别占58.3%和35.3%，亟待通过实施中幼林抚育调节林木竞争，改善林木生长空间，促进保留木的生长，在促进林分生长的同时获得小径材产出。另一方面，全场近成熟林蓄积占63.0%，通过延长轮伐期，变轮伐为择伐，采用目标树经营技术，伐除干扰树，同时补植高价值树种，可培育连续覆盖的异龄林，实现持续均衡的大径级木材产出，形成稳定高质的森林生态系统，发挥森林的多种功能，改变林场"一松独大"的局面。

表 7.2　塞罕坝乔木林各龄组面积、蓄积和单位蓄积统计表

龄组	面积（hm²）	面积百分比	蓄积（m³）	蓄积百分比	单位蓄积（m³/hm²）
总计	74777.45	100	10367661	100	138.6
幼龄林	20874.21	27.9	848999	8.2	40.7
中龄林	22726.64	30.4	2806052	27.1	123.5
近熟林	18405.36	24.6	3861804	37.2	209.8
成熟林	11920.57	15.9	2673536	25.8	224.3
过熟林	850.67	1.1	177270	1.7	208.4

从林场林种结构上看，防护林面积30448.9hm²，蓄积4000968m³，分别占40.7%和38.6%；特种用途林面积18607.6hm²，蓄积2712568m³，分别占24.9%和26.2%；用材林面积25720.9hm²，蓄积3654125m³，分别占34.4%和35.2%。

林种结构特征要采用不同的林场木材生长和利用方式，对于生态防护为主导目标的公益林应严格执行公益林管理办法，根据其生态状况需要开展抚育和更新采伐等经营活动，应当符合《生态公益林建设导则》（GB/T 18337.1—2001）、《生态公益林建设技术规程》（GB/T 18337.3—2017）、《森林采伐作业规程》（LY/T 1646—2005）、《低效林改造技术规程》（LY/T 1690—2007）和《森林抚育规程》（GB/T 15781—2015）等相关技术规程的规定，以优化公益林林分结构、提升公益林林分质量为目标，在抚育和更新采伐的过程中，可适度收获一些中、小径级的木材。对于木材生产为主导目标的商品林，在木材培育和生产的过程中也应按《速生丰产用材林培育技术规程》（LY/T 1706—2007）、《森林采伐作业规程》（LY/T 1646—2005）和《森林抚育规程》（GB/T 15781—2015）等相关技术规程的规定，按照林木生长规律，逐步培育不同规格的小、中、大径材。

2. 树种和材种结构现状

林场以落叶松、桦树、樟子松为三大造林树种，三者蓄积百分比分别为51.1%、21.4%和16.1%，蓄积百分比分别为63.5%、19.2%和13.3%，面积和蓄积量占林场有林地总面积和总蓄积量的88.6%和96.1%，落叶松、桦树、樟子松三大造林树种其木材材性符合在目前木材工业的主流产品中使用，见表7.3。据估算，林场年林分年均生长量492593m³，其中落叶松年生长量336646m³，樟子松年生长量78975m³。每公顷乔木林年均生长量为6.59m³。优势树种落叶松8.82m³/hm²，樟子松6.55m³/hm²，油松4.55m³/hm²，

桦树4.04m³/hm²，柞树1.03m³/hm²。

林场乔木林各胸径等级中，中径组乔木面积、蓄积所占比例最大，分别为53.5%和66.6%。中径组胸径可达到13~24.9cm，大径组胸径可达到25~36.9cm，见表7.4。通过抚育间伐产出中小径材，通过目标树经营，产出中大径材，可以满足木材工业领域家具、人造板、结构材等木质产品深加工需求。

表7.3　塞罕坝各树种面积、蓄积和单位蓄积比例表

优势树种	面积（hm²）	面积百分比	蓄积（m³）	蓄积百分比	单位蓄积（m³/hm²）
总计	74777.45	100	10367661	100	138.6
落叶松	38182.08	51.1	6587975	63.5	172.5
桦树	16039.33	21.4	1992197	19.2	124.2
樟子松	12052.21	16.1	1378509	13.3	114.4
蒙古栎	3653.89	4.9	134399	1.3	36.8
云杉	3225.69	4.3	135980	1.3	42.2
山杨	745.71	1	71575	0.7	96
油松	667.75	0.9	59710	0.6	89.4
其他	210.79	0.3	7316	0.1	34.7

表7.4　各径组面积、蓄积和单位蓄积统计表

类别(cm)		面积(hm²)	面积百分比	蓄积（m³）	蓄积百分比	单位蓄积（m³/hm²）
合计		74777.45	100	10367661	100	138.6
	＜5.0	8660.51	11.6			
小径组	（5~9.9）	6588.47	8.8	206879	2.0	31.4
	（10~12.9）	6388.92	8.5	415314	4.0	65.0
中径组	（13~19.9）	24010.99	32.1	3540793	34.2	147.5
	（20~24.9）	16023.33	21.4	3363876	32.4	209.9
大径组	（25~29.9）	11406.06	15.3	2487240	24.0	218.1
	（30~36.9）	1699.17	2.3	353559	3.4	208.1

3. 不同树种、不同材种规格近中远期生产潜力

根据林场森林资源调查规划二类调查数据，并结合林场不同林木生长发育规律，综合考虑林种特征、采伐收获方式，分析不同规格木材的产量。因为目前林场的木材销售均为原木销售，本次分析木材产量全部指原木木材产量。

将林场木材生产的周期按照近中期（2023—2035年）和远期（2036—2050年）进行分期，获得塞罕坝林场不同树种、不同规格，分年度产量表（表7.5、表7.6）。

表 7.5 塞罕坝机械林场不同树种大、中、小径材近中期（2023—2035 年）生产规划表

单位：m³

出材量		2023	2024	2025	2026	2027	2028	2029	2030	2031	2032	2033	2034	2035
落叶松	小径材	86391.43	88734.54	91415.64	82330.97	83690.92	82559.69	83466.38	81119.75	78338.43	69512.48	71239.82	67499.01	71938.43
落叶松	中径材	57594.29	59156.36	60943.76	68609.14	69742.43	70097.85	70867.68	70199.79	75325.41	75557.04	77434.59	76703.42	81748.22
落叶松	大径材				1524.65	1549.83	3115.46	3149.67	4679.99	4519.52	6044.56	6194.77	9204.41	9809.79
樟子松	小径材	23282.16	24626.55	27362.36	33424.78	30970.49	33143.64	35395.12	36083.82	34554.10	35622.31	23662.36	25782.21	26749.86
樟子松	中径材	15521.44	16417.70	18241.58	22283.18	20647.00	22095.76	23596.74	24055.88	23036.06	23748.21	29577.95	32227.77	33437.33
樟子松	大径材											5915.59	6445.55	6687.47
云杉	小径材	35054.33	37162.29	41264.56	44762.82	41490.45	44682.58	47624.40	47997.49	43655.10	45789.58	40818.06	43805.90	44368.50
云杉	中径材	3894.93	4129.14	4584.95	11190.71	10372.61	11170.64	11906.10	11999.37	10913.77	11447.39	17493.45	18773.96	19015.07
云杉	大径材													
白桦	小径材	8113.90	7822.67	7601.98	8366.39	8168.09	8058.14	7869.37	8369.94	7819.55	8396.38	8748.61	9472.07	9775.06
白桦	中径材	12170.85	11734.01	11402.96	12549.59	12252.13	12087.21	11804.05	12554.90	9774.44	10495.47	10935.77	11840.09	12218.82
白桦	大径材									1954.89	2099.09	2187.15	2368.02	2443.76
油松	小径材	951.86	951.86	951.86	1046.77	1046.77	573.93	573.93	475.66	475.09	475.09	1035.89	1035.89	1035.89
油松	中径材													
油松	大径材													
其他软阔	小径材	2913.20	3085.42	2927.01	2877.94	5407.11	5876.53	5868.04	5421.04	5458.84	3227.09	3398.53	4080.01	4629.78
其他软阔	中径材	1942.13	2056.95	1951.34	1918.63	3604.74	3917.69	3912.03	3614.02	3639.23	2151.40	2265.68	2720.00	5658.61
其他软阔	大径材													

表 7.6 塞罕坝林场不同树种大、中、小径材生产远期（2036—2050年）规划表

单位：m³

出材量		2036	2037	2038	2039	2040	2041	2042	2043	2044	2045	2046	2047	2048	2049	2050
落叶松	小径材	77029.29	77341.33	74133.87	79112.19	85975.16	84512.64	78096.93	78542.97	49247.71	43000.33	45115.85	42236.26	40633.82	39876.56	36626.99
	中径材	91701.54	92073.01	92667.34	98890.24	113125.21	111200.84	108467.96	109087.45	123119.28	107500.83	112789.64	105590.66	101584.55	99691.41	91567.48
	大径材	14672.25	14731.68	18533.47	19778.05	27150.05	26688.20	30371.03	30544.49	32831.81	28666.89	33836.89	31677.20	33861.52	33230.47	30522.49
樟子松	小径材	28015.72	28626.59	29046.66	32120.62	33030.93	24312.98	23903.77	23764.70	25963.03	25930.18	27623.06	28675.94	29276.19	28989.65	28986.78
	中径材	35019.64	35783.24	36308.32	40150.78	41288.66	40521.63	39839.61	39607.83	43271.71	43216.97	46038.44	47793.23	48793.65	48316.08	48311.31
	大径材	7003.93	7156.65	7261.66	8030.16	8257.73	16208.65	15935.84	15843.13	17308.68	17286.79	18415.38	19117.29	19517.46	19326.43	19324.52
云杉	小径材	47009.74	48575.91	48470.75	53325.17	55046.06	54081.88	53358.90	55516.46	50900.68	51146.20	54910.85	57299.68	57517.66	57765.09	57749.99
	中径材	20147.03	20818.25	20773.18	22853.64	23591.17	23177.95	22868.10	23792.77	33933.78	34097.46	36607.23	38199.78	38345.10	38510.06	38499.99
	大径材															
白桦	小径材	11471.91	12377.57	13959.79	13827.46	15011.40	16928.19	17067.18	18898.16	19062.14	18508.01	15645.62	14325.25	13186.34	12849.07	10648.56
	中径材	16388.45	17682.25	19942.55	19753.52	21444.85	24183.13	24381.69	26997.38	27231.63	26440.01	22350.89	20464.64	18837.63	18355.82	15212.23
	大径材	4916.53	5304.67	5982.77	5926.06	6433.46	7254.94	7314.51	8099.21	8169.49	7932.00	6705.27	6139.39	5651.29	5506.74	4563.67
油松	小径材	1099.25	1099.25	802.46	802.46	802.46	666.06	666.06				849.52	849.52	1551.61	1551.61	2506.25
	中径材	122.14	122.14	89.16	89.16	89.16	74.01	74.01	145.17	145.17	145.17	364.08	364.08	664.97	664.97	1074.11
	大径材															
其他软阔	小径材	4702.88	5952.28	6639.64	7810.50	7077.44	6883.21	7805.14	9249.98	9209.66	8862.08	9981.04	10407.75	12637.87	12178.19	13545.50
	中径材	5747.96	7275.00	8115.12	9546.17	8650.20	10324.82	11707.70	13874.96	13814.49	13293.12	14971.55	15611.62	18956.80	18267.29	20318.26
	大径材															

（1）林场近、中期（2023—2035 年）木材生产规划

由表 7.5 可知，不区分树种，塞罕坝林场近中期（2023—2035 年）木材产量总体呈逐渐增加的趋势，从 2023 年的 24.78 万 m³ 增加到 2035 年的 32.95 万 m³。2031—2033 年，由于小径材生产的明显减少林场木材总产量出现小幅下降（图 7.1）。

从材种规格上看，2026 年之前，林场的木材生产以中、小径材为主，无大径规格材，2026 年开始生产少量落叶松大径材（1524.65m³），2030 年后大径材年产量才能达到 5000m³ 以上。到 2035 年，林场大径材产量达到 18941.02m³。

近期（2023—2030 年）林场主要集中在中、小径材生产，其中小径材年产量在 15 万 m³ 以上，中径材能够达到 9 万 m³ 以上。2026—2030 年有少量大径材产品，但规模不大。应对近期的木材产品谋划以开发中小径材市场，提高中小径材价格为主。

中期（2031—2035 年）塞罕坝林场中、小径材产量相对稳定，分别能稳定在 12 万 m³ 和 15 万 m³ 的产量水平。大径材产量逐年增加，可根据其大径材增量规律来制定大径材生产和销售策略。

从树种类型上看，2026 年之前，塞罕坝林场的木材生产以落叶松、樟子松和云杉的中、小径材为主，无大径材产品。2026 年开始生产少量落叶松大径材（1524.65m³），并逐年增高。2030 年后能够生产少量白桦大径材，年产量稳定在 2000m³ 左右。2033 年后樟子松大径材产量接近 6000m³，2035 年落叶松、樟子松、白桦大径材产量比例接近 10∶7∶2.5（图 7.2、图 7.3）。

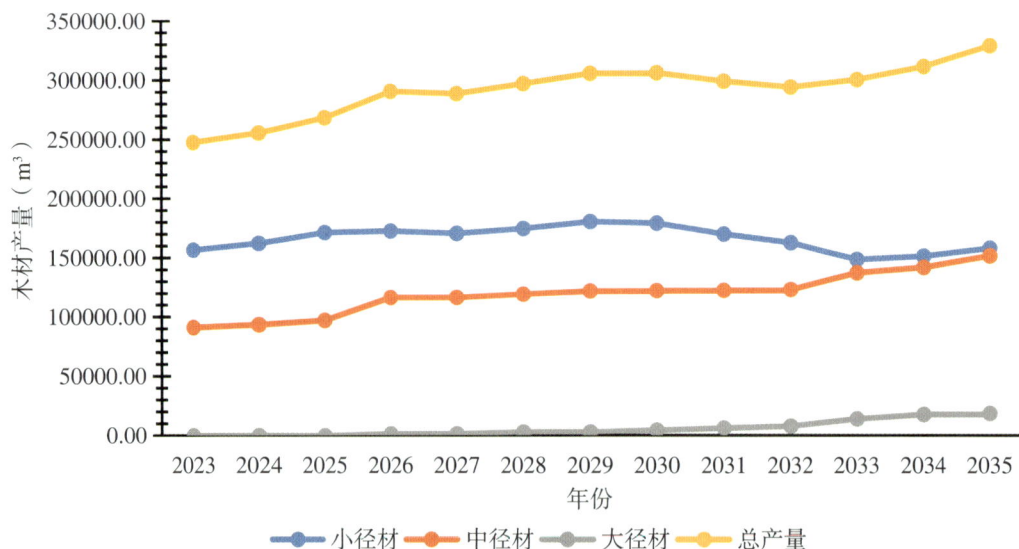

图 7.1　塞罕坝林场近、中期（2023—2035 年）木材产量

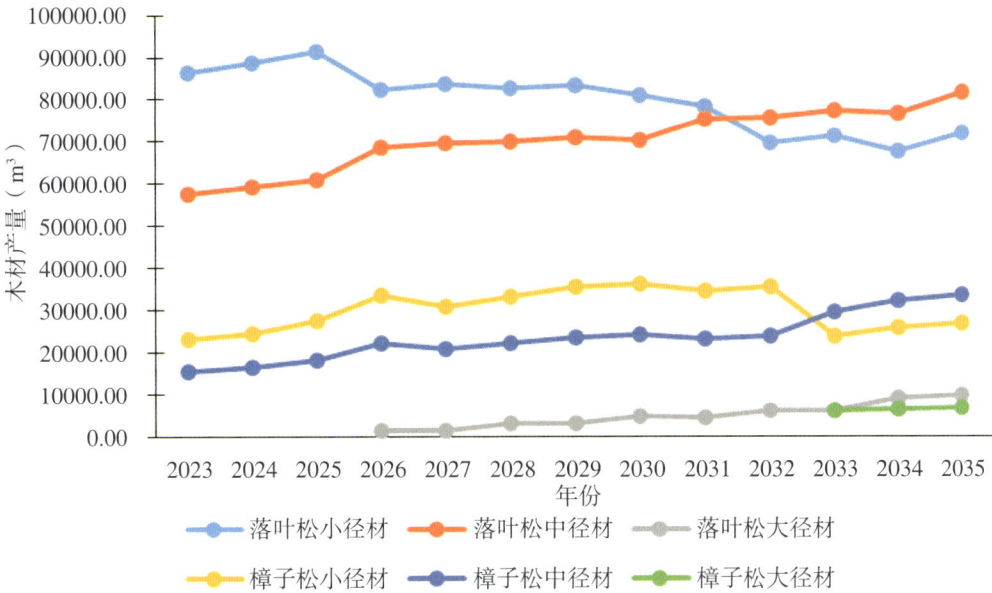

图 7.2　不同规格落叶松和樟子松近、中期（2023—2035 年）木材产量

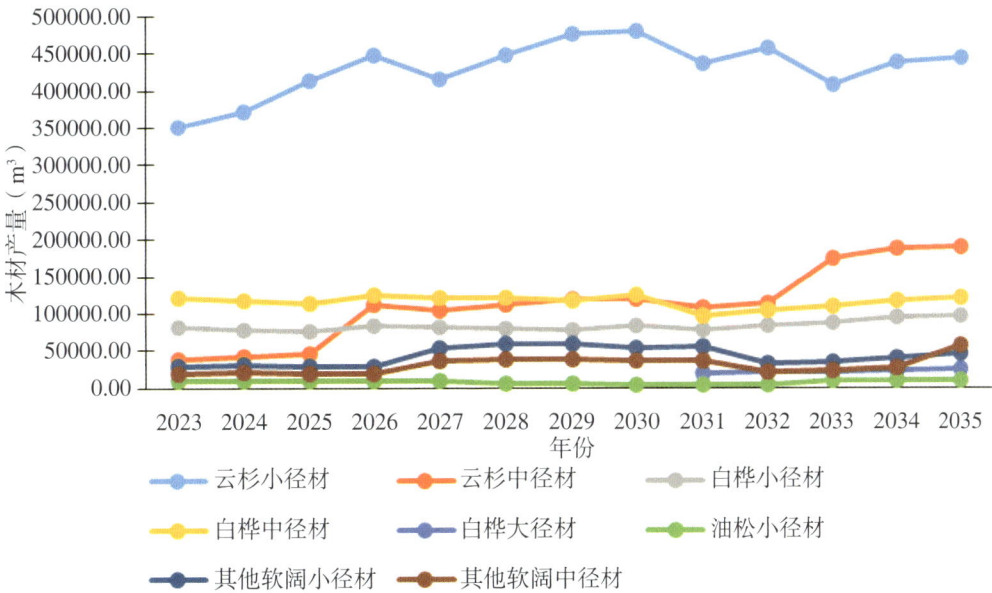

图 7.3　不同规格云杉、白桦和其他软阔近、中期（2023—2035 年）木材产量

近期（2023—2030 年），落叶松中、小径材年产量能分别维持在 6 万 m^3 和 8 万 m^3 以上，云杉小径材年产量能够稳定在 3.5 万 m^3 以上，樟子松中、小径材年产量分别能达到 1.5 万 m^3 和 2 万 m^3 以上，白桦中、小径材年产量分别能达到 1 万 m^3 和 7500 m^3 以上。油松、其他软阔的不同规格产品产量较少，不能满足市场特定需求。

中期（2031—2035年）塞罕坝林场落叶松、樟子松和云杉的小径材产量呈下降趋势，但仍能分别维持在7万 m^3、2万 m^3 和4万 m^3 以上。落叶松、樟子松、云杉中、大径材产量呈逐年升高趋势，应结合其产量增长趋势来规划产品和市场的发展方向。油松、白桦、其他软阔的不同规格产品产量较低，无特定市场需求时可暂不专门规划这三类树种（组）的产品发展方向和营销策略。

（2）塞罕坝林场远期（2036—2050年）木材生产规划

由表7.6可知，不区分树种和材种规格，塞罕坝林场远期（2036—2050年）木材年产量呈先增加后减少并趋于平稳的趋势，从2036年的36.50万 m^3 增加到2043年的45.40万 m^3 后开始平稳下降，到2050年降到41.95万 m^3（图7.4）。

从材种规格上看，远期内，2043年前，小径材的年产量均能维持在15万 m^3 以上，2043年后小径材年产量能维持在10万 m^3 以上。中径材年产量与木材总产量变化趋势相似，2043年前中径材年产量能维持在15万 m^3 以上，2043年后中径材年产量能维持在20万 m^3 左右。

对于高品质大径材，2040年前产量较低，仅能满足2.5万 m^3/年的需求量，2040年后可稳定在5万 m^3/年的产量水平。

从树种类型上看，塞罕坝林场的木材在远期仍以落叶松、樟子松和云杉的木材产品为主，落叶松中径材将是未来产量最大且最稳定的产品类型，能够维持在9万 m^3/年

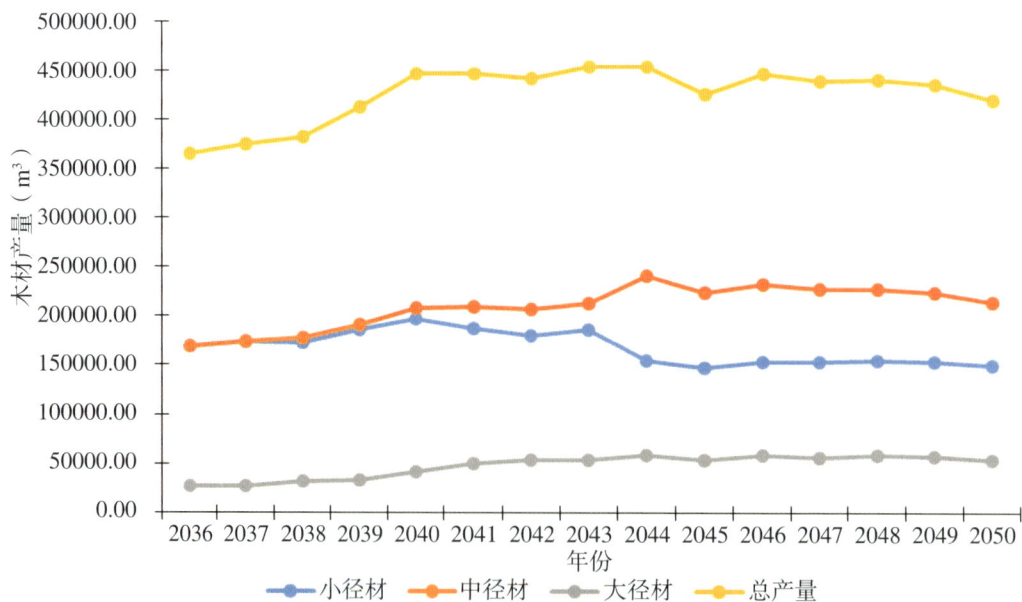

图 7.4 塞罕坝林场远期（2036—2050年）木材产量

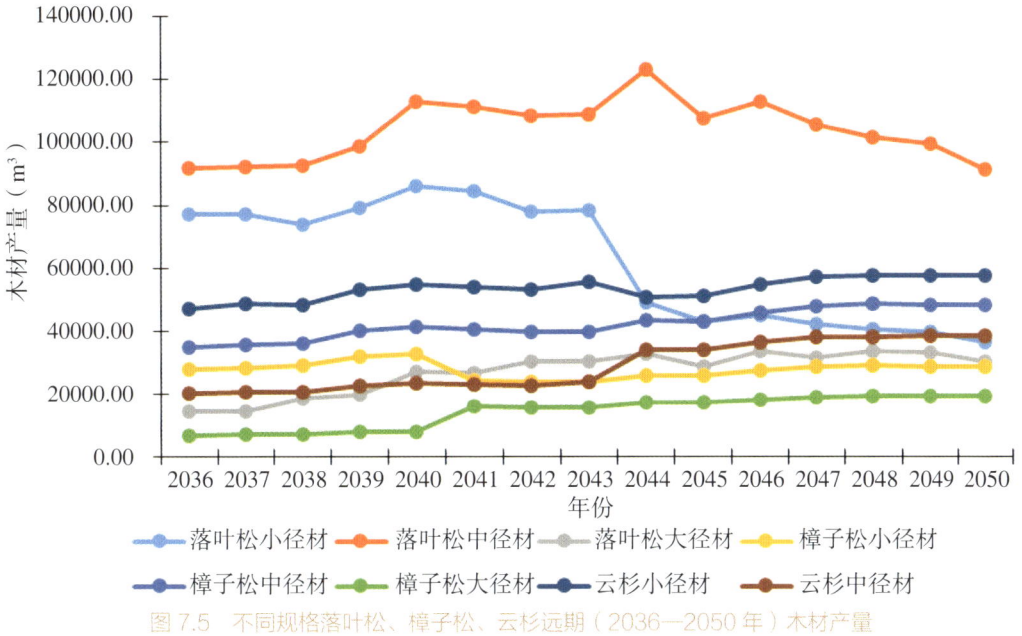

图 7.5　不同规格落叶松、樟子松、云杉远期（2036—2050 年）木材产量

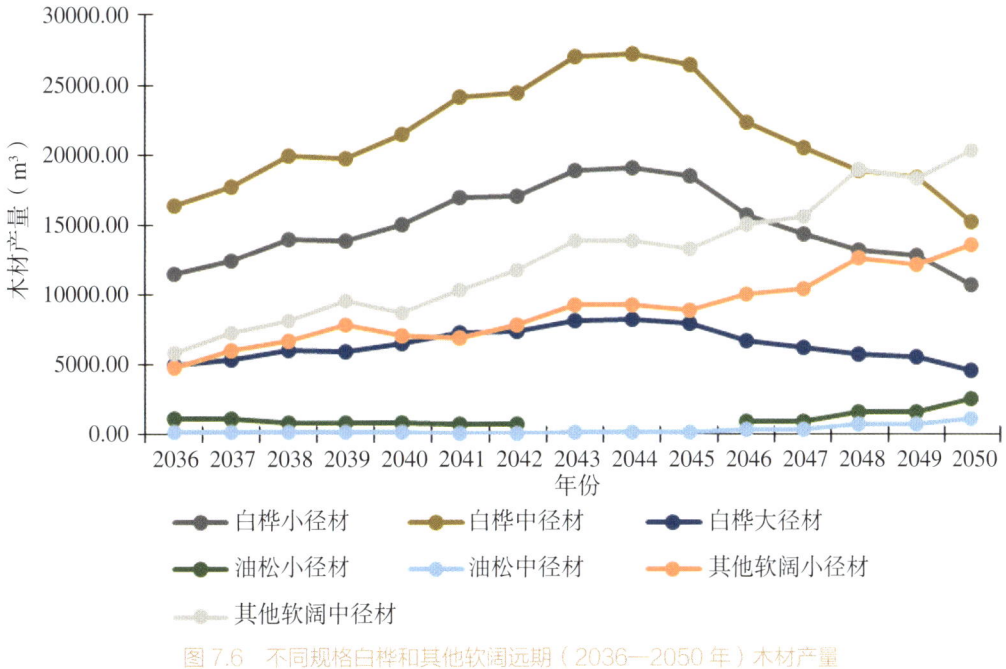

图 7.6　不同规格白桦和其他软阔远期（2036—2050 年）木材产量

的产量水平。落叶松小径材年产量从 2043 年后出现剧烈下降，从近 8 万 m³ 的年产量骤降到不足 5 万 m³ 后呈现持续下降，这个时点后对落叶松小径材的市场规划应做相应调整，落叶松大径材年产量从 2040 年前的不足 2 万 m³ 到 2043 年后基本稳定在 3 万 m³ 以上，

在落叶松产品的发展规划上应充分考虑不同规格材种产量变化规律（图7.5）。

远期内，樟子松和云杉中小径材年产量变化相对稳定，没有较为明显的产量波动。樟子松小径材年产量在2.3万 m³ 到3.3万 m³ 之间，表现为先增加后减少；中径材年产量缓慢增加，从3.5万 m³ 增至4.8万 m³；樟子松大径材从7000m³ 逐年增加至远期末的1.9万 m³。云杉小径材年产量从4.7万 m³ 逐渐增加至5.6万 m³ 后出现3年产量微降后又稳定增加到5.8万 m³（图7.5）。

远期（2036—2050年）塞罕坝林场油松、白桦、其他软阔的不同规格产品产量较低，其他软阔的中小径材呈现出持续增高的趋势外，白桦大中小径材均呈现出先增加后减小的趋势，油松中小径材产量较低，无特定市场需求时可暂不专门规划三类树种（组）的产品发展方向和营销策略（图7.6）。

二、塞罕坝木材发展的外部环境分析

（一）外部龙头企业占据领导权

塞罕坝木业规模较小，产业发展受到塞罕坝区域外部龙头企业和产业集群的影响较大。中近期内，国内人造板处于产业整合、龙头企业扩张趋势。山东佰世达木业集团年产人造板200多万 m³，大亚圣象家居股份有限公司、文安县天华密度板有限公司、广西丰林木业集团有限公司、烟台万华年产人造板都超过了100万 m³，这些企业都在不断扩张，产能越来越大，市场分额也越来越大。外部家具龙头企业同样呈扩张趋势。欧派家居产值超过200亿元。索菲亚品牌2001年进入中国。还有头部企业，像志邦、好莱客、金牌、顶固、皮阿诺、尚品宅配和我乐家居都在快速扩张，扩大市场份额。产业集群企业具有产业链和集群和市场竞争优势。广西人造板产业产量达到5100万 m³，是全国最大的人造板生产基地。广西木材产量3600万 m³，连续多年稳居全国第一位。广西率先与国家开发银行、中国农业发展银行合作推进国家储备林基地试点建设，截至目前，累计利用各类投资超过150亿元，建设国家储备林1000多万亩，为木材加工业奠定了坚实基础。除广西外，山东临沂、河北文安、安徽宿州和六安、河南兰考和清丰、浙江南浔和德清、江苏丹阳和常州等产业集群也在快速发展。塞罕坝需要在竞争复杂的人造板、家具和木制品市场上找到自己的优势，积极应对来自外部的威胁。

（二）木材供给对外依存度大

我国是世界木材消耗和加工大国，是全球木材进口量最大的国家，约占全球木材进口贸易总额的四分之一，2014年以来我国木材进口对外依存度持续超过50%。据估算，中近期我国的木材年消耗量约在5亿m^3，而国内木材产量仅在1亿m^3左右，木材市场需求缺口巨大。近年来，中国进口木材同比量减值增，针叶锯材来源国进口量大幅减少，大宗树种木材进口价格显著飚升，对我国木材产业的健康发展形成源头性障碍。

随着全球森林资源减少和生态环境保护措施加大，国际木材贸易形势严峻。近年来，世界各产材大国政府纷纷出台禁止或限制原木出口的木材管理政策，如俄罗斯原木法案、美国雷斯法修正案、欧盟木材法案、日本合法木材法案和清洁木材法、澳大利亚木材法案和韩国木材可持续利用法修正案等，国际木材原料呈现出数量短缺、结构性短缺、区域性短缺的趋势。这将明显减少中国木材资源进口渠道，并严重影响中国木材产业供给链安全，对我国的经济发展、生态安全、国际外交等重大国家建设都造成了很大的障碍。如何利用我国的自然环境条件和政策措施，加大我国的木材培育和利用力度，缓解国内木材市场发展的供需矛盾，成为新时代我国现代林业发展急需解决的问题。

种好自己地、经营好自己的林子，是我国木材产业健康发展的基础，是稳固木材产业供应链的基石，同时也是未来木业创造财富的根本。为进一步改善我国的木材培育利用环境、缓解国内木材供需矛盾，有关部门开展相关银行金融贷款、政策扶持等多种措施建设国家储备林，及时为国内木材资源培育和利用注入了市场资金动力，对国家木材产业发展、生态安全、新农村建设等都发挥了积极的促进作用。

（三）管理措施限制木业发展

塞罕坝机械林场作为全国最大的人工林林场，也是华北地区最大的中小径级用材林基地，应该围绕人工林可持续经营，做好科学利用人工林木材的模范，在保障林场森林生态功能的同时，提升人工林利用的社会、经济附加值。但在生态保护大旗下，随着天然林保护、退耕还林还草、"三北"防护林建设、太行山绿化和建设国家公园等一系列生态工程建设实施，出现了禁止砍伐木材，认为伐木就是破坏生态的极端观念，导致部分地区只注重生态保护，忽略了木材的利用，对木材工业的发展带来了威胁，唯生态论与外部管理环境变化将影响到塞罕坝生产经营。在纳入国家公园体系后，林场森林资源得到了保护，但人工林木材的利用度进一步降低，对林场及周边区域木材产业的发展将产生制约作用。林场目前仅限对人工林经营抚育进行的间伐，而间伐材径级较小，材质较差，往往仅限原木条销售用于矿柱等领域，成熟材、过熟材木材处于保护阶段不能采伐，造成林场大径级人工林木材的利用领域受限。是否可以提出新的措施，突破现有管理限制，推动林场木材加工业从"零"开始，提高木材资源经济价值，进一步发展木材产业，在政策和管理取向存在挑战。

（四）建设资金投入与林场承载力不匹配

林场基础设施的建设资金短缺，由于林场基础设施、公益型建设等项目均未纳入当地经济社会发展规划，单靠林场自身发展很难达到相关标准；林场地理位置复杂，林区道路、通讯设施、抚育采伐装备、护林防火装备、病虫害防治装备等亟须进一步完善；林场发展生态旅游业，开放森林公园每年接待游客众多，随着气候形势变化和进场人员流量可能出现的井喷式增长，森林防火、病虫害防控压力及其他自然灾害形势日益严峻，部分游客防火意识薄弱，携带火种进入林区，火源管理难度大，公园资源和环境等都受到了不同程度的影响。防灾减灾宣传未形成常态化机制，形式较为单一，新媒体、自媒体等宣传形式与力度不足。

三、塞罕坝木业发展的综合分析

按照SWOT分析模式，形成分析矩阵，如表7.7所示，提出发展战略。

表 7.7　塞罕坝机械林场木业发展竞争态势 SWOT 分析矩阵

内部因素　战略选择　外部因素	优势（Strengths）	劣势（Weaknesses）
	1. 稳定的木材供给潜力 2. 独具的塞罕坝品牌价值 3. 厚实的人才储备与组织基础 4. 适宜的机械化发展条件	1. 距离产业集聚区较远 2. 与周边木材产业相比不具优势 3. 小批量销售不利于大规模生产 4. 生产经营装备建设滞后
机会（Opportunities）	**SO 战略**	**WO 战略**
1. 优质人造板仍有市场发展空间 2. 绿色低碳木结构成为木业发展重点 3. 绿色环保木质产品成为市场热点 4. 现代林业建设要求提升装备水平 5. "双碳"战略加速木材工业转型升级	1. 挖掘塞罕坝品牌价值，开发绿色环保木质制品与家具 2. 发展优质人造板和木结构产品 3. 提升装备水平，保障森林经营质量 4. 发展碳汇林业有益于木业和森林经营双增长	1. 避开距离产业集聚区较远的短处，发展电子商务 2. 与周边林场和企业建立区域优势协作 3. 促进企业装备研发与生产实际的紧密结合
威胁（Threats）	**ST 战略**	**WT 战略**
1. 外部龙头企业占据领导权 2. 木材供给对外依存度大 3. 管理措施不当可能制约木业发展 4. 建设资金投入不足与林场承载力不匹配	1. 科学经营森林，确定木材供给计划 2. 争取更多高质量的林业机械广泛应用于林业生产	1. 加强信息化数据化建设，提高生产规模 2. 与龙头企业建立合作，建立稳定的木材资源供给链关系

（一）SO战略

1. 挖掘塞罕坝品牌价值，开发绿色环保木质制品与家具

可发挥人工林木材绿色低碳、木材资源可认证以及砥砺成长的塞罕坝品牌力，结合市场对绿色环保制品的需求，开发木质制品与家具。

2. 发展优质人造板和木结构产品

利用现有人员储备与创新合作基础，针对塞罕坝中小径木材资源的材质材性，推进木材资源在刨花板和中密度纤维板方面的利用，面向中径级以上木材资源的利用，发展具有绿色固碳作用的新兴木结构产业。

3. 提升装备水平，保障森林经营质量

在生态建设类机械装备方面，实现造林抚育多功能联合作业，向规模化高效能发展，全面实现由单机走向全过程装备配套。在生产发展机械类机械装备方面，推动林业装备加速向数字化、网络化、智能化方向转型升级。

4. 发展碳汇林业有益于木业和森林经营双增长

林业碳汇的增长彰显了森林经营质量提高，同时对木材产业的发展提供了更加优质的木材资源，增进木材可持续生产和流通并反哺森林高质量经营。

（二）WO战略

1. 避开距离产业集聚区较远的短处，发展电子商务

针对小批量多品种的木质制品与家具生产，要避开距离产业集聚区较远，产业配套能力不强的短处，以发展电子商务为途径，增强配套能力，扩大产品销售范围。

2. 与周边林场和企业建立区域优势协作

塞罕坝木材资源供给量仅够支撑一个中型人造板企业运营，为形成区域产业影响力，打造产业制高点，需要通过与周边林场协作统合资源供给，并与核心龙头企业建立稳定的战略合作关系。

3. 促进企业装备研发与生产实际的紧密结合

针对塞罕坝林地特征，围绕林场生产一线需求，要实现研发制造、工程验证、区域试验和示范工程的完整链接，促进产学研用多主体协同推进，实现木材生产经营装备产业链上下游联合攻关，不断提高林业装备的有效供给。

（三）ST战略

1.科学经营森林，确定木材供给计划

生态保护与木材经营譬如双翼相互依存相互促进，单翼发展必然对另外一翼生存和发展造成较大的困难，也是难以持续的。要树立现代林业的科学发展观，同时，为向加工企业提供稳定的资源保障，稳固木材供应链，要夯实中长期内每年木材的供给计划，在森林可持续经营的前提下，最大限度地提供木材资源，为保障我国"木材安全"构建塞罕坝示范体系。

2.争取更多高质量的林业机械广泛应用于林业生产

建立以政府投入为主导，以林场、企业、专业合作组织、协同投入的多元化机制，吸引各类社会投资参与林场林业装备产业发展与林场基础设施建设，以装备为源头，增强木材落地加工能力。

（四）WT战略

1.加强信息化数据化建设，提高生产规模

聚焦造林抚育、人工林质量提升、资源与病虫害监测、木材初深加工等装备机械化发展的薄弱环节，对现有资源进行整合，完善配套体系，加大研发制造、工程验证、区域试验和示范工程的支持力度，探索具有林场区域特点的木材生产经营全过程机械化解决方案。为支撑木业发展，应构建电子商务服务平台，以信息化改造传统木质制品制造业，打造后发优势。

2.与龙头企业建立合作，建立稳定的木材资源供给链关系

人造板生产对资源有一定规模供给要求，近3年内河北承德森禧、金隅天坛等企业在塞罕坝周边相继建立了大型刨花板和纤维板生产线，显示金融资本和龙头企业已高度关注本区域的木材供给能力，而塞罕坝木材资源亟待寻求利用出口，提升资源利用价值，与龙头企业建立合作将构建多赢局面。

四、塞罕坝木材生产经营策略

（一）发展木业促进塞罕坝森林可持续经营

森林对维持人类生存的生态环境具有举足轻重的多维功能，无论在开发利用森林的数量范围上，还是在方式方法上，都要有科学的平衡限定和技术支撑，以达到可持

续发展的状态。抚育间伐是经营森林的基本措施，伐木是培育健康森林所必需的步骤。无论是在森林的成长过程中，还是在森林达到成熟之后，都要用伐木的手段来经营利用好森林，使之充分发挥森林生态系统的服务功能。同时，为了固碳增汇，除了合理扩大森林面积以替代固碳低效的其他生态系统之外，主要还是维持森林合理的年龄结构及提高森林的质量。过多地维持过熟的老林对发挥森林的固碳增汇作用是不利的。如果不能合理利用木材而任由其进入自然界碳循环的洪流，不但不能成为碳汇，反而会成为碳源。由此可见，科学合理利用木材不仅是充分开发森林提供木材的物产功能，而且是发挥森林的生态（支持）功能的重要途径。

塞罕坝二次创业要坚持绿水青山就是金山银山的发展理念，坚持发展木材产业既是实现绿色发展的潜力所在，又是实现协调发展、创新发展的重要基础。以木材生产经营的发展反哺森林经营、推进林业增碳，打造基于生态环境保护下森林可持续经营国有林场示范区。

1. 全方位、全过程推进绿色低碳循环发展经济体系建设

2021年国务院出台《关于加快建立健全绿色低碳循环发展经济体系的指导意见》指出，全方位全过程推行绿色规划、绿色设计、绿色投资、绿色建设、绿色生产、绿色流通、绿色生活、绿色消费，使发展建立在高效利用资源、严格保护生态环境、有效控制温室气体排放的基础上，统筹推进高质量发展和高水平保护，建立健全绿色低碳循环发展的经济体系，确保实现碳达峰、碳中和目标，推动我国绿色发展迈上新台阶。

2. 一、二、三产业深度融合，加快推动林草产业高质量发展

国家林业和草原局出台《林草产业发展规划（2021—2025年）》，指出深入践行绿水青山就是金山银山理念，立足新发展阶段，完整、准确、全面贯彻新发展理念，构建新发展格局，以实现生态美、产业兴、百姓富为根本目标，坚持生态优先、绿色惠民、突出重点、优化布局、创新引领、示范带动，在严格保护耕地、严守永久基本农田控制线及生态保护红线、坚决维护生态安全的前提下，明确林草种植区域，确保不占用耕地及永久基本农田，大力培育、合理利用林草资源，做精一产、做强二产、做大三产，促进产业深度融合，扩大优质产品有效供给，加快推动林草产业高质量发展，更好满足人民日益增长的美好生活需要，为全面建设社会主义现代化国家作出新贡献。到2025年，全国林草产业总产值预计达9万亿元，将基本形成比较完备的现代林草产业体系，产业结构更加优化，质量效益显著改善，吸纳就业能力保持稳定；产品有效供给能力将持续增强，供给体系对国内需求的适配性将明显提升，产品生产、流通、消费将更多依托国内市场；林草产品国际贸易强国地位将初步确立，年进出口贸易额

将达1950亿美元；林草资源基础将更加巩固，资源利用效率将不断提升；将有效保障国家生态安全、木材安全、粮油安全和能源安全，服务国家战略能力进一步增强。

（二）挖掘政策和产业服务潜力

1. 拓宽资金来源，实行多元化投资

拓宽资金来源，对木材生产经营维持充足的资金投入是保障产业持续快速转化的重要条件。首先，要增加科研支出在财政支出中的占比，成立专门的木材产业发展基金。调整投资结构，着重帮扶产业化龙头企业。开展招商引资，充分利用市场投资机制，积极引进吸纳外资和社会资金支持，鼓励风险投融资项目的加入。

2. 壮大木材生产经营主体，增强企业核心竞争力

目前，塞罕坝木材产业发展主体综合实力不强、企业缺少核心竞争力是制约产业发展的关键因素，而新型产业的发展必须依靠实力强大的龙头企业、科研机构、金融机构和政府部门，以应对产业高投入、高风险。为发展木质制品产业，首先要培育壮大一批本地具有核心竞争力的龙头企业；通过政府政策支持和市场引导，鼓励工商业和金融业参与，促进多元化产业主体的有机融合。

3. 构建有利于木材生产经营的政策体系

应在人才、技术、市场等方面制定有利于木材产业发展的有关政策。一是要大力培养有利于产业发展的人才，要培养和吸纳更多工程技术人才，以及既懂技术又善经营的复合型人才；同时提供丰厚的福利政策，鼓励、吸引国内外高科技人才在塞罕坝从事木材产业。二是要激励技术研发，加大对产业起始阶段的资金投入与政策支持力度，可以借助转让、分配企业股份等激励形式，提高重点方向的成果转化效率。三是以市场为导向，采用政策补贴的方式，强化市场需求对产业发展的拉动作用。

（三）构建新型木材产业生产经营体系

1. 建立木质制品加工利用产业链

2022年工业和信息化部等四部委出台《推进家居产业高质量发展行动方案》指出，面向人民美好生活需要和产业升级需求，以创新为引领，以应用促发展，大力推动家居产业协同联动、融合互通、智能互联，培育壮大新业态新模式，巩固提升国际竞争优势，以优质供给引领消费，为推动高质量发展和创造高品质生活提供有力支撑。针对落叶松大径材，以及樟子松、白桦等木材材质轻、纹理细、木质好的特点，可发展绿色环保的家具或木玩具、木衣架、木相框、木雕、木工艺品等家居用品产业。针对

落叶松大中径材，发挥建筑木材的特性和优势，可发展绿色低碳的木结构产业。鉴于木质家居用品和木结构两类产品小批量、多品种的特性，要充分挖掘塞罕坝品牌价值，同时要采取电子商务模式加强服务。

2. 建立中小径人工林木材加工利用产业链

针对中小径落叶松木材，中近期在市场行情较好的情况下，仍可沿用目前竞价销售模式，确保效益最大化。从长远经营着想，为建立稳定的加工利用供应链，需要考虑此部分原料用于"超强刨花板"生产。目前，塞罕坝机械林场原料自给规模不大，在当地自建大型生产线难以显示规模效益，宜与河北承德森禧、金隅天坛等大型龙头企业建立稳定的生产合作关系，以供给中小径材或木片作为投资，开拓低质木材资源的高值利用。在采运装备配置上，可视合作方的需要，采取原木条材运输方式；如采用木片运输方式，需配置机械化木材削片装备和木片运输装备，以及树皮加工利用设备。

3. 深化塞罕坝内涵，弘扬塞罕坝品牌价值

塞罕坝在木材生产经营方面需要重点强化"塞罕坝精神，塑造塞罕坝品牌"，突出塞罕坝产品的生态效益和生态属性。鼓励结合森林经营工作，积极推动木材生产结合生态旅游、林业碳汇、生态康养等绿色产业发展，打造林场木制品、木结构建筑与生态旅游、文化旅游等新型经济模式，通过项目经营，带动单纯的产品销售，建立林场通过温室气体自愿减排项目参与碳排放交易的有效途径，塑造塞罕坝木质产品碳汇生态品牌形象，定位中高端定制市场，避开与行业主流企业的竞争，推动木质伴手礼、家具、碳汇木材、低碳建筑等产品销售。加强塞罕坝精神和品牌宣传。通过电视广告、互联网平台、形象大使代言等多种渠道宣传塞罕坝的木制品，提升市场客户群体的认可度和认知度，扩大产品在国内的市场份额。

4. 加强对外交流，拓宽国际市场

依托塞罕坝机械林场建设者荣获联合国环保最高荣誉——"地球卫士奖"，联合国防治荒漠化领域最高荣誉——"土地生命奖"等国际荣誉，积极开展对外交流与合作，大力开展国际技术交流与合作，积极努力拓展国外市场，形成以国内市场为主，国外市场支撑的双循环。

（四）林业装备赋能木材生产经营高质量发展

1. 进一步加强产业发展与生态建设机械装备建设

林业机械化是林业现代化的基础保障，从现阶段对林业机械化的要求来看，可以将林业机械从效益层面分为两部分，一是产业发展类机械（以加工机械为主），二是生

态建设类机械（以营林、园林、森保机械为主）。以实现经济效益为导向的产业发展类机械发展迅速，森林培育、木材加工、家具地板、林副产品等产业发展兴盛，对于此类林业机械，需要继续遵循市场和林业发展规律，提高其自动化和数字化水平，提高资源利用率和生产效率，加大力度构建品种丰富、布局合理、优质高效、竞争力强的产业类林业机械体系格局，从技术层面来看，要发展小径木制机械装备。为了构建更趋完善的林业生态体系，满足生态文明建设对林业机械的需要，大力发展林木种苗、营林绿化、林火防控、生态游憩等方面的生态建设类机械装备，实现从植树、抚育到采运生产的全程机械化；推进森林生态环境污染控制的机械装备及技术，加强对森林环境植被生物资源的保护。

2. 适应市场变化，提升木工机械产品的性能

首先，木工机械工作的环境将由现在的高劳动强度、高噪声、高污染向无人化、网络集中控制、安静舒适环境的方向转变，要求木工机械必须具备动态环境中高精度的感知、建模、认知，也要求木工机械具备在室内、室外环境下的动态精度，高效的条码规划，甚至无人操作转序加工等能力。其次，人机关系向人机协作方面发展，涉及操作人员与木工机械交互的过程，是一种多模态信息的人机自然交互，包括人机协作。从定制家具发展方式上来看，未来制造模式将向小批量、多品种、周期短的方向发展，应用方式将由现在的大批量和刚性应用向定制化柔性生产的方向转变，这种转变要求木工机械像人一样灵巧，并且智能生产线能够快速生成转变成新的生产线。

（张宜生　庞勇　赵健　马青　龚迎春　周永东　刘宪钊）

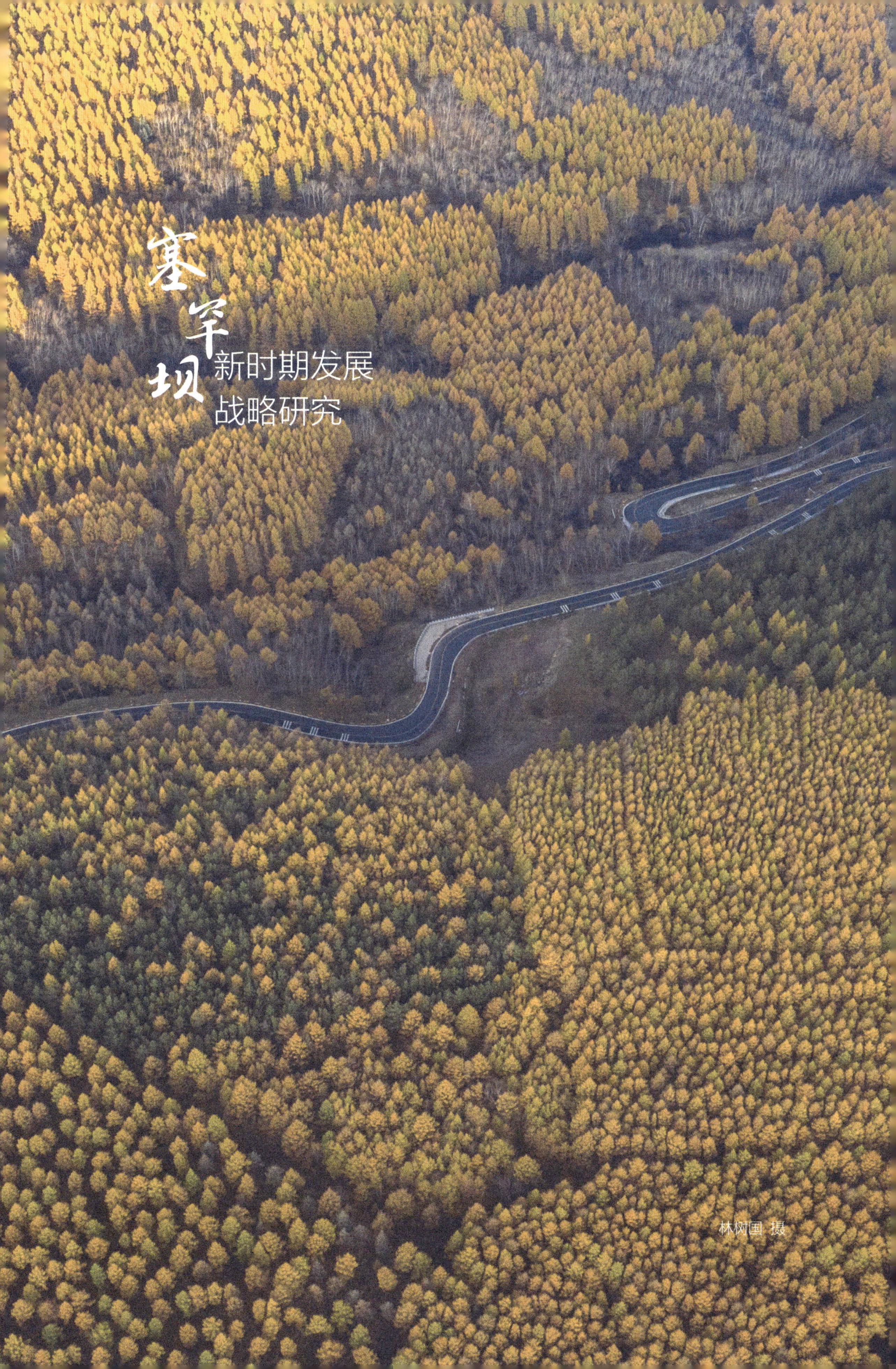
塞罕坝
新时期发展
战略研究
林树国 摄

第八章 塞罕坝林下经济产业战略

林下经济和经济林产业是塞罕坝机械林场绿色产业发展的组成部分，也是林场践行"两山理念"的一次尝试。总体来看，林场林下经济和经济林产业仍然处于从无到有的萌芽阶段，也预示着具有广阔的发展前景。

一、战略设想

（一）基本现状

目前，林场经济林果经营品种比较单一，种植面积小，且条块分割严重。据调查，由林场职工个人经营的蓝靛果有两处，且分散在两个不同林场，每块区域面积30亩左右，属于典型的分散经营，难以形成规模效应。若要发展壮大经济林产业，必须解决分散经营，经济效益低下的问题。应改变落后的经营方式，由分散经营转变为集中经营，个人经营转变为集体经营，发挥集体力量，做好产业规划，逐步形成规模化、标准化的具有坝上特色的经济林果试验示范基地。

研究选择经济林果品种，推行现代经营理念。要深入研究塞罕坝机械林场经济林果的适种性，选择适宜当地自然条件的优质品种，积极推广规模化经营方式，推行标准化、规范化种植技术。

科学合理布局，做好特色经营。突出抓好经济林果的区域化布局、差异化特色化种植、机械化管理、品牌化营销等工作，为助力乡村产业振兴做出应有的贡献。从品种、品质、品牌等方面着手，把挖掘塞罕坝机械林场经济林果特色、突出经济林果业优势、提升经济林果业档次作为重要内容。

创新经济林果技术，提高产能和产值。由于塞罕坝特殊的地理位置，气候、土壤、光照等自然条件极具自身特色，无霜期短，冻害现象频发。因此，需要创新经济林果种植、经营管理技术，弥补自然条件的短板。林场应与林业科研院所紧密合作，深入研究坝上地区的经济林果种植和经理技术，提高经济林果的产能和产值。

（二）发展定位

科学利用塞罕坝机械林场的林业资源，大力发展林下经济和经济林产业，探索林业资源与不同产业间的融合发展，运用循环经济的理念，拓展森林资源利用和发展空间。促进产业振兴，打造成为全国森林经济产业融合发展示范基地、国家乡村振兴标杆林场。充分利用森林氧吧的生态功能，积极推进森林旅游和康养产业，打造成为国家森林旅游康养示范基地。

（三）总体目标

1. 总体战略目标

塞罕坝机械林场以保障生态安全为根本，以助力乡村振兴为己任，以科技创新和产业振兴为指引，以党建统领、战略纲领、文化引领为"三位一体"发展模式，明确"12245"战略发展方向，以发展现代经济林和林下经济产业为核心，以科技、品牌为两翼，以政策、金融为两大平台，以市场、机制、人才、文化为支撑，重点发展特色经济林果种植、林下种植、林下养殖、林产品和林下经济产品初深加工以及森林旅游康养等五大产业。到2035年，全力打造出全国一流的有科技含量、有资本能力、有品牌价值、有商业模式、有责任担当的大型国有特色林场。

2. 阶段性战略目标

瞄准我国林下经济和经济林发展新趋势，坚持创新思维，以供给侧和需求侧改革为出发点，实现塞罕坝机械林场的主要发展目标。

经济效益目标。锚定国家塞罕坝"二次创业"的发展要求以及森林资源丰富的地区发展林下经济和经济林的创业机遇，盘活林场存量资产，挖掘林场森林用地资源空间，整合内部资源，拓展市场业务，在充分保障塞罕坝生态安全的基础上，扩大林下经济和经济林产业发展规模，持续优化林下经济和经济林产业布局，增加林下产品有效供给，提高市场认可度；积极推进林下经济和经济林示范基地建设，培育龙头企业、合作社等多种生产经营主体，稳步提升林场和林农综合收入；大力开展林下经济和经济林产业标准化及品牌化建设；构建完善的产品流通体系与社会化服务体系，提高相关产品科技含量。到2025年，林下经济和经济林产业经营和利用林地总面积预计达到500亩，实现林下经济总产值50万元，建成国家级林下经济和经济林示范基地。到2030年，将形成林下经济和经济林产业高质量发展的良好格局，健全林下经济和经济林产品生产、加工、流通、溯源体系，产品供给能力、质量安全水平、市场竞争能力将全面提升，机械化、智能化水平将大幅提高，特色产品竞争力、知名度、美誉度将得到国内外市场的充分认可；林下经济经营和利用林地总面积预计达到1000亩，将实现林下经济总产值100万元。

到2035年，将实现林下经济和经济林产业经济产值超千万元，营收效益将破百万元大关，预计林场职工年平均收入递增15%，林下经济和经济林板块业务市场竞争优势明显，示范作用显著。生态安全保障持续健康，经营管理能力和盈利能力将显著提升，财务结构将持续优化，创新驱动能力成效显著，品牌影响力将不断扩大。

社会效益目标。按照国家"二次创业"的战略部署，全力保障生态安全，积极科学发展林下经济和经济林产业。精心培育和建设一批现代林下经济和经济林产业项目，发展高质量现代农业，丰富品质生活内涵，助推农业供给侧和消费侧改革，助力乡村振兴，为完善塞罕坝地区现代农业发展体系，提高人民生活水平和生活质量做出应有贡献。

生态和生命效益目标。通过科学发展林下经济和经济林产业，改善森林生长质量，持续发展生态安全。森林旅游产业开发，满足人民休闲与康养需求，通过发展绿色有机农业，保持绿色生态的同时，提高人民生命质量，管理效益目标。林场制度建设得到加强，部分形成以法人治理结构完善、市场化管控体系完整、业务板块之间协同发展，部门之间通力协作，有强大的资本运营能力、项目开发能力和科学决策能力的大型国有林场。

（四）发展思路

1.强化党的组织领导，保持正确发展方向

要强化党对国有林场改革与发展的领导，发挥指导和监督作用，发挥林场党建优势，确保林场政治正确、组织得力、人心凝聚，共图发展。抓改革，搞创新；抓落实，厚根基。为林场林下经济和经济林产业高质量繁荣发展夯实思想基础，实现组织完善、队伍稳定、制度有效、执行有力的党建目标，并形成优秀的企业文化，以使命担当、勇于创新、守法合规的精神回报国家对林场的信任和鼓励，完成国家交给的光荣任务。

2.做大做强优质资产，壮大林场整体实力

要通过努力，整合资源，变林下资源为资产；盘活存量资产，变存量资产为优质资产。变资产为资本，不断壮大林场资产规模，壮大塞罕坝机械林场实力。

3.推进市场化改革创新，实现林场跨越式发展

要不断深化塞罕坝机械林场经营体制改革，以林场丰富的森林资源经营优势为起点，以市场化改革为目标，以政府财政支持为动力，以国企资源资本化、项目开发市场化、项目建设生态化、项目合作国际化为原则，打造全国一流的国有林场，拓宽投融资渠道，实现林场跨越式发展。

4.重视人才梯队建设，加强人才使用创新

要重视林下经济和经济林产业的技术人才和经营管理人才的队伍建设，引进高端人才，引入先进经营管理思想，更新观念，助力塞罕坝机械林场发展。同时，为防止人才断档，要储备人才力量，形成人才梯队，还要为人才搭建发展平台，提升人才的

创新能力、决策能力。敢用、会用人才，建设一支强大的有能力、有决策力、有执行力的优秀人才队伍。

（五）未来展望

着眼于未来发展，今后塞罕坝机械林场林下经济和经济林产业建设总的指导思想是以市场为导向，以结构调整为主线，以林场职工增收和促进地方经济发展为目的，以科技创新为手段，以产后商品化处理、贮藏保鲜、加工和市场流通为重点，强化标准化生产管理，大力推进产业化经营，努力实现新时期林下经济和经济林产业化建设的跨越式发展。到2050年，林下经济和经济林产业建设总面积将稳步发展到5000亩左右，总产量预计25万吨以上，林下经济和经济林产业的资产规模将破亿，经济产值将破亿元以上，相关产业增加值将破千万元。完全形成龙头带基地、基地连农户和一、二、三产业协调发展的林下经济和经济林产业化新格局。要重点抓好以下几项工作。

1. 大力调整产业结构

通过优化生产布局，积极引种适应塞罕坝地区发展的林下经济产品和经济林树种与品种，大力发展适销对路的名、特、优、新品种。大幅度增加二、三产业比重，积极培植发展辐射带动作用强的产品保鲜、加工、流通型的龙头企业，提高林下经济和经济林产业化经营的程度、规模和成效。

2. 加大品种更新改良和新技术推广力度

加大具有自主知识产权和民族特色的新品种的研究和开发推广力度。有计划地建设一批有特色、有规模的林下经济和经济林优良种苗基地和新品种生产示范基地。加强对现有先进技术的组装配套和应用工作，充分发挥科研院校的技术专家优势，调动科技人员参与经济林建设的积极性。

3. 严格实施标准化生产管理

加快林下经济和经济林产业的绿色化、有机化生产，制定和完善相关生产的技术规程、产品质量标准（包括包装标准）、检测标准等，严格实施标准化生产管理，加强检查督促，规范生产和管理行为，完善产品质量检测监督体系，加强质量管理，实现林下经济和经济林产品质量与国际市场接轨。

4. 突出龙头带动作用

按照扶优扶强、突出重点的原则，坚持多种类型和所有制并举，改、扩、建相结合，发展一批辐射带动能力强的贮藏保鲜、加工、流通型龙头企业，加快实施龙头带动战略，提高产业化建设水平。

5. 大力实施创名牌战略

通过强化名牌意识，加强产品和企业认证、商标注册和科学评选活动，如绿色食品认证、有机食品认证、原产地产品认证等，积极举办各种全国性节庆活动，扩大对外宣传，打造成为国内外市场影响强大的知名生产基地、知名产品、知名企业、知名市场，全方位推动塞罕坝林下经济和经济林产业化发展。

二、产业布局和模式探索

（一）林下经济产业布局

1. 塞罕坝林下经济资源基本情况

对塞罕坝机械林场的调研发现，适宜林下经济开发利用资源大致可分为三类：

（1）苗木类

乔木：华北落叶松、樟子松、云杉、栎类等树种幼苗和容器苗的培育；小乔木和灌木：五角枫、花楸、稠李、山丁子、红瑞木、元宝槭等。

（2）天然植物类

主要有野花、山野菜、野生菌类。

（3）动物类

野生动物：主要有鹿、狍、野鸡、狐狸、黑禽鸡等；

家畜养殖：主要有牛、羊、马、鸡、鸭、鹅等；

野生鱼类：坝上地区特有的细鳞鱼。

2. 林下经济发展的主要模式与布局

林场发展林下经济应当遵循不破坏生态为基本原则，以在多功能经营区发展林下经济为重点。可以选择的发展模式有：

（1）林-菌（菜）模式

充分利用坝上地区独有的气候条件以及丰富的野生菌类资源，开展极具坝上特色的白香菇、口蘑等食用菌研究与种植，进行规模化的食用菌繁殖、培育、开发。

产业布局可选择在大唤起林场红眼塌碴、第三乡林场、北曼甸林场。这里属于接坝林带区域，适宜菌类生产。在大唤起林场红眼塌碴、第三乡林场翠花宫建设山野菜种植基地，种植蕨菜、猴腿菇、金针菇、蒲公英、河北大黄、生麻、柳蒿、荨麻等山野菜；在第三乡林场、北曼甸林场建设菌类繁殖培育基地，培育口蘑、白香菇、黑木耳、猴头菇、双孢菇、香菇、平菇、滑子菇及金针菇等。

（2）林-药模式

调查发现，林场有比较丰富的野生中草药资源，其中，常用中草药达到100多种，如金莲花、柴胡、桔梗、北黄芪、北枸杞、益母草、独活、猪苓等。随着我国大健康产业的重视与发展，中药材市场发展前景十分广阔，可以在林下种植和培养具有坝上特色的中药材，进行初深加工。

产业布局可以选择在北曼甸林场及周边接坝地区，建设人参、金莲花、北黄芪、北枸杞、益母草、柴胡、独活、桔梗、猪苓、白芍等中药材基地。

（3）林-草模式

林场的坝上地区是天然的牧场，非常适宜牧草的生长。尤其是在郁闭度较低的林地，可以种植苜蓿、黑麦草、沙打旺、棘豆等优质牧草，既可出售，也可适度放养牛、羊等牲畜，在旅游季节供给游客，可获得一定的经济利润。

（4）林-禽模式

在林下中饲养家禽和驯养野生禽类，如林下饲养土鸡、肉鸭、鹅、野鸡等，采取规模放养的方式并做好禽的防护工作，防止天敌捕杀，造成不必要的损失。林下有非常丰富的昆虫资源，禽类吃食各种昆虫，可以在一定程度上控制森林病虫害的发生，其所产生的粪便为林木提供大量的有机肥，丰富林木营养，促进林木生长，形成一条生物防治的产业链。

产业布局可以选择在大唤起林场和第三乡林场。这里的立地条件适合规模化养殖，且林场职工已经有在坝下林地进行土鸡、鸭、野鸡的养殖历史和经验。

（5）特色养殖模式

特种养殖业是随森林生态旅游业的发展以及个性化消费需求升级而兴起的养殖产业。它已经成为林场个别职工和林区农户脱贫致富的主要产业，效益可观。依托坝上地区特有的野生动物的自然优势，可以发展鹿、狍、野鸡、狐狸、黑禽鸡、鹌鹑、细鳞鱼等特种养殖。动物粪便为林木生长提供较好肥料的同时，还会为旅客提供更优质的旅游食品，带来可观的经济效益。

（6）林-苗模式

结合大径材培育项目，选择每亩保留株数在25~30株左右，土壤墒情、肥力较好的地块进行整地，在林里人工栽植云杉、樟子松、黑松大苗或容器桶，以及一些花灌木类，既能提高林地利用率，又能作为绿化苗木出售，增加经济收入。花灌木类的产业可以布局在第三乡林场、大唤起林场，这里是落叶松大径级材培育项目的重点基地，且部分开展了花灌木类的恢复，栽植5年以上云杉容器苗，效果良好，同时也可以形成物种的多样性和异龄、异种复层林。

　　绿化苗木的产业可以布局在大唤起林场、第三乡林场、北曼甸林场、三道河口林场，利用林间空地或收回的林地建设绿化苗木基地，提高林场职工和林区农户的经济收入水平。

（二）经济林产业布局

　　在调查中发现，全场经济林发展规模小，只有极少部分人工经济林果，如蓝靛果，面积大约60亩。随着国有林场改革深入，应转变观念，积极开展林草生态价值转化工程，在适当的区域发展经济林产业。经济林果主要发展蓝靛果、沙棘、山杏等，产业可以选择布局在北曼甸林场、第三乡林场、三道河口林场。

（三）组织模式

　　塞罕坝林下经济和经济林产业发展，不仅肩负着提高林场职工的生活水平和福利待遇责任，还有带动周边乡村居民共同致富，为乡村振兴助力的政治责任。因此，积极探索塞罕坝林下经济和经济林产业发展的组织模式显得至关重要。

　　（1）林场自营模式

　　这种模式是由塞罕坝机械林场内部成立林下经济和经济林产业发展方面的部门，专门负责林下经济和经济林产业发展的规划、布局、经营。优点是林场资金实力强，在更有效地保护森林生态环境的同时，扩大林场的业务范围，可以进行多种经营，多渠道增加林场收益。同时，规模效应比较明显，产品市场竞争力强，还能提高林场职工的福利待遇。缺点是容易造成生产经营积极性不高，利益分配不均的现象。

　　（2）龙头企业带动模式

　　一种是由林场拨付资金，专门成立一个林下经济和经济林产业发展开发公司，公司权益既可以是林场国有权益，也可以是由林场职工全部入股名义，形成利益共享、风险共担的股份有限公司，还可以是以林场作为主要股东（出资人），代表国有林场的权益，其他由林场职工以股份的形式入股企业，形成国有和私有的混合制企业，负责林下经济和经济林产业的规划、布局和经营。一种是林场引入外部的工商资本，作为龙头企业，承包或租赁经营，或者外部龙头企业与林场合股经营林下经济和经济林产业，林场一方面负责监管龙头企业的经营行为是否符合森林资源的保护要求，另一方面还可以从中获取一部分收益（租金或合股分红）。

（3）农民专业合作社带动模式

这种模式是由林场周边的农民专业合作社牵头，与林场签订合作协议，既可以有农民专业合作社单独租赁，也可以双方合作经营。优点是专业合作社具有多年的生产和经营经验，能有效地对接市场。缺点是资金实力较弱，不适合大规模生产经营，更不适合大规模发展多样化的新业态。

（4）林场职工承包模式

这种模式最简单也最直接。由林场职工内部承包，发展林下经济和经济林产业，林场收取一定的承包费作为林场的额外收益。优点是能提高职工的生产经营积极性，还能提高职工个人的收入水平。缺点是职工可能为追求经济效益，而忽略了自身的身份定位，对于保护森林资源的热情不高，影响塞罕坝生态环境的保护和改善。

（四）经营模式

1. 不完全横向一体化经营模式

主要用于林场周边农户的一种经营模式。是指由若干农户组成的农业合作社，然后由若干个合作社组成一个合作社联合社，联合经营农业，并兼营与农业有关的生产资料供应和农产品收购、销售、贮运、加工等业务。这种形式的一体化具有如下优点：一方面，农户为了发展生产，扩大经营规模，以便获得更多的收益，增加收入；另一方面，各合作社联合起来，成立合作社联合社，加强了小农经营与垄断资本的对抗能力，减轻了垄断资本对农业的掠夺。此外，国家对合作社在税收、贷款等方面给予某些优惠政策。以提升其竞争能力，引导其逐步发展成为农业产业化经营企业。

2. 不完全纵向一体化经营模式

不完全纵向一体化是一种最普遍、最重要的一体化形式，亦称为合同制的一体化。通过签订各种合同使得与农产品供产销有关的农工商各个环节的活动协调一致。农户成立专业合作社，与农业产前部门或农业产后部门中的企业签订合同，订约双方都是独立经营的单位。工商企业或农业合作企业与合作社签订合同，通过合同把合作社生产与农业产前部门、农业产后部门联成一个综合体。采取合同制，工商企业既可以不对土地进行投资，也可以不承担由于农业受自然灾害而遭受的风险。合作社可以获得改善生产方法以发展生产所需的资金、技术及相关设备，从而降低生产成本，也可以使产品有可靠的市场和销售价格，从而保证收入。对农产品加工和销售商来说，合同制可以使他们获得符合要求的原料或成品，货源丰富有保障；对生产资料的生产者和供应商来说，合同制可以使他们的生产资料有可靠的销路，从而保证并加速了新技术的推广，有利于农业生产的发展。

3. 完全纵向一体化经营模式

完全纵向一体化也称公司制一体化，是指大型公司直接投资经营的大农场，将农业生产、生产资料供应以及农产品加工、销售等环节纳入同一个所有制的经营体制内，由大公司直接经营，统一核算。这种模式把农业的产前、产后部门与农业生产直接结合在一个经济实体中，不仅能减少各环节之间的交易费用，降低成本，而且免去了许多中间环节，加快了产品投入加工和投放市场的速度。

该模式的不足之处是：工商企业经营者对农业不熟悉，而且农场经营者已失去独立自主性，不易发挥其积极性、主动性；大规模经营需要大量投资，由于受财力限制，往往无法有意识地从事农业一体化经营；农业生产受自然条件的影响，难以真正实现工厂式标准化生产，且投资农业的风险很大。

4. 完全纵向一横向混合一体化经营模式

完全纵向—横向混合一体化主要表现为合作社与大公司联合形成的合营制和互相控股制。随着我国合作社集中程度的提高，从加强农业产业化过程来看，合作社日益渗透到农产品加工部门，并形成加强与大公司联合经营的趋势。公司的农工联合企业和合作社的农工联合企业联合经营合办企业，可以把食品生产、加工和销售这一产业链中的各个环节越来越密切地协调起来，因为在这种情况下合作社和大公司既能够加强直向农业产业化形式，也能够加强逆向农业产业化形式。合作社与大公司合办企业往往采用合股公司的方式，既稳定了大公司的货源，得到合格的高质量的原料，也为合作社提供了销售市场的保证，找到了批发销路。它使一体化在食品生产及其有关环节的循环过程中利用分工，科学地组织劳动力，从而为其带来前所未有的经济效果；使生产更加现代化和分理化，促使资本加快集中。

三、产业链条延长

（一）产业链条构成

生产（产前、产中、产后）—流通—消费的整个过程构成了林下经济和经济林完整的产业链条。产业链条延伸的目的是提高林下经济和经济林产品的附加值，满足人们日益增长的消费需求，提高生产经营者的收入水平，也是产品从小众市场走向大众市场的主要途径。

从生产环节来讲，产前环节包括品种的选育和引进；产中环节包括对林下经济产品和经济林产品技术指导和创新、生产经营方式；产后环节主要是产后处理，包括产品分级、包装、储藏、加工等。从流通环节来讲，主要包括流通渠道的选择、运输工具的选择和分销渠道的控制与管理。从消费环节来讲，主要是产品品牌化建设、销售、消费需求、消费方式、消费层次等。

（二）产业链条延长

1.选好品种，保证品质

无论是哪种经营模式，都要选好种养殖品种，品种的选择既要坚持原生性，又要坚持适应性，还要坚持市场性的基本原则，保证在不破坏当地生态环境安全的基础上，发展适合市场需求的特色林下经济产品。

2.加强技术指导，强化技术创新

要对林下经济产品和经济林产品提供技术支撑，加强技术创新研究，防止病虫害的发生，增加产量，提高产值水平。

3.做好商品化处理工作，满足市场需求

要做好林下经济产品和经济林产品的产后处理工作，使之更加符合商品化要求。根据市场不同需求，注重产品分级和包装，商品等级不同，质量不同，价格不同，满足不同层次消费人群的需要；强化对产品的储藏处理能力和水平，保质保鲜，延长产品的市场生命周期，延长销售时间，减少损耗，增加收益；做好产品的初深加工工作，拓展产品的市场空间，扩大市场销售范围，提高产品附加值。

4.狠抓品牌建设，提升市场营销能力

积极开展产品品牌培育与建设，打造具有塞罕坝特色的品牌，形成系列化的品牌系统，提升品牌整体形象，提高品牌的知名度和美誉度；加强营销队伍的建设，成立一个素质高、有谋略、懂市场、会策略的强大营销团队，制定营销战略和措施，壮大市场队伍，积极开拓市场，提高塞罕坝林下经济和经济林产品的市场占有率。

（三）拓展产业链条的保障措施

1.制定好产业规划，加快形成产业集群

制定好林下经济和经济林产业发展规划，明确产业发展方向，减少未来招商引资的盲目性，加快形成林下经济和经济林产业集群，建设集生产、加工、物流、销售于一体的产业基地。根据各产业发展特点，提供有特色的专业化服务。

2. 做好龙头企业培育和引进，拉动产业链条发展

发展林下经济和经济林产业一定要有龙头企业带动，既包括招商引资的企业，也包括林业经济专业合作社或家庭林场，还包括林场成立的专业公司，只有这些龙头企业带动，才能逐步形成产业链条。招商引资一定要围绕产业规划，突出产业链，特别是要重视龙头项目或关键性项目的引进。在产业链的形成过程中，龙头项目或关键性项目的作用至关重要，有四两拨千斤的作用。明确了产业规划，就要充分调动人、才、物及土地、政策等一切资源，着手引进和培育相关龙头项目或关键性项目，用这些项目拉动整个产业链的形成和发展，引进一个大项目，带动一大片，形成一个产业基地。

3. 研究配套支持政策，完善技术和服务支撑体系

从产业规划、政策引导、配套服务等方面制定相关配套政策，推动产业关联配套，促进产业链条的发展，包括用地政策、环保政策、发展基金扶持政策等。还可通过改善服务，消除制约产业发展的体制性障碍和制定切实可行的产业链条发展战略，创造有利于产业链条形成和发展的软环境。

四、现阶段产业发展策略

林下经济是一种新颖的绿色经济模式，是目前林业发展的潮流，不但可以促进生态文明社会的建设，也可提高农村经济。以林业经济发展为基础，目的是充分利用林业资源、强化循环经济、避免资源浪费，基于此，要仔细研究把握塞罕坝林下经济产业未来的发展方向，利用新的措施帮助林业快速进步，促进林下经济稳定发展，最终使林业产业得到改善。

建设特色林下经济和经济林产业体系、突出区位优势和资源优势，抓好主导产业、打造知名品牌。加强优良种苗基地建设工程、新技术实验示范基地建设工程、引种、育苗、栽培、加工新技术体系研建工程。以林改促，加快林下经济和经济林产业发展，放手发展非公有制林下经济和经济林产业，推动政府投入林下经济和经济林产业建设，加大金融支持力度，制定和完善有利于林下经济和经济林产业发展的优惠政策，助力乡村振兴事业。

（一）政策牵引

要打破"越保护越破坏"的现状，树立在保护中开发和在开发中保护的资源保护新理念，坚持向青山绿水要效益，将绿水青山转变为金山银山，实现林业经济的高质

量发展。建议国家主管林草工作的各级部门认真研究，打破原有的条框限制，重新制定更有利于森林资源保护条件下的林下经济和经济林产业的发展政策。加大政策的扶持力度，寻找适宜的发展方式，允许自然保护区以外的多功能经营区发展林下经济产业。适度调整树种结构，在未成林造林地发展经济林产业。

同时，确定正确的政策导向，相关部门应该为林下经济经营发展提供相关的政策扶持和技术指导，鼓励林场场职工和周边农民参与林下经济和经济林产业，确保经营过程中有法可依，使林农利益得到保障。另一方面，要加强研究林下经济和经济林产业发展与碳达峰、碳中和之间的平衡关系。

（二）合理规划

对林下经济和经济林产业发展进行科学合理的规划。完善发展机制，并对林业经济产业发展进行规划、管理和指导，合理规划林下经济和经济林发展区域，保障林下经济和经济林主体能够完成跨区域、跨行业的投资，促进各个行业参与林下经济和经济林产业的开发。在此过程中，必须确保公有制林下经济和经济林的合法地位，落实相关政策，营造良好的林下经济和经济林生产经营环境。

（三）企业带动

塞罕坝地区的经济发展，单纯地靠农民个体发展林下经济和经济林产业是不行的。应鼓励社会力量的参与，林下经济和经济林涉及种植、养殖、加工、旅游多个行业，要吸引企业家、农民及各种社会力量的参与，组织协调各方力量，帮助经济林与林下经济产业较快地适应林业市场竞争。应充分发挥农业产业化组织在发展林下经济和经济林产业方面的引领作用，而龙头企业是农业产业化组织程度最高、效率最高的组织，在林下经济和经济林产业发展中具有不可替代的作用。因此，大力培育和引进龙头企业参与合作与发展，是发展林下经济和经济林产业的头等大事。

（四）模式创新

探索适宜的林下经济和经济林产业发展模式。塞罕坝森林资源丰富，可发展林下经济的空间很大，前景广阔。依托资源优势，坚持多元化开发，推进林下经济和经济林产业健康快速发展。只要在林下经济产业发展与碳达峰和碳中和之间找到平衡，就可以产生非常有利的效果。从经营系统来看，塞罕坝林下经济系统可发展农林系统、林牧系统和其他系统。在农林系统中，可以采取林下农林间作、休闲旅游、林下种植、森林休憩等发展模式；在林牧系统中，可采取林下养殖、蛋白质库等发展模式；在其他系统中可以采取养殖蜜蜂林、生态林业、湿地林业等发展模式，既能满足人们对于绿色食品、环保材料、医用保健品、生态环境等需求，也能带动就业，增加收入。

从产业发展角度来讲，塞罕坝可以发展多种类型的业态，比如林下种植业、养殖业、采集业、加工业、森林旅游和庄园等业态。在确定好发展业态后，可选择林–禽模式、林–畜模式、林–菜模式、林–草模式、林–菌模式、林–药模式、林–油模式和林–粮模式以及野生药材采集、野菜采集、野果采集、林下产品的初深加工、森林观光旅游和康养、休闲、度假等多种经营模式，以满足多样化的市场需求。

经济林产业发展要走分散经营向集中经营转变、个人经营向集体经营转变的路径，积极开展林果产品的初深加工，加强经济林果产品品牌的培育与发展，强化营销队伍建设，走品牌之路，做名牌产品。

（王锦　李玉灵　赵宪军）

塞罕坝新时期发展战略研究

王龙 摄

第九章 塞罕坝生态旅游发展战略

生态旅游是展示某地区经济价值、生态价值与美学价值的重要方式，对于当地资源的保存与保护、利用与开发，改善并最大限度地保护自然环境，切实造福人民，提升幸福感具有巨大作用。

一、生态旅游资源现状

塞罕坝是华北地区面积最大，兼具森林草原景观的国家级森林公园，被誉为华北塞外明珠。既有高原的特征又有湖、淖、谷、甸、梁、岗、丘、滩的特点，既是森林草原交错带，又是生态交错带。生物资源极其丰富，有自生维管植物81科、312属、659种，资源植物占50%以上，可供观赏的野生植物有250多种，是一个天然的植物宝库。

（一）区位条件

1. 地理区位

塞罕坝位于河北省承德市满族蒙古族自治县境内，河北的最北部，内蒙古高原的东南缘，地处内蒙古高原与河北北部山地的交接处，地貌上界于内蒙古熔岩高原和冀北山地之间，主要是高原台地。海拔1300~1700m，为坝上与接坝山区。北纬42°02″至42°36″，东经116°51″至117°39″，东、西、北三面分别与内蒙古的松山区、克什克腾旗、多伦县接壤，西南和南面分别与丰宁满族自治县、隆化县相连。

2. 交通区位

场地交通条件较好，G233、国家一号风景大道均与场地直接相交，毗邻木兰围场机场，可达性较高，为游客交通提供多种选择。

3. 气候区位

（1）温度区位。塞罕坝地处暖温带和中温带的交界带，属温带大陆性季风气候。冬季长，春秋季短，夏季不明显；低温寒冷，降水少，蒸发量大，西北风大，易春旱，生长期短。其东南受东南季风吹拂，气候温和，而北部受寒带季风影响，气候偏寒，因此在塞罕坝地界呈现出阔叶林与针叶林混交景观。以白桦、蒙古栎等代表的温带阔叶林和以云杉、樟子松为代表的寒温带针叶林，相互交织，构成特色景观。

（2）干湿区位。本区属于半干旱半湿润气候区，属于典型的过渡类型。全年气候的特点是：冬季漫长，低温寒冷；春秋季短暂，干燥多风；夏季不明显，气候凉爽；无霜期短，昼夜温差大；降水量偏少，且多集中在6~9月；风多、级高，蒸发潜力大于降水量；大风、沙暴、干旱、霜冻等灾害性天气比较多。东南季风影响，气候湿润，形成森林草原特殊气候；西部气候干旱，地貌以沙地为主，形成特色荒漠景观。梭梭、沙棘、沙葱等点缀在荒漠之上，而塞罕坝的另一边，以白桦、落叶松为代表的组成的树群点缀在草原之上，相互对比，给人留下深刻印象。

（3）植物区位。塞罕坝地处温带草原区和暖温带落叶阔叶林区域的交界带，植被由森林区向草原区过渡。坝下为冀北山地天然次生林，主要有白桦林、山杨林、华北落叶松、云杉林、蒙古栎林；坝上是典型的森林草原过渡区，不仅有以上提到的森林，还有草甸和草甸草原，如五花草甸、贝加尔针茅草原、羊草草原和线叶菊草原等。塞罕坝地区丰富的植物种类，可能与本区处在森林区向草原区的过渡区域有关。

由于气候以及地形地貌的综合影响，塞罕坝植物景观形成了"森林＋草原"的特色景观地貌，景观层次丰富，四季有景可观。风吹草低、牛羊成群，蓝天、白云与草原、羊群相融相连，这是草原；连绵壮阔的林海景观，展现绿色奇迹，成为塞罕坝的标志。

（二）地质地貌

1. 地质

塞罕坝位于内蒙古高原的东南缘，地质上属于内蒙古台背斜，其褶皱以宝元栈向斜为主，断裂带以北西向与北东向断裂交叉并生为特点，保护区地貌上界于两个一级单元即（内蒙古）熔岩高原和（冀北）山地之间，主要是高原台地；作为内蒙古高原的一部分，本区一直处于缓慢的上升阶段，目前，上升趋势仍未停止。本区的地形地貌组合为高原—波状丘陵—漫滩—接坝山地，地形大体上可分为如下两种类型：

（1）熔岩高原丘陵地形

分布于自然保护区的东部和东北部，由第三纪汉诺坝组玄武岩流盖层所覆盖，构成了表面地势呈波丘状的熔岩台地，台地顶端较平缓，地表坡度一般在15°以下，基岩裸露很少，台面上多覆盖着薄层残积亚沙土。

（2）熔岩高原丘陵平原

分布于自然保护区的西部和北部，本地形属堆积地形，主要由冲积的砂、砂砾和亚沙土组成；地势比较平坦；河曲十分发育，嵌入冲积层2~3m；河漫滩大面积沼泽化。在河流两岸有阶地断续出现。

2. 地貌

根据地形地貌，塞罕坝大体可以分为曼甸、山地和沙地3种地貌类型。塞罕坝3种地貌类型的景观基质相同，都为林地。林地之中以落叶针叶林面积最大，其次是阔叶林和常绿针叶林，灌木林和混交林面积最小。

3. 水文

（1）地下水

本区水文地质的特征是：基岩裂隙水及第四纪松散物中的潜水相当发育；地下水主要补给来源以大气降水为主，地下水补给模数大于$104m^3/km^2$。

（2）沼泽蓄水

本区有沼泽地和滩地约$1326.7hm^2$，大部分沼泽地上积水10~15cm（滩地可季节性积水），泡淖积水最深500cm。沼泽地与滩地地表蓄水为500~600万m^3。

（3）内陆河与泉水

本区内陆河岔较多，多数水源补充入就近的沼泽或滩地。本区的泉水直接输入沼泽湿地，就地循环，只有一部分汇入地表河流流出区外。

（4）外陆河

本区东部为阴河支流的源头，区内汇水面积约为$15km^2$，数条小支流汇合后形成阴河上游，全年向阴河注入64.80万m^3的水。阴河是辽河的源头积水区，经赤峰汇入老哈河，后与西拉木伦河会合，流经通辽注入西辽河，与东辽河汇合形成辽河后再注入辽东湾；本区中北部为吐力根河的上游，有6条支流汇入吐力根河，区内汇水面积约$75km^2$，每年向吐力根河注入约207.36万m^3的水；本区东南部一带是撅尾巴河的发源地，区内汇水面积约为$22km^2$，全年向撅尾巴河输入129.60万m^3的水。吐力根河、撅尾巴河均为滦河上游小滦河和伊逊河的源头，汇入滦河后注入渤海湾。

4. 土壤

（1）成土

母质区内的土壤母质主要有坡积物、残积物、洪积物、冲积物、湖淖沉积物、风积物。

（2）土壤类型与分类

本区的土壤共有6大土类即棕壤、灰色森林土、草甸土、沼泽土、黑土、风沙土，11个亚类，18个土属，32个土种。

（三）植物资源

塞罕坝东部地区受东南暖湿气流的影响较大，自然条件较西部优越，呈现出森林草原的自然景观，西部逐渐向灌丛草原过渡。塞罕坝生物资源极其丰富，以寒温性针叶林、落叶阔叶林为主，以落叶松类、云杉、山杨、桦木类等为建群种，草甸、草原及灌丛也占很大比重。据调查，有自生维管植物80科、298属、624种，其中具有重要经济价值的资源植物占 500 种以上，菌类植物有蘑菇类、木灵芝、木耳等。

塞罕坝自然保护区共有植物 124 科 357 属 625 种。植物种类十分丰富，不仅包含了华北地区的代表物种，还拥有为数众多的稀有种类，具有代表性、典型性和独特性，是中国植物区系非常重要的组成部分，具有不可替代的保护、科研、教育等价值。较有代表性的如乔木树种：华北落叶松、樟子松、云杉、白桦、蒙古栎等；灌木：山刺玫、沙棘、山杏、胡枝子等；草本植物：地榆、金莲花、老芒麦、披针叶苔草等。

一些彩色树种有美丽叶色、叶型，其花和果实也具有极高的观赏价值，达到春观叶、夏观花、秋观色观果的效果，如花楸、山楂、沙棘等。还有的树种其枝干也有很高的观赏价值，如白桦、红瑞木等。彩色树种若在山地或丘陵坡地成片栽植，可组成美丽的风景林。

1. 彩叶树种资源

彩叶树种主要分为春色叶类彩色树种、秋色叶类彩色树种和双色树种。对春季新发生的嫩叶或新叶有色类统称为春色叶类，主要属于蔷薇科绣线菊属和杜鹃花科杜鹃花属，塞罕坝共有 4 种。秋色叶类彩色树种可分为秋季呈红色或紫红色和秋叶呈黄或黄褐色两大类，主要有蔷薇科山楂属、蔷薇科花楸属和犀科白蜡树属等属的植物，塞罕坝约有 65 种。双色树种叶背和叶表的颜色显著不同，在微风中形成特殊的闪烁变化效果。塞罕坝共有 1 种胡颓子科沙棘属的沙棘，落叶乔木或灌木，叶背银白色。

2. 观枝观干树种资源

树木的枝干因其自然生长特性及具体生境，往往会呈现老干虬枝，龟裂斑驳，盘绕扭曲的形态，此外树干的皮色呈暗绿色、古铜色、斑驳色、褚红色等，不一而足，颇具观赏价值，具有这些特征的植物为观枝观干植物。塞罕坝常见的观枝观干树种有桦木科桦木属、山茱萸科梾木属、杨柳科柳属和豆科锦鸡属等 7 个科属共约 25 种。观赏植物具有一定的观赏价值，适用于室内外装饰、美化环境、改善环境并丰富人们生活的植物。野生观赏植物是自然天成的，其生动丰富的原生态生命对人们产生了无法替代的吸引力。塞罕坝野生观赏植物具有分布广泛、季节差异大、随海拔变化差距较大等特点，塞罕坝森林公园旅游业的发展与其丰富的野生观赏植物资源有着密切的联系，四季分明，层次明显，色彩缤纷，景色优美，极具观赏性，吸引了众多游客到塞罕坝旅游观光、摄影写生。

3. 应用价值

华北落叶松为塞罕坝机械林场的原始森林的建群种，是重要的人工林、经济用材林树种。在自然条件下，桦树、栎树、杨柳树、花楸等彩叶乔木与其他针叶树种乔木或灌木组成针阔混交林或乔灌混交林，增加林分的生物多样性和生态稳定性。同时也是河北坝上寒冷地区的采伐迹地、火烧迹地更新的先锋树种。山楂、山荆子等灌木类在保持水土，防风固沙等生态保护方面发挥着重要的作用。

一些彩色树种除具较强的观赏特性外，其附属产品还具有经济价值和药用价值。如黑桦、赛黑桦、沙生桦、白桦种子可榨油，树皮提取桦油和栲胶；栎树的树皮和壳斗可提取栲胶，幼叶可养蚕等。柳树枝条可编筐，叶可做饲料。山楂的果可生食或制罐头、山楂糕、山楂片、山楂酱、山楂酒；果、叶、花均可入药，有健脾、助消化、扩张血管之效；花楸的果可制酿酒、果酱、果醋等；山荆子制果酱、果脯、清凉饮料；沙棘果可生食、酿酒、制作饮料、果酱、提炼油脂，果有活血化瘀、止咳化痰、消食健胃、清热止泻等功效，果汁可作豆腐凝固剂。

（四）动物资源

通过调查统计，归纳总结出塞罕坝国家级自然保护区有国家重点保护动物33种，隶属于6目6科14属，国家重点保护动物占保护区脊椎动物总种数的12.89%，其中有国家Ⅰ级重点保护种类3种，即黑鹳、白头鹤和大鸨；有国家Ⅱ级重点保护种类30种，包括细鳞鲑、黑鸢、秃鹫、黑琴鸡、雕鸮、兔狲、马鹿等。

国家重点保护动物在保护区各类生境均有分布。其中森林分布有22种，占保护区国家重点保护动物总种数的66.67%；草地分布有17种，占保护区国家重点保护动物总种数的51.52%；湿地分布有16种，占保护区国家重点保护动物总种数的48.48%；灌丛分布有10种，占保护区国家重点保护动物总种数的30.30%。

因此，森林、草地和湿地是保护区国家重点保护动物的主要分布区。国家Ⅰ级重点保护动物仅分布于草地和湿地。在国家Ⅱ级重点保护动物中，森林分布有22种，占国家Ⅱ级重点保护动物总种数的73.33%；草地分布有16种，占53.33%；湿地分布有14种，占46.67%；灌丛分布有10种，占33.33%。

同时，河北塞罕坝国家级自然保护区是河北省鸟类的重要分布区之一。历史文献曾以汇总资料的方式报道了塞罕坝国家级自然保护区有鸟类227种。在鸟类物种组成上，雀形目鸟类和夏候鸟是构成塞罕坝国家级自然保护区鸟类群落的主体，体现了北方森林鸟类群落的特征。在鸟类生境分布上，塞罕坝国家级自然保护区具有适于鸟类栖息的多种生态环境，其中森林是保护区鸟类分布的最主要生境，其次是湿地。由于塞罕坝国家级自然保护区鸟类以狭布种为主，而湿地、森林具有最高数量的狭布种分布，因此湿地和森林的保护对保护区鸟类的保护和管理具有特别重要的意义。

（五）景观资源

1.风景游憩林

（1）白桦、华北落叶松混交风景游憩林

白桦、华北落叶松混交林是随着林场的建立，在原来遭到破坏的天然林基地上大面积人工造林形成的。随着华北落叶松林的生长，原有树种白桦也开始萌生，因此在林场形成了占一定比例，分布各异的白桦、华北落叶松混交林。白桦、华北落叶松混交的风景游憩林长势均好于各自的纯林。林分下层伴生树种有紫椴、华北五角槭等，林下植被比较丰富，灌木层有榛类、丁香类、绣线菊类、山梅花、溲疏、茶藨子、栒子木、悬钩子等树种。草本层有委陵菜、升麻、野豌豆、堇菜、苍术、沙参等。白桦、华北落叶松混交风景游憩林外貌特征相对复杂，林分具备多层的垂直结构。乔木层两种主要树种常有高度差异，一般华北落叶松占据上层，白桦处于次林层。同时，针阔叶树树形和冠型差异较大，形成鲜明对比。林分下层伴生树种较为多样，灌草植被丰富且形态各异、色彩缤纷。

（2）小乔木与灌木林

由于塞罕坝属于寒温带大陆性季风气候，年平均气温–1℃，降水时空分布不均匀，大部分土壤瘠薄、干旱，水分养分含量低，所以在如此恶劣的立地条件下灌木林经过长时间的自然选择成为该地区主要的植被类型，其多分布在高海拔寒冷、干燥地带。

塞罕坝地区主要的小乔木与灌木树种为黄柳、旱榆、毛山楂、花楸、绸李、山荆子、金露梅、山杏、沙棘、接骨木等。其中以金露梅灌丛、黄柳灌丛、山荆子和绸李灌丛为主。林季相变化明显，秋季呈现出不同的色彩，成群或零星地点缀在草原上，展现其优美树形，是景观的重要组成部分。

（3）疏林草地

疏林草地的景观类型多分布于森林和草地的交接带，开阔的空地可以展现优美的树形，提供休闲游憩的空间。塞罕坝森林公园内的疏林草地主要树种为云杉、落叶松、白桦、榆树、蒙古栎，多为天然次生林。灌丛及草原、草甸植被具有类型多，植物种类组成丰富，盖度大等特点。主要包括针茅、冰草、百里香、地榆、千里光、风毛菊、胭脂花、毛茛、翠雀等。由于树种多样、结构丰富，在夏、秋、冬季呈现不同的视觉效果，夏季草原上花朵竞相开放，和稀疏的灌木、树木相互映衬；秋季彩叶灌木呈现出不同的色彩，树木姿态婆娑，在黄色的草地的映衬下尽展风采。疏林草地的景观类型景观敏感度高，人为干扰较大，应加大营建保护力度，科学合理开发，使其具有典型的示范意义。

2. 特色风景游憩林

（1）华北落叶松风景游憩林

华北落叶松风景游憩林全部为人工起源，广泛分布于山地阴坡和阳坡，但是半阴坡长势更好。华北落叶松林分生长状况良好，林下植被较为丰富。灌木层主要由稠李、忍冬等树种构成。林下植被多分布于林缘，林内呈零星点状分布，同时灌木高度也较林缘低。总的来说，华北落叶松林风景游憩林林相整齐。林分垂直结构分化较为明显，符合乔灌草上下3层结合的层次结构特征。由于保留密度适中，林分水平空间分布均匀合理，林下灌草多呈聚集状分布。林分平均活枝下高为4m，由于树干基部枯枝较多，林分通透度普遍不高，尤其在林缘地带更为突出。

（2）樟子松风景游憩林

樟子松风景游憩林主要分布于坝上沙地，一般被称为沙地樟子松林。林下一般为沙土，土壤较为瘠薄。均为人工起源，樟子松在林上层占据绝对优势，鲜有其他乔木树种。樟子松普遍生长较为缓慢，树干纤细，林分蓄积量不高。由于立地条件较差，加之林分密度过大，林分郁闭度较高，因此林内下层植被稀疏，零星分布着少量草本植物，鲜有更新幼苗、幼树；林缘稀疏分布着一些常见的灌木和草本，主要有稠李、忍冬、木贼、羊胡子草等，整体盖度较林内大。同时，林下枯枝落叶比较多。樟子松风景游憩林外貌整齐均匀，尖塔形树冠错落有致。林分垂直结构层次单一，水平空间分布趋于均匀，整体呈现出水平郁闭林分的特点。林下灌草较为稀少，灌木与草本植物呈零星分布，彼此间层次分化不明显，加之林下枯枝落叶较多，增加了整个林下层的杂乱程度。

（3）云杉风景游憩林

云杉风景游憩林为人工起源，生长状况良好，乔木层伴生树种有山杨、白桦，偶杂有华北落叶松。林下植被总体盖度不大，灌木极少，草本植物主要有羊胡子草、铁丝蒿等。总的来说，云杉风景游憩林林相较为整齐，属于典型的林草结合型垂直结构林分。林分水平空间分布略显稀疏，林下空间较大，草本层植物盖度大。由于云杉大多从基部着生枝条且终年常绿，故林分枝下高普遍较低，树干特征不明显。圆锥形树冠形状略显突兀，但枯枝落叶并不多见。

（4）白桦风景游憩林

白桦是塞罕坝机械林场的天然次生林，在塞罕坝机械林场各个分场均有分布。塞罕坝地区的白桦风景游憩林多分布于山地阴坡。目前，白桦林生长状况良好，自然整枝较好，林内枯枝较少。伴生树种有华北五角槭、蒙椴、中国黄花柳、谷柳等。林下植被比较丰富，灌木主要有稠李、忍冬、小檗、花楸、毛榛、平榛、胡枝子、悬钩子、绣线菊、荚蒾等植物；草本植物有柴胡、风毛菊、柳兰、野豌豆等。从分布来看，林缘部分较多，林内植被丰富度大，但盖度不高，同时其灌木高度较林缘低。白桦风景游憩林整体外貌错落有致，树干颜色和冠形比较引人入胜。林分垂直结构层次较为明显，主林层树冠高大密集，下木伴生树种多样，林下植被也比较丰富。由于白桦自然整枝较好，林内枯枝较少，通透度较大。

3. 景观类型

塞罕坝地貌含高原和山地，群山分干，万壑朝宗，又有多湖泊、滩、梁的特点，滩梁交错，湖泡分布其中。地貌的复杂多样、景观类型的丰富多变，使得风景游憩林在中远尺度的范围内展现出不同视觉特色的景观类型，从景观尺度考虑把塞罕坝内的景观自然分为4类，即森林景观、稀树草地景观、湿地景观、草甸草原景观。

（1）森林景观

森林景观是以人工林或天然林次生林为主，站在较高观景点处所看到的风景游憩林类型。塞罕坝森林公园具有中国面积最大的人工林，是我国北方重要的生态旅游地，连绵壮阔的林海景观成为塞罕坝森林公园的标志。森林景观分类主要分为纯林景观和混交林景观，由于树种的差异使得两者具有不同的视觉效果。森林景观是森林游憩业可持续发展的物质基础，没有良好的森林景观的支撑就没有森林旅游的发展。

（2）稀树草地景观

据《河北林业》记述，塞罕坝植被区系受东南暖湿气流影响，独具特色的稀树草地植被景观，较大的温度年较差、日较差使景观变化呈现一日有四季、十里不同天的壮丽景观。坝上雪未消，坝下花香飘。稀树草地是具有稀疏的上层乔木，其郁闭度在0.4~0.6之间，并以下层草地植物为主体的一种植物造景形式，它是在有限的绿地上把乔木、灌木、地被、草木进行科学搭配，既提供了绿地的绿量和生态效益，又为人们游憩提供了开阔的活动场地。

稀树草地景观特色塞罕坝森林公园处于森林与草原的结合地带，优越的地理位置配以曼妙的地形，使得公园内稀树草地景观类型极具视觉魅力和艺术感。此种景观类型是自然状态下形成的林木边缘与草甸自然的过渡，对于这种景观类型我们应以保护为主，同时，在不破坏生态环境的前提下开发其旅游资源价值，为游人提供游憩场所，营造开放而富有活力的游憩空间。

稀树草地景观分析以及建议稀树草地景观是森林与草原的过渡带，林地与草原之间应该产生互锁，即一方深入另一方之中，如果是整齐的林缘线和草地相接，往往产生紧张和不悦的心理感受，而曲折而富于变化的林缘，树木松散地点缀在草地中总能产生良好的视觉效果。

（3）湿地景观

塞罕坝森林公园内分布着大大小小诸多水系，东为辽河支流——老哈河的发源地之一；西南是滦河支流——伊逊河、小滦河的发源地。湿地是独具魅力的自然景观之一。湿地与森林、草原景观相融合形成了一个有机整体。水系与林分相结合形成了独特的湿地景观类型。林分与水系的交接处成为湿地景观中需要着重考虑的部分，在营造风景林过程中河岸线尽量保持其原有的自然状态，要着重考虑林分之间的混交所体现季相变化，如果河岸地形比较复杂，则树木应依随地形的起伏而配置。

（4）草甸草原景观

塞罕坝森林公园北、西部被广袤的草原环抱。本区域内的草原、草甸区系半湿润半干旱类型区，年降水量440mm左右，其区系成分以兴安—蒙古成分为主，同时也兼有一些华北及亚热带成分。

塞罕坝森林公园内草甸草原群落类型多、总盖度大，堪称植物多样性富集区的代表。草原绿茵如毡，坦荡无际，风吹草低、牛羊成群，极目远眺，蓝天、白云与草原、羊群相融相连，间或传来骏马的嘶鸣和牧羊人的音哨，令人心旷神怡，浮想联翩。

（5）其他

除了以上具有典型特色的四种景观外，塞罕坝还有特色的水体景观，例如滦河源头、泰丰湖、七星湖、神龙潭、红松洼自然保护区以及山地景观，例如月亮山风景区。

（六）人文资源

1. 历史人文资源

公元1681年，清朝康熙皇帝设立了"木兰围场"，塞罕坝是"木兰围场"的重要组成部分，当时的塞罕坝气候凉爽、森林茂密，古木参天，鸟兽繁多，属于典型的森林草原气候带。1690年，康熙帝在此通过"乌兰布通之战"，平定了噶尔丹。塞罕坝所处的重要地理位置，加之清朝政府外交、军事、政治的需要，据史料记载，自康熙二十年至嘉庆二十五年的139年间，康熙、乾隆、嘉庆共在"木兰围场"中"肆武、绥藩、狩猎"105次，在塞罕坝留下了亮兵台、将军泡子、十二座联营、塞北佛石庙、乾隆殪虎洞、翠花宫、扣垦坟等历史遗迹和许多美丽动人的传说。

2. 塞罕坝精神资源

塞罕坝位于河北承德市围场县北部。到新中国成立之初，过去的原始森林已变成"飞鸟无栖树、黄沙遮天日"的高原荒丘。百年间，塞罕坝由"美丽高岭"退化为茫茫荒原。20世纪50年代中期，塞罕坝机械林场正式组建，来自全国18个省市的127名大中专毕业生，与当地干部职工一起组成了一支369人的创业队伍，拉开塞罕坝造林绿化的历史帷幕。"天当床，地当房，草滩窝子做工房。"一代代塞罕坝人薪火相传，用半个多世纪的接力传承，以青春、汗水甚至血肉之躯，筑起为京津阻沙涵水的"绿色长城"，从茫茫荒原到百万亩人工林海，建造起一道守卫京津的重要生态屏障。

3. 特色旅游资源

塞罕坝国家公园总面积141万亩，其中包含森林景观106万亩，草原景观20万亩，森林覆盖率高达82%。独特的气候与悠久的历史，造就了这里特殊的自然景观和人文景观，其中金莲映日、泰丰湖、七星湖、滦河源头、塞罕塔等，都是经典的旅游景点。自然景观景点有七星湖湿地公园、金莲映日观赏园、达里诺尔湖、干枝梅观赏园、野生花卉园、皇家鹿苑观赏园、门图阿鲁、东蔡木山滑草场、高山滑雪场、封闭式狩猎区、植物园、御道沟、二道河口漂流垂钓综合娱乐园、十里画廊等。历史文化景点有塞罕灵验佛庙、乌兰布通古战场微缩景观、塞罕塔、康熙亮兵台、皇家木兰秋狝城、展览馆、塞北佛石庙、翠花宫、上营盘买卖街、彩弹射击场、乾隆逐鹿处、摩崖石刻等。丰富的特色旅游资源也是打造塞罕坝品牌不可或缺的一部分。

（七）景观现状

塞罕坝是华北地区面积最大、兼具森林草原景观的国家级森林公园，被誉为华北塞外明珠。生物资源极其丰富，是一个天然的植物宝库，彩色树种以独特的叶色和姿态与常绿树种云杉、雪松等混交种植或群植，形成了多层次、多结构的风景林。但是由于塞罕坝是以人工林占主导地位的自然保护区，存在着保护区乔木林起源单一、林相简单、前期人为干扰严重等问题。人在林地形成中的过多干扰对塞罕坝地区的生态稳定性有着不小的挑战，对其景观上的观赏价值也有十分严重的影响。

1. 人工纯林结构简单，缺乏层次

塞罕坝机械林场人工纯林以落叶松、云杉、樟子松为主，总体分布各自独立，树种单一且集中，物种多样性水平低。成片均一的乔木树种导致其下的灌木及草本植物单调且缺乏变化，仅形成特定的某些种植模式。人工林种植密度较高，层次欠丰富，景观效果不好。

2. 森林景观色彩单调，缺乏季相变化

塞罕坝机械林场内有丰富的彩色树种，部分地区将彩叶树种以独特的叶色和姿态与常绿树种云杉等混交种植或群植，形成了多层次多结构的风景林，随着季节的变换而呈丰富多彩的变化。但由于塞罕坝机械林场的主要树种规模大、密度大，相同树种种植时集中连成一片。其主要树种樟子松、云杉等又属于常绿针叶树木，四季常青缺乏季相变化，仅能观干观姿，难以给人以丰富、新鲜的视觉享受，不能满足人们对森林游览的观赏要求。

3. 植物景观雷同，空间节奏不明显

塞罕坝机械林场中98.52%的森林面积由落叶松、云杉、樟子松、桦树、山杨等高大乔木组成，植物景观空间节奏变化不多，建设初期林场树木的疏密关系仅仅考虑生态效益，未经美学设计，观赏价值较低。景观雷同，缺乏远景、中景、近景的不同特色。

4. 景点景观质量较差，功能单一

塞罕坝现有的历史人文景点、民俗风情景点在开发中，忽视花草树木植物景观的建设，仅仅依存现有的大面积人工林作植物景观，导致景点开发缺乏活力、失去美的基础，也没有挖掘出塞罕坝的文化符号，难以在游赏中引起人们的共鸣。

5. 景观格局和生态功能缺乏考虑，可持续发展差

塞罕坝是森林和草原并存，森林物种主要有白桦和山杨，以及少量的蒙古栎和油松林，人工林是大量华北落叶松林和樟子松林及云杉林，从景观上看是造成了大量草地生境的斑块化，草地面积的锐减以及结构单一的人工森林生态系统的大面积出现，形成了复杂多样的变化模式。其结果虽然增加了景观类型多样性，但由于在景观格局以及景观的生态功能上缺乏考虑，同样给物种多样性保护造成了困难。

二、塞罕坝生态旅游的空间布局

塞罕坝应牢牢把握京津冀协同发展重大机遇，明确发展定位和战略目标，全面提升森林草原生态系统功能，建设好、保护好、发展好塞罕坝机械林场及周边地区生态屏障，为建设生态文明和美丽中国提供塞罕坝样板；牢固树立绿色发展理念，严格落实生态保护红线，永久基本农田、城镇开发边界3条控制线，加强生态空间管控，突出生态建设对空间、产业、区域的引导作用，依托现有资源建立不同功能的分区，构建"一核引领、两带延展、三网贯通、六区联动、多点融合"的景观空间布局。

（一）一核引领

以塞罕坝机械林场为核心，充分发挥塞罕坝机械林场生态建设的引领作用，全面提升生态保护与可持续发展能力，培育健康稳定优质高效的森林生态系统，同时在部分开放林区内部更新林相景观，打造多层次的立体景观，如白桦＋稠李、忍冬＋柴胡、风毛菊，展示塞罕坝特色林相结构。如在林中以白桦＋稠李为主干树种，搭配春季开花树木玉兰、海棠、梨树，小灌木以紫丁香、棣棠为点缀，地被以玉簪、鸢尾、马蔺、麦冬来丰富林下空间，给人沁人心脾，舒适开朗之感。

（二）两带延展

以小滦河流域为西翼，以阴河流域为东翼，全面实施山水林田湖草综合治理，沿河成片打造防风固沙林和水源涵养林，加强草地、湿地与水资源保护和生物多样性恢复，为展示区域景观打下良好的基础。

充分利用山脚下滦河支流吐力根河自然曲折的美感，在河流汇成的湖泊处因地制宜打造大水面并适当结合硬质驳岸如木制阶梯、亲水平台及草坪缓缓入水搭配水杉、银杏、鸡爪槭等秋色叶乔木，条石座凳围合形成水边休闲观景的重要节点；在河流沿线配置湿生植物，耐水湿灌木及乔木，与白桦林、杨树林等有机结合，按照有张有弛、错落有致的形态布置，以两岸形态怪异、山势峻拔的高大山体为背景，山水交相辉映，金秋时节，五彩缤纷，力图勾勒出一幅风景奇特的山水画廊，形成独具特色的北国水域风光；除此之外，设计相应的陆上慢行步道结合水上栈桥的形式串联各个重要的节点如动感草坪，亲水体验平台，景观小品等。总之，将景观体验与生态资源水体净化，生物多样性恢复等多方面现状统筹兼顾。

（三）三网贯通

1. 林网贯通
沿冀蒙边界打造东起红松洼国家级自然保护区、贯穿塞罕坝机械林场、西至御道口牧场管理区的防风固沙绿色长廊，成片营造冀蒙边界防风固沙林，小滦河、阴河流域水源涵养林、水土保持林、村镇人居林。

2. 水网联通
沿小滦河、吐力根河、如意河、撅尾巴河、伊逊河、大唤起河、燕格柏河、阴河构建8条生态廊道、野生动物栖息地与迁徙通道，形成森林生态系统、草地生态系统、湿地生态系统互补的生态保护网络。

3. 路网贯通

以"不大拆大建""生态优先"为原则，积极利用现有的"东—中—西线"路网骨架结构，重点打造一号风景道，以G233、Y005、S214、Y001等为道路为重心，如G233道路，在其入口处设置门户标志性景观，沿路设置图案精美的花带景观，以小叶黄杨、红叶石楠、红花继木和多年生宿根花卉植物等为主，并同时结合道路周边村庄，扎实推进村庄绿化、绿廊建设和农田防护林体系建设，在东、中、西打造各具特色的生态绿廊和生态景观带。

（四）六区联动

坚持生态优先、绿色发展，按照禁止开发区、生态保育与可持续发展区、植被恢复重建区、边塞文化体验区、自然山地体验区、湿地湖泊景观区，分类施策，特色突出，展现塞罕坝自然人文新时代的美丽形象。

1. 自然保护区禁止开发区

严格按照自然保护区保护管理规定，核心保护区禁止开展任何形式的开发建设活动，禁止建设任何生产设施；一般控制区可适度开展科学试验、科普教育、参观考察和生态旅游等活动，同时做好与旅游开发、生态环境保护等相关专项规划衔接，确保旅游设施和旅游活动不对自然保护区产生负面影响。

2. 生态保育与可持续发展区

生态保育与可持续发展区主要包括塞罕坝国家森林公园（不含塞罕坝国家级自然保护区）、小清河国家湿地公园以及规划范围内的生态公益林区。通过优化森林生态系统结构，建设健康、稳定、优质、高效的森林生态系统，着力提高森林质量效益，实现自然生态系统保护和森林资源可持续经营。

3. 植被恢复重建区

植被恢复重建区包括森林植被恢复区、草原植被恢复区、裸地与沙地植被重建区。通过山水林田湖草综合治理，全面提升生态系统的生产力水平和森林生态系统的整体功能，实现生态系统的稳定、高效和可持续发展，经济效益、生态效益和社会效益协调统一。

4. 边塞文化体验区

从场所记忆和集体记忆中摄取塞罕坝边塞文化，将其转化为场景、故事、故事线，通过技术，带给游客感官、行为、思维和情感体验，塑造文化景观示范点，充分利用现有的文化场所，如亮兵台、塞罕塔、十二座联营等，将边塞文化节点以景观小品的具体场景出现，并用植物地形等将一个个场景分隔起来，以时间线将其串联，让游客沿着这个线索渐入佳境，仿佛穿越并亲身体验边塞的历史发展，推动文化与景观的深度融合与互动发展，增加文化内涵，加强人们对塞罕坝文化的感受和体验，激发人们的审美情趣和文化情结，给人留下深刻印象。

5. 自然山地体验区

塞罕坝机械林场南部沟壑纵横，山峰邻立，峰、峦、谷、坡、岗、岭、崖、壁，多姿多彩，各有千秋。同时公园坝缘山地较为集中，有的高耸壁立，有的清秀迷人、婀娜多姿。利用塞罕坝山峰景观的变化，空间的设计布局应与流线组织紧密结合，如空中栈桥与花海结合的形式打造视觉的震撼，或台地结合花带、跌水、台阶的形式来引导游人登高望远，抑或利用山间溪流做跌水、鸟鸣、花香打造"小桥流水人家"的氛围，以不同的动景创造出丰富多彩的特色山地景观，使观景者在同一山地景观中有不同的心理感受和空间体验。同时利用植被丰富，色彩缤纷的特点，特别是金秋时节，打造出一副五彩缤纷的山林画卷。

6. 湿地湖泊景观区

塞罕坝西部为滦河支流伊逊河发源地。河道众多，曲折蜿蜒，水流清澈，洁净甘纯。在河道低洼处，形成了许多湖沼，如七星湖、塞罕湖、沙脑泡子等，以其各自不同的特点为主要依据，可打造不同的景观，如七星湖可打造为湿地体验区，主要以栈桥，湿生及水生植物为主，如荷花、睡莲、芦苇和千屈菜等，塞罕湖可扩大，结合硬质驳岸挑台、台阶、木制亲水平台等供人流集散活动。两岸形态怪异、山势峻拔的高大山体，多样的白桦林、榆树林、杨树林及其他针阔混交林等植被和清澈恬静、透明无瑕的众多湖泊赋予了公园极大的灵气。

（五）多节点融合

推进重点区域、重要节点以及村镇进行生态修复和绿化美化，特别是对现有景点的全面提质，完善景点设施，配备一系列配套服务，提升塞罕坝森林公园的知名度和人气。

三、塞罕坝生态旅游的建设任务

（一）生态蓝绿景观

塞罕坝地处多种交界区，景观多样是塞罕坝景观最大的特色和特征。健全的蓝绿景观构建，生态保护区的建立，可以提升塞罕坝应对干扰的抵抗力与恢复力，加强塞罕坝机械林场的社会–生态系统韧性，保障生态系统健康的安全发展。

塞罕坝生态蓝绿景观发展应当发挥其森林覆盖率高的优势，把生态保护作为首要任务，建立生态保护区，保证低人工开发程度，作为园区整体生态系统健康保障的重点发展区。在塞罕坝全园内，以点、线、面结合的方式，全方位、多层次、立体化打造一自然、生态、纯粹的景观综合示范园。

点上，遵循一园一特色、一园多景的原则，打造多个特色景观园，可以依据已有的金莲花观赏园、红叶观赏区等景观园，打造特色植物种类观赏园；也可依据林场内现有的特色植物林和特色风景游憩林，紧邻场地内部道路，打造特色森林游憩园，着重强调对于特色森林林相结构、森林群落的展示；同时，依靠泰丰湖、七星湖、滦河源头等打造特色湖泊、湿地风貌园。

线上，依托吐里根河、羊肠河、阴河、伊逊河等4条河流的部分河段，打造具有塞罕坝特色的滨河景观道，譬如水杉观光大道、湿地游憩科普道、曲水休闲趣玩道等；同时，依托穿过园内的主要道路打造不同类型特色景观道路，如一号风景大道可以依托原有的道路景观肌理，规划气势宏大的风景道。穿过场地的G233等国道则可进行粗放考虑，整体延续原有风格，修理现有植物形态，对植物种类进行梳理，赋予不同的道路不同的植物展示主题，并选取局部重要节点进行景观提升。而一些次要道路例如Y001等，则可以选取塞罕坝特色灌木和草本植物，形成花团锦簇的休闲小道。

面上，充分利用塞罕坝的多样景观类型和森林类型，在不改变原有地貌和植被类型的基础上，分别打造森林景观区、稀树草地景观区、湿地景观区、草甸景观区等大景观区，展示塞罕坝特色。其中，森林景观区还可进行更细一步的拆分，譬如形成白桦、华北落叶松混交特色森林景观区，樟子松森林景观区，白桦森林景观区等。从点到面，从小林相到大景观，系统打造塞罕坝景观体系，展示所在区域的特色景观。

（二）地域人文景观

塞罕坝拥有丰富的文化资源，其遗留的亮兵台、十二座联营、塞北佛石庙、乾隆瘗虎洞、木兰秋狝文化园、扣垦坟、安北大将军佟国纲墓、塞罕塔等历史遗迹讲述着一个个故事。进行规划时，要将地理特色、地域特色、文化遗址等综合考虑，将其与景观结合起来，凸显地域文化特色，特别是满蒙文化，并将其完整呈现给世人，赋予其更持久的生命力。其中，可以依托塞北佛石庙打造特色的宗教园林，将宗教文化、植物景观与休闲游憩相结合；塞罕塔则可将其作为景观园的眺望点，在塔内重现满蒙文化、秋狝文化，围绕塔的周围打造特色植物景观和地貌景观，做到四时有景、四面不同。

将当地的文化与自然风景相结合，尽量做到最真实、最科学的方法，充分考虑和选择当地的传统要素，保留文化参考性强、历史价值较高的传统元素，架起传统文化与自然景观之间的桥梁。亮兵台和乾隆瘗虎洞是很好的改造利用对象，分别可以成为文化景观园区内特色的园林小品，亮兵台可作观赏石也可用于眺望，乾隆瘗虎洞则可作为有观赏价值的山石。同时，二者均具有丰富的文化价值，可分别提取各自的传统文化故事为主题打造文化景观园区。

同时，提炼出具有地方代表意义的传统元素，并将其与公园中的风景相结合，以实现地方文化的重现。譬如，现有的安北大将军佟国纲墓，周围便有其跨马的雕塑和碑石。雕塑和碑石可以非常直观地将历史故事重现，起到很好的宣传教育的作用。同时，选择的要素要有象征意义，这是具有地域特色的园林景观与其他景观的根本不同。将建筑语言、文化符号、传统民俗等诸多方面通过"园林雕塑"和"园林小品"等抽象的方式表现，实现历史文化和现代景观的交融。

（三）绿色文化宣教

作为一个具有生态文明教育的示范基地，应在林场主要出入口和现有景点附近设置健康绿色慢行步道，充分利用步道两侧景墙、景观柱、文化Logo等多种方式展示塞罕坝历史发展景观，体现党中央对林场的亲切指导和殷切希望。并以此为契机，达到宣传学习教育、警示人类注重环境保护的重要性、唤起人们对于保护生态的意识的目的。开辟特色生态文明教育体验林区，通过不同的植物造景，打造不同发展时期塞罕坝地区的生态微缩模型，让人们亲身体验塞罕坝机械林场发展演变的过程并切身感受到生态文明建设的重要性。

同时，打造生态文明建设示范点，在建设区建造塞罕坝生态文明展览馆，以全新一代"建设成果展示+生态互动体验+融入式学习"为宗旨，兼具知识性、体验性、趣味性。其内容分为"生态文明的旗帜与引领""塞罕坝的生态文明践行之路""人与自然和谐共生"3个篇章，全面展示塞罕坝的生态文明建设成果以及塞罕坝人民一代又一代不怕辛劳、默默奉献的精神。

（四）生态文明交流

林场作为国家公园保护与修复科普教育、科研监测、地域文化展示的场所，为世界各地专家、学者提供集交流、生活为一体的大平台，将有效带动塞罕坝周边旅游经济发展，打开世界文化交流新格局。重点对林场场部进行规划提升。对现有建筑进行改造翻新，并增加新的功能性建筑，打造集居住、研究、讨论和展示等功能一体的林场建筑群。并对其配套景观进行提升，使其成为能承担国际综合性会议的场所。

此外，在禁止开发区、生态保育与可持续发展区、植被恢复重建区等以生态修复为主要特色的分区外，打造多种生态景观场所，提升森林景观特点，因地制宜打造集研究、交流、游赏、居住于一体的特色林间会务中心，充分利用下沉草坪结合条石，疏林草地等景观营造自然生态氛围。利用湿地、河流、林地等自然景观结合开放空间，建设文化交流会所。将原本只能由建筑承担的讨论功能移交一部分到森林，增加趣味性。

同时，筹备特色集会活动，以国际生态文明交流会议为首，策划多季节、多层次的生态文明交流会议，促进相关行业的知识交流与文化传播，同时带动塞罕坝机械林场的生态文明建设。淡旺季分期规划，交流会议结束后，依托原有会议基址，延续会议主题精神，打造系列活动及周边，带动塞罕坝长期发展。

（五）智慧交互升级

随着智能化信息时代的到来，全面覆盖的5G信号将给用户带来更为方便快捷的应用体验。在智能化时代，人们生活中随处可见智能交互设计的产品，智能交互设计成为人们备受关注的交叉学科领域。因此，将智慧交互理念融入塞罕坝景观提升中是紧跟时代发展的不可或缺的任务。

在林场景观提升的前期阶段，可以通过积极运用社交网络、大数据、卫星定位、地理信息系统、传感器、虚拟现实等技术，高度集成地对场地、场地周边环境、景观提升需求展开数据信息采集；对景观过程和不同人群的行为习惯进行分析评估，推动公众参与景观提升。林场景观提升过程中构建空间模型和数据库进行空间推敲和环境模拟，如建立植物模型，推敲植物配置效果、模拟不同植被结构对周边小气候的影响，可以提高景观提升的科学性，并为未来林场后续的管理、养护等作数据的铺垫。

在建成后，林场可以通过传感器、移动信号捕捉、林场自身开发的App、自媒体等，更及时和全面地收集和掌握游客的人群特征、游憩时间、喜好、评价和需求等个性化数据；另外，还有运用眼动仪、皮电仪等生理数据监测仪器，基于医学及神经认知研究中的循证试验，能够精确地识别游客在景观环境中的身心感知变化，找到影响游客生理和心理健康的景观要素特征。如此，林场与人建立更紧密的和谐关系。

四、塞罕坝生态旅游发展建议

按照"坚持人与自然和谐共生，保护生态环境就是保护生产力、改善生态环境就是发展生产力"的发展理念，依托塞罕坝生态环境、森林资源优势，兼顾社会效益和经济效益，结合塞罕自然资源特点、自然保护地管理政策以及国际生态旅游发展趋势，包括塞罕坝在内的我们国家自然保护地的生态旅游未来都将向基础设施、服务设施建设低强度、环境友好、绿色低碳的自然教育、生态体验、户外运动、生态露营、森林康养等方向发展。根据塞罕坝的地理区位、资源特点，塞罕坝未来适合向塞罕坝精神展示、自然教育、生态体验等方向发展。将塞罕坝建设成为习近平生态文明思想展示基地，塞罕坝精神展示基地，生态保护与生态修复的典型示范，全国具有影响力的自然教育以及生态旅游示范点。

（一）基本现状

1. 生态旅游数据

2019年，塞罕坝接待游客共计54.7万人，门票总收入3954.2万元。投资3000余万元，对公园景点及基础设施进行改造升级。结合林场常规造林工作，投资700余万元完成植树造林801.9hm^2，林相改造4186hm^2，培育复层异龄混交林，不断提升森林景观质量。2020全年累计接待游客21.7万人，实现收入958.2万元，入园游客和收入同比减少60.1%、80.3%。2021年全年累计接待游客8.5万人，实现收入318.0万元，入园游客和收入仅为2019年的15.5%和8.0%。

究其原因，一是新冠疫情对生态旅游造成严重影响，塞罕坝乃至承德全市旅游人次和收入都呈现断崖式下滑。塞罕坝游客人数和旅游收入更是下降到疫情前的15.5%和8.0%；二是小景点售票后，游客来而不入，过而不停。

2. 生态旅游特点

从空间分布特点来看，七星湖是塞罕坝区域生态旅游的核心吸引物，塞罕坝全域游客数量占比达到近60%，塞罕坝机械林场范围占84%；比今后生态旅游应丰富完善七星湖景区设施及服务体系，改造提升其他景区景点，形成"一核多点"的布局结构（表9.1）。

表 9.1　2020 年塞罕坝生态旅游游客分布特点

单位：万人

景点名称	塞罕坝机械林场				林场范围外		合计
	七星湖	亮兵台	二龙泉	金莲映日	御道口牧场	红松洼	
游客数量	12.7	1.3	0.6	0.5	5.7	0.9	21.7
游客占比（%）	58.53	5.99	2.76	2.30	26.27	4.15	100

从旅游经营机制方面来看，2021 年之前塞罕坝生态旅游由林场下属的生态旅游公司经营管理，和塞罕坝机械林场外部御道口农场和红松洼景区联合经营，采用通票制度，按照各景点游客数量比例共享门票收入。塞罕坝分成比例大约为 60%。2022 年，习近平总书记视察塞罕坝发表相关指示后，塞罕坝生态旅游定位由旅游经营服务转向公益服务，景区全部开放，不收门票，塞罕坝旅游公司撤销。

（二）发展评价

1. 旅游业态有待升级

塞罕坝处于北京—克什克腾旗自然观光游线节点位置，以京津冀及内蒙古周边过路自然观光游客为主；生态观光资源与周边区域自然景观类似，观光核心竞争力优势不强，自身红色文化、生态文化、历史文化特色没有充分发挥，体现塞罕坝文化与自然资源特点的自然教育、生态体验、户外运动、生态露营、森林康养等旅游业态有待发展。

2. 生态旅游管理机制有待完善

生态旅游目前由林场和地方政府合作经营，代表未来保护地生态旅游发展方向的特许经营制度和相应研学旅行、自然教育、生态露营等新兴服务机构进入机制有待完善。

3. 生态旅游配套设施和服务能力有待提升

防火巡护监测设施与生态旅游景区景点融合机制有待加强；自然观光为主的配套服务设施有待向休闲、教育、体验、露营等方向转变提升；连接林场场部、亮兵台、月亮湾等具有教育体验价值的道路交通和观光停驻驿站体系有待完善提升。

（三）发展路径

1. 发展方向由大众观光向塞罕坝精神宣传、自然教育和生态体验的转变

目前塞罕坝旅游主要集中在七星湖景区，以自然观光为主，占游客数量的 60% 以上；未来应深度挖掘塞罕坝的精神文化内涵和自然教育资源，推动发展方向由大众观

光向塞罕坝精神宣传、自然教育和生态体验的转变。

2. 经营模式由商业运营向公益服务为主与市场服务相结合的转变

结合公益类型的塞罕坝精神宣讲和自然教育活动开展，经营模式逐渐向以门票为主的营利性的商业运营向公益服务与大众观光的市场服务相结合转变。

3. 经营主体由林场为主向林场、公益组织和经营企业相结合多元化的转变

原来的生态旅游由旅游公司经营，旅游公司撤销后，林场提供自然教育场地和设施，配置科普教育标识解说体系，并负责公益性的塞罕坝精神宣讲展示、自然教育；全国知名公益组织和经营企业负责塞罕坝自然教育、生态体验、研学旅行等服务，打造知名自然教育和生态体验品牌；扩大塞罕坝自然教育和生态体验的全国乃至世界影响力。

4. 展示形式由展馆场地向生态文明建设、塞罕坝精神展示综合平台和窗口的转变

由原来生态旅游主要由塞罕坝机械林场博物馆和尚海纪念林、七星湖转向塞罕坝精神展示基地、科普宣教馆、室外自然教育步道、自然教育点为支撑的实体空间；以及塞罕坝精神和自然教育课程、教育产品、线上多媒体自然教育成果展示、国际学术交流研讨会议多元、立体的态文明建设、塞罕坝精神展示平台和窗口。

（四）空间布局

构建"一核三点一线"的生态旅游空间格局（图9.1）。

一核：塞罕坝生态文明思想体验中心。以塞罕坝林场博物馆为核心，构建以塞罕坝精神为主要内容的习近平生态文明思想体验基地。

三点：七星湖自然教育、生态体验、生态露营基地。突出七星湖、泰丰湖湿地生态系统、鸟类迁徙、生物多样性资源特点，以七星湖科普教育馆为依托，开展科普教育、生态体验、生态露营等服务活动。

尚海纪念林塞罕坝精神体验基地和自然教育、生态体验基地。结合尚海纪念林生态建设成果，体验塞罕坝艰苦奋斗精神，了解沙漠变森林的生态变迁，领会习近平生态文明思想。

亮兵台爱国主义教育和生态体验基地。结合康熙平定噶尔丹在此停驻阅兵的历史典故，以及塞罕坝生态建设成就，建设以民族团结和祖国统一为内容的爱国主义教育和生物多样性为主题的生态体验基地。

一线：构建从塞罕坝林场博物馆到尚海纪念林的户外自然教育、自然观察和生态

塞罕坝生态旅游规划布局图

构建"一核三点一线"的生态旅游空间格局

◉　一核：

◉　三点：

⋯⋯　一线：

图 9.1　塞罕坝生态旅游规划布局图

体验线路。突出塞罕坝林场森林、湿地、草原生态系统多样性、生物多样性以及乌兰布统草原自然风光。

（五）发展建议

1. 完善生态旅游经营机制

建立生态旅游特许经营制度，为国内具有影响力的自然教育、研学旅行、生态露营机构进入服务提供方便，扩大塞罕坝在全国自然教育和研学旅行方面的影响力，传播塞罕坝精神。

2. 加强森林防火监测能力

加强森林防火设施与生态旅游管理监测体系融合能力，提升制约生态旅游发展的防火安全精细管理能力，提升森林防火应急保障能力，为生态旅游发展提供技术保障。

3. 升级生态旅游配套设施

围绕自然教育、研学旅行、自然观光业态升级目标，完善提升尚海纪念林、七星湖、亮兵台、月亮湾、塞罕塔、木兰秋狝等景点的道路交通、休闲服务、生态露营、自然教育步道、生态厕所等服务设施，编制自然教育、生态露营等指导手册，完善塞罕坝精神、自然教育标识解说体系；建设一批具有全国影响力的森林步道、自然教育小径、自然教育观察点，使之成为塞罕坝精神体验和自然教育的典型示范。

4. 融合生态旅游与景观建设

各景区景点围绕业态升级和设施建设进行景观设计专项规划设计。森林公园各景点入口、自然教育点、自然教育步道、森林步道、生态露营地依托现有自然观景，采用近自然手法进行景观提升，在视觉形象、使用体验、解说功能、安全保障等方面进行完善提升。

5. 促进社区融合发展

在旅游管理机制、总体规划、交通体系、业态分工、项目布局、经营机制、营销体系等方面实现八个统筹，建立合作协商机制，实现林场与周边社区统筹融合发展，展示塞罕坝生态建设推动当地社会经济发展的生态价值实现能力。

（六）近期任务

1. 培养专业的人员队伍

随着自然教育和生态体验的深入开展，对专业自然导师的需求将不断扩大。

第一，增加自然教育、生态体验专职科普人员，兼顾环境教育、生物、生态、心理等多方面教育背景；接受组织开展自然教育课程活动的主题确定、组织管理、后勤保障、安全管理和突发事件应急处置等方面的专业培训；为科普人员每月定期提供内部专业培训，邀请相关专家针对课程设计、深程安全等关注点深入讲解，增强工作人员知识储备与专业素质，鼓励支持工作人员参加自然教育导师培训认证。

第二，构建志愿者为补充的自然教育和生态体验服务团队。考虑志愿者群体不同的教育背景、专业知识以及可能的工作时间，进一步扩大志愿者数量。根据塞罕坝林场的生态环境特点及需求，参加塞罕坝林场自然教育系统培训课程，课程内容包括：塞罕坝精神、林场生态、林场植物、鸟类、户外活动讲解实践、户外活动讲解技巧和自然观察风险安全与管控等。培养对高等植物、鸟类、蝴蝶等林场常见类群的物种分类能力、户外活动组织能力和讲解能力，热心公益、热爱自然。引入国际志愿者，使之成为长期项目，从而促进交流和扩大影响。

第三，与具有实战经验和优良师资的自然教育机构保持友好的长期合作关系。确保第三方自然教育专职工作人员具备较强专业素质，确保充足的工作人员，维护自然教育活动的安全有序开展。

2. 景区景点建设提升

（1）七星湖景区。发展定位：自然教育基地、生态体验基地、生态露营地。发展思路：七星湖景区改善和提升服务设施水平与档次，通过游步道外延拓展，提升景区容纳游客能力。依托现有游客中心，丰富生态体验和森林体验与自然教育内涵，提供生态露营服务。配套项目、自然教育步道，自然体验营地、户外自然教育体验点建设。改造提升停车、茶饮、零售、休闲广场配套服务设施，以及自然教育、森林体验配套设施建设（图9.2）。

（2）亮兵台景区。发展定位：爱国主义教育基地，自然教育和生态体验基地。发展思路：围绕康熙远征噶尔丹的历史典故和亮兵台文化景点，结合亮兵台金莲花、森林草原自然景观和生物多样性，新建亮兵台爱国主义纪念馆兼访客中心，打造自然教育与生态体验步道，开展以民族团结和生物多样性为主题的爱国主义教育和自然教育活动。配套项目：充实丰富亮兵台历史人文内涵，改善提升游步道、观景台和森林景

图9.2　七星湖自然教育与生态体验布局图

观观赏舒适度，提升景区游客接待能力。

（3）尚海纪念林。发展定位：塞罕坝精神体验基地，自然教育基地。发展思路：以老一代尚海为代表的林场职工塞罕坝治沙造林建设成果和生态环境变化、生物多样性成果为基础，结合习近平总书记视察指导路线，开展塞罕坝艰苦奋斗精神学习体验，自然教育和生态体验活动。配套项目：在尚海纪念林重点开展造林体验活动和红色教育。通过规划编制，改造提升现有厕所，新建小型游客中心，满足游客简单休憩茶饮和如厕需求。

（4）塞罕坝精神宣教基地（场部小镇）。发展定位：习近平生态文明思想体验基地，塞罕坝精神体验基地，、生态旅游服务中心。发展思路：以塞罕坝精神文化为主题，以塞罕坝生态森林资源为背景，通过文化故事雕塑、生态街道景观打造、解说牌设置等手段，对场部小镇进行文化提升改造。各类宣教产品要以生态友好为前提，鼓励采用乡土材料，打造塞罕坝林场的精神宣教高地，探索塞罕坝精神和生态文明体验新模式。主要包括塞罕坝博物馆展示多媒体、互动项目及服务设施改造提升工程，户外学生互动体验基地建设工程，自然教育基地建设等工程。配套项目：国际生态文明建设论坛、塞罕坝博物馆、森林养生度假区、户外学生互动体验基地。

（张云路　乔永强）

塞罕坝 新时期发展
战略研究

孙阁 摄

第十章 塞罕坝现代化建设战略

塞罕坝机械林场作为我国国有林场的典范标杆，其现代化建设的整体构想既要立足林场发展实际，也要走在前列，既要有自身的独特优势，也要辐射周边形成区域共享。需要全面贯彻新发展理念，坚持人与自然和谐共生，走可持续发展的道路，从理论、历史和现实的维度将塞罕坝现代化战略解构为信息化、科学化、机械化和国际化四大战略。

一、塞罕坝现代化战略的愿景构想

现代化是人类文明发展进程的前沿，是对传统经济、政治、社会、文明形态的变革与发展，既有对传统模式的传承，更有历史维度的深刻变化。我们走中国式现代化的发展道路，必须坚持以习近平新时代中国特色社会主义思想为指引，在长期的探索和实践积累的丰富经验基础上，形成具有中国特色的，符合发展实际的，实现全体人民共同富裕的现代化发展模式。我国建设的社会主义现代化的主要特点包括人口规模巨大、全体人民共同富裕、物质文明和精神文明相协调、人与自然和谐共生、走和平发展道路。

（一）重大机遇

党的十九大以来，我国政府立足新发展阶段，贯彻新发展理念，构建新发展格局，大力推动乡村振兴，坚定不移地走生态优先、绿色低碳的高质量发展道路，持续稳定地推动生态文明建设和美丽中国建设，出台多项重要政策，持续释放政策红利。在政策利好的前提下，塞罕坝迈向现代化战略愿景迎来诸多重要机遇。

1. 全面贯彻新发展理念为塞罕坝现代化战略指明方向

《中共中央关于党的百年奋斗重大成就和历史经验的决议》指出："党中央强调，贯彻新发展理念是关系我国发展全局的一场深刻变革，不能简单以生产总值增长率论英雄，必须实现创新成为第一动力、协调成为内生特点、绿色成为普遍形态、开放成为必由之路、共享成为根本目的的高质量发展，推动经济发展质量变革、效率变革、动力变革。"全面贯彻新发展理念是当前乃至今后一段历史时期符合我国发展实际的指导方针，中央也相继出台了一系列重要政策制度，如《关于推动城乡建设绿色发展的意见》《关于完整准确全面贯彻新发展理念做好碳达峰碳中和工作的意见》《乡村建设行动实施方案》，河北省委、国家林草局也制定了相关制度，为塞罕坝现代化战略提供了良好的政策环境。在政策执行中，需要系统认识创新发展、协调发展、绿色发展、开放发展、共享发展的关系，"创新是引领发展的第一动力，协调是持续健康发展的内在要求，绿色是永续发展的必要条件和人民对美好生活追求的重要体现，开放是国家繁荣发展的必由之路，共享是中国特色社会主义的本质要求"，塞罕坝现代化战略的设计同样需要体现出新发展理念的基本要求。

2. 实施乡村振兴战略

乡村振兴是党的十九大提出的重大战略部署，我国确立了推进农业农村优先发展，促进农业农村现代化发展的重要方针，并取得了历史性成就。乡村振兴战略实施以来，我国农业农村现代化发展取得了突破性进展，农业基础设施明显改善，高产稳产的高标准农田建设成效显著，脱贫攻坚取得决定性成就，产业扶贫政策覆盖率达到了98%。乡村振兴战略的实施改善了林业基础设施建设，财政支农政策逐步完善，财政支农力度不断加大，为林业生产方式转变奠定坚实的经济基础。

3. 生态文明理念深入人心

党的十七大提出生态文明理念，党的十八大把生态文明建设纳入"五位一体"总体布局，各行各业践行习近平生态文明思想，坚持人与自然和谐共生，推动构建人与自然生命共同体等生态文明思想的核心内容，越来越多地被老百姓所认识、理解，并内化为行动指南。尊重自然、顺应自然、保护自然的良好社会风气逐步形成，人们越来越多的关注生态保护和建设，关注林业，更多的人投入植树造林、绿化祖国的行动中，同时也对以塞罕坝为代表的植树造林模范典型倾注了更多的关心和关注。

4. 信息技术为发展赋能

信息化与林业的深度融合是林业生产方式从机械化向智慧化方向发展的关键之一。林业机械信息化指将物联网、第五代移动通信技术（5G）、传感技术、云计算、人工智能等现代信息技术与林业生产方式相融合，使林业机械运行更安全、更可靠、更高效。相比传统林业机械，信息化林业机械在保证作业质量的同时，可提高作业效率约50%。以信息技术为基础，在林机装备上配备智能化系统，为研制具有精准林机装备、发展智慧林业提供了有力支撑。

5. 机械制造领域不断发展

我国机械制造领域的不断发展为林机装备智能化提供了物质基础。我国实施制造强国战略以来成效显著，主要表现在：突破了一批关键核心技术和产品，技术攻关能力和创新能力显著增强；突破了一批重点领域核心环节瓶颈短板问题，基础研发能力和创新能力稳步提升；智能化制造加快推进，涌现出一批智能制造新模式和新产业，信息技术与制造业深度融合，使制造业加速向网络化、数字化和智能化方向发展。我国机械制造技术的进步为我国林机装备制造向智能化方向发展提供了支撑。

6. 更加开放的中国提供重要机遇

"中国开放的大门不会关闭，只会越开越大。"科学技术的飞速发展拉进了世界各国的距离，以更加开放包容、互惠共享的心态参与国际合作和竞争，以更加主动投入、积极作为的姿态与各国接轨，以更加优质高效、丰富多样的资源状态迎接海内外宾朋，成为我国发展更高层次的开放型经济，形成更为全面的开放型格局的重要举措。拥有全球最大人工林建造的塞罕坝，必须以国际眼光和国际视野审视塞罕坝的发展，谋划塞罕坝的战略，提升塞罕坝的质量，成为我国生态文明建设的一张闪亮名片，也为世界提供我国林业发展的典型案例。

（二）路径设计

塞罕坝现代化战略的研究对象是以塞罕坝机械林场为中心，辐射塞罕坝周边地区，因此塞罕坝现代化战略的设计出发点是以建设现代化林场为内在基础，以周边地区的城镇现代化为基本外延，符合我国社会发展的基本节奏并适度超前。

1. 现代化国有林场建设的基本要求

国有林场是指依法设立的从事森林资源保护、培育、利用的具有独立法人资格的公益性事业、企业单位。其主要的功能是以国有森林资源为依托，开展森林资源保护、培育、经营、利用，为社会提供生态产品和生态服务。目前，我国还未对现代化国有林场作出标准化规定，2008年国家林业局出台的《社会主义现代国有林场建设标准及指标体系参考提要》（以下简称《标准》）虽然距今已经有14年，但是在标准设置方面仍有重要的指导作用。《标准》指出，现代化林场建设标准及指标体系，包含林业生态建设、产业开发经营、林场建设管理、人才队伍培养等各个方面，涉及领域广泛。从基本要求上看，至少包括6个方面：一是森林优质高效，功能全面；二是森林资源综合经营，林业产业充分协调持续发展；三是国有森林资源资产保护管理良好，保持增长增值增效；四是林业生产建设实行科学管理，集约经营；五是林业生产和经营管理基础设施完备，技术装备先进；六是林场富裕文明，林区和谐。

2. 实现城镇现代化的基本要求

新型城镇化是以城乡统筹、城乡一体、产业互动、节约集约、生态宜居、和谐发展为基本特征的城镇化，是大中小城市、小城镇、新型农村社区协调发展、互促共进的城镇化。2022年6月，国家发展改革委发布《"十四五"新型城镇化实施方案》（以下简称《方案》），明确提出要坚持走以人为本、四化同步、优化布局、生态文明、文化传承的中国特色新型城镇化道路。以人为本，即党的十九大提出的坚持"以人民为中心"的发展思想；四化同步，即工业化、信息化、城镇化、农业现代化；优化布局，是应对中国区域发展不平衡、城乡发展不平衡等一系列问题提出的布局调整；生态文明，要求加快生态修复，推动城镇绿色化改造，倡导绿色生活方式，构建城镇宜居宜业体系，统筹生产、生活、生态空间布局；文化传承，城镇化的目的不仅仅是物理空间的城镇化进程，还有人的城镇化进程，最终求得文化和文明的延续。

结合《方案》中明确的新型城镇化战略的目标任务和政策举措，城镇化的基本要求应该有以下几点：

一是居民全面发展，城乡融合发展程度高。农业转移人口市民化质量高，城镇基本公共服务均等化，健全配套政策体系健全。城乡产业协同发展，城乡要素自由流动性高，公共资源配置合理，城乡融合发展体制机制和政策体系健全。

二是城镇化空间布局合理，各类城镇协调发展。提升城市群一体化发展和都市圈同城化发展水平，促进大中小城市和小城镇协调发展，形成疏密有致、分工协作、功能完善的城镇化空间格局。顺应城镇化发展趋势规律，使城镇化空间格局更加均衡。推进以县城为重要载体的城镇化建设，使中心城区城市功能品质进一步提升，重大基础设施支撑能力显著提高，县城综合承载能力和治理能力明显增强，重点城镇服务周边农民、带动乡村经济社会发展等功能不断完善，城镇化布局结构日趋优化，促进城镇化与城乡融合高质量发展。

三是城市治理水平高，城市治理体系和治理能力现代化水平高。空间治理，包括优化城市空间格局和建筑风貌、提高建设用地利用效率等；社会治理，包括提高街道社区治理服务与健全社会矛盾综合治理机制等；行政管理，包括优化行政资源配置和区划设置；投融资管理，包括健全投融资机制等，以及其他相关领域达到科学化精细化智能化水平。

四是城市信息化与智慧化程度高。加强新型城镇化基础设施建设，构建覆盖城乡的数字化社会体系，提升综合承载能力。推进新型城市建设，加快转变城市发展方式，建设宜居、韧性、创新、智慧、绿色、人文城市，推进智慧化改造。

五是坚持绿色低碳发展，城市健康化水平高。加强生态修复和环境保护，坚持山水林田湖草沙一体化保护和系统治理，落实生态保护红线、环境质量底线、资源利用上线和生态环境准入清单要求，提升生态系统质量和稳定性。推进生产生活低碳化，锚定碳达峰碳中和目标，推动能源清洁低碳安全高效利用，有序引导非化石能源消费和以电代煤、以气代煤，发展屋顶光伏等分布式能源，因地制宜推广热电联产、余热供暖、热泵等多种清洁供暖方式，推行合同能源管理等节能管理模式。

3. 适应我国经济社会发展的总体需求

塞罕坝现代化战略的愿景是基于中国经济社会发展的未来愿景而构想的，根据"中国工程科技2035发展战略研究"项目组的研究，2035年的中国经济社会发展具备6

个方面的特点：

一是开放性，具有较高的国际威望和影响力，软实力得到各国认可，发展成果惠及全球，成为人类命运共同体的重要构成。

二是强劲的经济实力，将迈入高收入水平国家行列，经济运行总体情况良好，产业结构趋于合理，中产收入阶层发展壮大，成为世界经济的强力引擎。

三是智能化，智能制造享誉全球，智能医疗、智能教育、智能交通融入百姓生活。

四是可持续发展，能源结构趋于合理，绿色崛起与持续发展共赢。

五是和谐健康，健康中国战略全面实施，以健康为中心的理念全面融入各项政策，公民享有更加平等的机会和更高水平的保障。

六是更加安全，构建形成全方位、立体化的社会公共安全网，食品安全得到全面保障，人民生活更加幸福健康。

（三）愿景构想

塞罕坝要走信息化、科学化、机械化、国际化的发展路径。信息化是塞罕坝发展的基本趋势，以信息技术革命催生的林业科技迭代更新势必会应用到林业的各个场景，塞罕坝必须在信息化战略中走出先手棋。科学化是塞罕坝发展的重要保障，要在科学化战略谋划、精准执行、有序推进等方面下功夫，有效规避风险、创新实践路径。机械化是塞罕坝发展的主要特征，林业机械化是提升产能、提高效能、降低成本的有效路径，也是我国林业与国际高水平接轨的必由之路，塞罕坝有责任发挥典型示范作用，走在全国林场的前列。国际化是塞罕坝发展的重大责任，塞罕坝的建设者们作为联合国环境规划署表彰的"地球卫士"，用卓越的治理实践为全球荒漠化治理贡献了中国智慧，更有责任在生态文明建设、碳中和碳达峰以及人工林质量提升方面为世界贡献出中国案例。在上述条件下，塞罕坝现代化战略的总体愿景为：

2035年，塞罕坝机械林场形成健康稳定高效森林生态系统，建成人与自然和谐共生，生态与经济社会协调发展的全国领先、国际先进的现代化林场；建成全国森林经营综合试验示范区，全国森林文化科普基地和环境教育基地，实现信息化、科学化、机械化和国际化相互协调、共同促进的现代化林场建设模式，为世界生态文明建设示范地奠定坚实的基础。

2050年，塞罕坝已经提前实现林业现代化。利用高度发达的人工智能和大数据技术，建立了完善的森林资源数据库，在林区采用高度自动化监管、造林绿化后期管护、林草有害生物防治、安全生产、调查评估等。借助高度发达的通信网络和社交媒体，实现高实时、全方位的信息化林下经济及生态旅游发展。林场及周边生活布局更加科学，现代化教育、医疗设施更加完善。建成完善的塞罕坝品牌经济体系和成熟的文化传播体系，塞罕坝生态文明国际论坛、塞罕坝"零碳"小镇等已经成为国内知名、国际具有一定影响力的塞罕坝生态文明实践模式。

二、塞罕坝信息化战略

"信息化"是党的十八大提出的"新四化"的重要建设内容之一，也是国家林草局提出的2050年实现林草现代化的三大支柱之一。加快物联网、云计算、人工智能等新一代信息技术的推广应用，对于加快塞罕坝林业信息化建设具有重要意义。

（一）基本现状

近年来，塞罕坝信息化建设取得了一系列成就，也存在不少挑战和不足。

1. 资源感知监测能力不足

当前塞罕坝尚未建立统一的林草生态网络感知系统，在全域感知、数据传输、信息处理等方面仍存在不少短板。例如，无法及时掌握森林、湿地等各类森林资源的动态消长情况；众多山地地区无网络信号，难以实现动植物信息监测数据的实时传输，难以满足游客的实时通信需求；监测终端分布不均匀，覆盖不足，数据感知监测盲区较多，难以满足高效的感知监测需求。

2. 风险监测预警和安全防范水平有待提升

有待构建天空地一体化全域覆盖的林草风险监测预警网络，各类风险的突发性、异常性和难以预见性日益突出，智慧防控体系尚未形成，风险监测预警能力较低。例如：森林防火的"识别—响应—预警—处置"全流程管理的智慧体系建设还不足，难以应对突发的重大森林火灾威胁；在落叶松毛虫、落叶松尺蛾、红脂大小蠹、松材线虫病等重点病虫害防治上，仅依靠人工识别监测，森林病虫害不能自动识别，早期预警能力不足，无法做到早发现早处理，容易导致人力、物力、财力的巨大浪费；智能化技术应用不充分，野生动物疫源疫病监测更多依靠人工识别检查，费时费力；林草资源非法侵占、采伐监测预警能力不足，外来入侵物种监测处置不及时，可能对生态系统造成较大危害。

3. 信息化智慧化对经济生产的支撑力度不足

目前，林场收入主要来自木材和苗木销售、生态旅游等，收入结构较为单一，信息化、智慧化支撑程度不足，主要体现在：林产品销售渠道信息化支撑程度不足。以木材销售为例，主要销售中小径材，用于采矿矿柱和建筑工地支架，产品售价较低，没有充分利用信息化手段拓展销路；蓝靛果等林下经济产品尚未形成规模，缺乏有效的线上销售渠道；景区智慧化程度不够，吸引游客的能力和游客服务体验有待提升，尚未形成线上、线下有机融合的服务模式。

4. 信息化在公共服务体系中发挥的作用有待加强

塞罕坝作为全国生态建设标杆和全球最大的人工林场，承载了生态富民、生态惠民的重要职责，在满足人民美好生活的新期待和新需求方面还有待提升，具体表现在：自然教育、精神科普等优质生态产品和服务智慧化水平不高，公众服务深度和广度不够；与健康、体育、文化、教育等相关领域的交叉融合不足，公众服务潜力没有充分发挥；基层文化基础设施建设力度不足，生态文化传播载体单一；生态文化、精神宣传媒体渠道单一，公众获取信息渠道有限。

（二）愿景构想

2035年，在先进技术发展和林业经济产业迭代升级的基础上，塞罕坝将达到科技化、智能化和自动化的信息化建设水平，实现重要生态资源的高效感知监测，建成塞罕坝林业大数据中心，构建塞罕坝早期预警与管护体系，进一步提高林业资源管护能力，夯实林业经济发展的信息化底座，建设具有塞罕坝特色的生态文化平台，助力塞罕坝全面发展。

2050年，塞罕坝将依托高度发达的信息化技术，实现对塞罕坝地区的全维立体化监测感知，进一步提升对塞罕坝林业种质资源的保护能力。建成塞罕坝"生态智慧大脑"，在林场提供全程"一站式"服务，抢占元宇宙沉浸式旅游科技新高地，通过信息化赋能林业数字经济，实现林场的绿色发展之路。

（三）实现路径

1. 近期重点工作

（1）建设塞罕坝天空地一体化监测体系，实现高效的感知监测。应用卫星、无人机、视频监控和传感器等物联网技术，构建天空地一体化多尺度的感知网络体系，及时获取所需的数据，实现对森林、湿地、生物多样性等资源的动态监测。利用高分辨率遥感卫星获取多源、多尺度、多时相遥感数据，掌握塞罕坝大范围森林资源动态变化信息；利用无人机获取高分辨率影像，开展森林火灾监测、林地征占用监测、野生动物监测等航空监测；在地面利用视频监控、红外相机以及各类传感器对有害生物、火情、塞罕坝的水土气生等生态因子进行实时在线监测，提高数据采集的自动化程度。构建塞罕坝天空地一体化监测体系，实现森林、湿地等各类森林资源的高效感知。完善监测数据信息化传输网络，利用遥感卫星、微波通信、无线自组织网络等方案解决山地地区信号问题，满足监测信息的实时传输。增加监测终端设备的部署范围，扩大森林感知网络的覆盖范围。

（2）建设塞罕坝林业大数据中心，建立风险监测早期预警机制。梳理各类资源数据，建立塞罕坝林业信息资源目录，共享数据资源清单，形成数据治理标准和规范。搭建塞罕坝林业大数据中心，通过统一空间基准、统一数据标准、统一数据本底，实现"一套数"管理。通过叠加森林资源、湿地资源、野生动物资源和自然保护地等数据，实现"一张图"管理。利用无人机、物联网、视频监控、3S、人工智能等技术，建立风险监测早期预警和快速反应机制，实现森林防火管理、林业有害生物监测、野生动物监测和疫源疫病监测、外来入侵物种检测、林业资源非法采伐监测、林业智能巡护管理，使林业资源保护智能化，提高资源管护能力。充分利用森林防火视频监控设备，基于机器视觉、深度学习等技术实现森林AI烟火识别系统，提升雷击火防范能力，自动发现火灾并及时进行预警。综合利用各种监测设备，搭建防火管理调度综合信息平台，推广应用林业巡护管理系统，建立防火部门及护林员间的在线联系，畅通森林防火相关信息快速上报和指令下达渠道，实现森林防火的高效调度指挥。

（3）建设信息化支撑产业平台，助力塞罕坝经济发展。基于互联网、大数据、人工智能、新媒体等技术，建设以信息化为底座的产业平台。依托于海关木材进口价格数据、鱼珠木材交易市场等大数据，形成木材销售价格曲线预测模型，智能化动态调整塞罕坝木材销售价格，牢牢把握商机，谋求最佳经济效益。发展林下经济产品电商，通过抖音直播带货等方式推动林下经济产品的销售，建立"林场+互联网+消费者"直通快捷营销模式，实现林下经济产品线上线下相结合的销售模式，为塞罕坝的林下经济产品打开销路，建立林下产品畅销体系。

应用互联网、物联网、云计算、5G通信和大数据等技术，围绕实现塞罕坝森林公园智慧管理、智慧运营、智慧决策、智慧服务，打造塞罕坝智慧景区。建设景区运营管控系统和App、指挥调度系统、智能视频监控、协同办公系统、游客服务平台等系统，从而实现实时、动态、有效的景区运营管理和服务，提升游客服务体验。探索线上线下旅游融合的服务模式，利用虚拟现实（VR）、人工智能技术，在七星湖湿地公园建立VR线上沉浸式旅游试点区，提高景区对游客的吸引能力。

（4）建设塞罕坝全媒体宣传展示平台，大力弘扬塞罕坝精神。深入挖掘塞罕坝精神的深层文化内涵，以全国爱国主义教育示范基地、全国林业再造秀美山川示范教育基地、中央国家机关思想教育基地等为载体，搭建线上线下一体化的生态文化教育体系，扩大公众服务的深度和广度，提升公共服务能力。基于林业大数据中心的数据应用分析，结合林业资源"一张图"，应用多媒体和信息可视化方式，如数字重建、VR等技术，结合微信、微博、短视频平台等新媒体，构建具有塞罕坝特色的生态文化平台，开展相关生态文化的宣传活动，大力推广塞罕坝相关文创作品，营造浓厚的生态文化宣传氛围，拓宽塞罕坝生态文化信息宣传的渠道。

2. 远期开展工作

（1）强化生态资源监测能力，建成全域全时全生态要素立体化感知监测网络。以光纤为骨干传输网，将新一代通信技术和卫星宽带相结合的林区接入网，建成"随遇接入、高速传输"的塞罕坝机械林场高速通信网络。拓展地下水、生态产品等林场经营监测需求，新建全要素生态监测站，重点更新空基观测设备，补点建设地面物联感知设备，织密织牢立体化感知监测网络。通过高速通信网络，数据实时汇聚至塞罕坝林业大数据中心，全面提升对林场的全域、全时、全生态要素的监测能力。

（2）强化智能化管理服务水平，建成塞罕坝综合管理"生态智慧大脑"。依托多尺度立体化感知网络和智能化高性能的大数据中心，进一步提升人工智能、大数据、物联网等核心技术的应用水平，继续整合林场数据、业务和应用，提供林场"一站式"服务，满足资源监测、灾害防控、应急指挥、生态多样性保护、生态旅游监管、绿色资产自动盘点、科普自然教育、林场管理等全方位生产、经营和管理需求，全力打造塞罕坝的"生态智慧大脑"。

（3）强化生态教育与旅游深度融合，建成塞罕坝沉浸式元宇宙生态体验基地。在七星湖湿地公园沉浸式旅游试点建设的经验和成果基础上，进一步提升信息化技术与塞罕坝特色生态旅游行业的融合，重点发展虚拟现实、增强现实、人工智能、新一代通信技术和区块链等信息化技术，全面建成数字展馆、虚拟景区和线上国家森林公园等数字旅游基地，发展数字艺术展示产业，推动数字艺术在重点领域和场景的应用创新，开发沉浸式旅游演艺科普、沉浸式娱乐体验产品，线上旅游和线下旅游融合发展，创新性打造塞罕坝沉浸式元宇宙生态体验基地。

（4）强化林业种质资源信息系统建设，建成全国生物育种创新应用引领高地。注重对国家重点保护野生植物、国家重点保护药用植物和优良牧草等具有重要种质资源保护价值的林业资产开展种质资源保护工作，建设林业种质资源信息系统，收集和入库塞罕坝重要的林业种质资源，强化提升林业种质资源保护能力，打造全国领先、有重要影响力的林业种质资源保护与利用体系，建设全国生物育种创新应用引领型新高地。

（5）强化林业产业经济的信息化赋能，实践形成绿色低碳的塞罕坝发展之路。依托先进的三维地理信息系统、人工智能、大数据和区块链等信息化技术，建成"数字塞罕坝"，实现林业产品产、供、销的信息化、网络化，提升林业服务的数字化，全面提升塞罕坝的林业数字经济水平。建设森林碳汇交易平台，利用信息化技术精准、无感核算场区碳汇资源，打造森林碳汇数字沙盘，建成辐射周边区域的碳汇交易数字市场，推动碳汇交易产业化、规范化、市场化，带动塞罕坝绿色经济的发展，助力国家"碳中和"目标的实现。

三、塞罕坝科学化战略

科学化战略是指战略的制定符合客观规律的要求，既包括科学制定战略，又包括制定科学的战略。塞罕坝在制定科学化战略过程中，要根据林场实际发展状况来把握发展规律与发展趋势，确保在科学理论的指导下进行合理的配置与科学的开发。

（一）基本现状

塞罕坝主要从森林培育和经营、资源安全管护、资金使用和管理、民生工程与环境治理等方面切实提升科学化水平。

1. 森林培育与经营的科学化

（1）制定科学管理的规章制度。科学的管理办法可以有效提高选苗的标准化、客观化和幼苗栽种流程的规范化，促使林场在减少人为因素影响的同时科学造林，最大化造林成活率。首先，林场应进一步完善职工绩效管理办法，设立适当的考核机制、奖惩机制，激发职工的工作积极性，有效提升生产效率和生产质量。其次，科学规划职工岗前培训，落实栽种环节细节管理，保证种苗流程的科学化。林场还应规范苗木筛选标准，大力引育良种，多样化林木结构，保障100%有效种苗，把关苗木质量。同时，优化林场监督管理制度，在栽种全过程中，严格技术管理、检查监督，确保技术人员全程跟进、林场不定期抽查，层层落实各级责任，保证苗木按方案要求栽植。

（2）开展科学规范的营林作业。营林作业不仅要落实科学的采伐制度，还要规范营林技术，保障营林生产科学、精准实施。首先，林场应严格落实《采伐通知单》制度，加强采伐生产流程管理、合理经营设计，伐后及时监督验收。其次，林场需规范抚育措施，将培育大径、无节良材作为重点，加强樟子松、云杉等林分的修枝设计与管理，提升林分质量。同时，科学引入优质木种、诱导异种引进、营造林下混交林，实施林苗一体化经营，多样化森林资源结构。此外，为从源头上保障营林生产的精准实施，还需高质量完成场内调查设计工作。林场还可以通过林业科研为场内特定林区提供科学监测，进而为森林质量提升提供科学依据。

2. 安全管理与资源管护科学化

（1）树牢安全管理理念。安全管理理念在林场建设发展中具有至关重要的作用，是保障林场平稳运行、落实安全生产总要求的关键环节。严格落实《塞罕坝机械林场安全综合管理办法》各项细则，完善各级各类风险管理预案，层层落实安全管理责任。加大巡逻值守力度，及时排查安全隐患，积极推进森林公安工作，坚持"平安林区"建设，严厉打击毁林盗伐、非法采挖苗木、野外吸烟用火、破坏林地资源和野生动植物资源等违法犯罪行为，构建林区治安防控体系，加强区域警务交流合作。将安全管理科学理念转化为实际行动，将安全管理工作落到实处。通过邀请专家讲解普及安全生产和应急管理业务知识、不定期举行安全教育宣传月和咨询周、增设安全条幅和标语等方法，提高林场职工安全意识，树牢安全管理理念。

（2）科学规划护林防火。护林防火工作是塞罕坝资源管护工作的重中之重。护林防火工作不仅要从思想意识的宏观层面进行科学规划，也要落实到具体"怎么做"的微观层面。首先，要细分责任，通过层层签订责任书的办法，形成层层抓落实的工作格局，并将护林防火纳入工作考核标准，增强相关绩效考核。其次，要严抓管控、源头治理，各检查站要落实"三不放过"，护林员要坚持完成每日巡山记录与专项检查报告。同时，对火源管控需要不定期抽查、鼓励机关人员下沉基层充实防火力量。此外，还应加强全场防扑火人员知识培训和实战演练，通过与森林救援队、武警官兵等进行联合演练，提高扑火队伍专业素质和应对实际火情的处理能力。林场还应完善防火护林基础设施建设，增设防火护林带、完善塞罕坝及周边区域应急安保工程，引入智能化设备、购置并科学使用无人机侦察系统，并提高武警官兵、扑救队伍的后勤保障工作。通过防火知识主题演讲等活动，进行防火宣传；还可以通过发放防火宣传单、推送防火宣传短信等方法，营造浓厚的防火宣传氛围。

（3）科学治理森林病虫害。森林病虫害防治是塞罕坝机械林场资源管护的重要工作，是推动林场科学、健康发展的基础一环。塞罕坝应积极开展对全场范围内特定森林病虫害的普查监测工作，通过实际数据来精准预测、针对性防治，加强与周边区域的联防联治，控制全年林业有害生物成灾率、提高无公害防治率、测报准确率和种苗产地检疫率，提升森林病虫害科学防治能力。

（4）加强林地资源管理。林地资源管理对于保障生态林用地、加强自然保护区建设、维护生态环境具有重要作用。需严格把控林地占用，依法依规为林地使用办理审批手续，及时完成森林督查工作，盘点清查林场不动产外业。此外，还需坚决停止天然林商业性采伐，签订各级停伐和管护协议；保护幼林地，继续推行造林成果拨交制度。对于自然保护地，应严格治理违法违规破坏生态环境的问题和违章建筑改造问题，提升保护区和国家森林公园建设，做好野生动物疫源病监控防治工作。

3. 资金使用与经济发展模式科学化

（1）严格加强预算管理。资金使用科学化是指资金利用的有效化、规范化，既要求林场压缩经费支出、最大化资金绩效，又要求严格落实预算计划、加强场内资产管理。林场各单位应严格按照预算制订本年度计划，杜绝预算外支出，不得擅自变更预算项目及金额，加强资金监管与报账。其次，林场应完善财务内审制度，充分发挥审计部门作用，加强收支的真实性与合法性。对于场内资产，应加快盘点、有效监管；同时，清欠应收货款，尽快回收应收、尽收货款，降低坏账风险。林场还需严格把控营林、造林成本和三公经费支出，最大化资金效益，落实林业生产项目定额管理和内控管理。

（2）精准规范木材销售。科学的市场战略是林场把握商情变化、挖掘潜在市场、最小化风险、最大化利益的保障；同时，有利于林场生产更贴合消费者需求，减小库存积压的风险，增加木材销售收入，促进林场经济发展。为了实现市场战略科学化、精准木材销售，林场首先应展开全面的木材市场前期调研，掌握市场最新动态，抢抓木材销售最佳时机，实行百分百木材产品复核和竞价销售，增加木材销售直接收益。同时，在这个过程中，塞罕坝机械林场还需跟随市场需求变化，生产适产适销的产品，采取灵活多样的销售组合方式，最大化收益。林场还可以通过增加新建苗木基地，保障木材销售后备力量。

（3）创新经济发展模式。林场应结合地域满蒙文化，开发特色旅游，设置敖包节、木兰秋狝等活动；充分发挥自身生态特点，举办旅游文化节、环保摄影等，以增添景区趣味性、吸引更多旅客前来游玩。塞罕坝还需规范景区规章制度，加强景区管理，严厉打击逃票行为，杜绝人情票发生，加强电子验票、打卡通行、验票补票等措施，确保旅游经济健康发展。对于景区内基础设施，如雕塑、停车场、公厕等，需及时修缮整改；引进智能化、科技化讲解设备，全面升级景区导览系统，提升景区服务。林场应充分利用森林优势，促进森林生态价值向经济价值转化。通过在北京绿色交易所挂牌，积极与公司等社会团体签订造林碳汇订单，实现森林经济价值；还可以发挥塞罕坝自身专业优势，"走出去"承揽造林设计和验收，增加林场收入来源。

4. 民生工程与环境治理科学化

（1）用高质量的林场建设提升职工获得感。林场建设不仅需要关注林场本身的生态环境建设，还应重视对林场生活区、居民区的规划和建设，给予林场职工更多的人文关怀。在林场交通规划上，应建设与养护林区公路，确保场内交通畅通，保障林场正常生产、生活。对于违法违规建筑要及时清除，积极改造危旧房、分配住宅楼，优化职工住宿条件，保障职工基本生活。此外，还应科学规划场内自来水设施、电路电网、Wi-Fi网络等，提高职工生活质量水平。

（2）用高水平的环境治理提升职工幸福感。在基础设施建设、景区建设过程中产生的环境污染一直是塞罕坝地区的难题，旅游景区的开发也对林区生态环境产生了一定负面影响。在林场建设中，要正确把握经济发展与生态保护客观规律，加强环境科学治理，合理配置场内资源、科学开发。在场内基础设施建设过程中应当注意降低施工分贝、划分隔离带、加强工人生态环境保护意识。对于受伤的野生动物要及时发现、及时救治，保护林场野生动植物生活环境，维护生物多样性。林场还需积极引进先进技术设备，减少废气、废水的排放，最小化对空气、水源的污染。

（二）战略愿景

2035年，塞罕坝机械林场科技化、智能化程度大幅提升，高端科技设备广泛应用，林场安全显著提升；林场有林地面积、森林覆盖率、森林蓄积量明显增加，森林生态系统健康稳定、优质高效；场区内基础设施建设绿色化，污染问题得到科学解决，生态环境整体改善；经济绿色、开放、科学发展，智能生态公园建设具有显著影响力；人才引进成果显著，林场拥有一批高知科技人才队伍。

2050年，塞罕坝机械林场实现智能化机械设备全覆盖，森林数据库全面建立；林场营造林技术处于全国一流水平，森林面积达到最优，助力我国科学实现碳中和目标；塞罕坝品牌经济体系建成且具有国际影响力，绿色经济体系成熟；场内实现零污染，林场生活区布局更加科学，拥有现代化的教育、医疗设施；林场建成专业化的科研机构，拥有一批专业研究塞罕坝机械林场、解决场内问题的科研人才。

（三）实现路径

1. 科学划定林场生态空间，精准提升森林质量

林场应明确划定生态保护红线，严格场内用地管制，落实山水林田湖草生命共同

体理念，完善林场重点生态空间管控。通过建立网格化、立体化、清单化的林场生态空间管理体系，有效开展林场生态空间监警预测工作，实现林场生态空间开发保护的更高质量、更有效率、更加可持续。林场还应有效提高场内森林质量，推动塞罕坝机械林场由大规模植树造林转变为见缝插"绿"、规模性抚育。通过建设无线宽带多媒体网络、林业监测物联网和"互联网＋"智慧林业服务系统，开展更高质量、更加精确的森林资源调查，科学划定森林功能分区，合理确定森林经营类型，精准提升森林质量。

2. 发展普及绿色建筑，科学改善林场生态环境

优化林场空间布局、科学规划场内基础设施建设，实现既有建筑绿色化改造，逐步实现绿色建筑全覆盖。塞罕坝机械林场应加大绿色改造资金支持力度，科学推进高质量绿色建筑在场内规模化发展，大力推广超低能耗、近零能耗建筑，发展零碳建筑。主动使用绿色建材产品，建设绿色建材应用示范工程，加强建筑材料循环利用，减少建筑垃圾的产生。科学监测场内用水、用电、用能等数据，降低能耗、水耗，大力推动可循环、可再生能源使用，减少资源消耗与环境污染，有效改善场内生态环境。

3. 科学建设零碳生态公园，打造国际化仓储物流体系

推进智慧旅游大数据平台建设，积极发展"互联网＋旅游"模式，将信息技术广泛应用于林场旅游管理、旅游服务和旅游营销等各个方面，建设智能综合旅游服务平台；打造科技零碳公园，引入虚拟互动设施、智能设备等吸引公众游玩，科学宣传低碳、零碳知识，将低碳、零碳理念通过科技手段更加真实、通俗地带入人们生活。依托"双循环"经济体系和"一带一路"经济建设，打造智慧化物流和现代商贸体系，建成林场专用仓储物流体系，提高林产品和林下经济产品物流效率、缩短物流时间、降低物流成本，推动塞罕坝机械林场经济发展与国际接轨，提升林场国际化水平。

4. 引进高端科研人才，培育高技能人才队伍

加强林场管理体制创新，完善人才引进和培育机制，完善林场薪酬体系，构建充分体现知识、技术等创新要素价值的收益分配机制，优化人才管理。加强林场科研平台建设，通过国家林业和草原局等上级单位牵头与科研院组建塞罕坝林业科学研究院、塞罕坝生态文明研究院等，搭建人才培养平台。充分利用林场区位优势，承接京津冀人才、技术转移，推动林场与国内外高校、专家深度开展林业科研合作，积极学习国外先进林场技术经验，聚集一批具有国际视野、引领林业科研前沿的人才，推动产业需求和人才供给精准匹配，释放人才红利。积极培育创新型、技能型、应用型人才，开展继续教育，提高专业技术人才创新能力；壮大高技能人才队伍，打通高技能人才

与专业技术人才职业发展通道，持续推进林场与高校合作，积极创办林场骨干职业技术学院，培养一批有理想、有技术、肯吃苦、肯奉献的林场职工队伍。

四、塞罕坝机械化战略

林业机械化是林业现代化的基础保障，从现阶段对林业机械化的要求来看，将林业机械从效益层面分为两个部分，一是生态建设类机械（以营林、森保机械为主），二是产业发展类机械（以加工机械为主）。

（一）基本现状

为了构建更趋完善的林业生态体系，满足生态文明建设对林业机械的需要，塞罕坝大力发展林木种苗、营林绿化、防灾减灾等方面的生态建设类机械装备，实现了从植树、抚育到采运生产的全程机械化；推进发展森林生态环境污染与灾害控制的机械装备及技术。

1. 森林经营装备体系建设滞后

塞罕坝的更新造林、林冠下造林、割灌、防寒、抚育、择伐更新、围栏等主要经营措施，主要依赖于人工和油锯、修枝剪、割灌机等单一机械装备，森林抚育设备水平、技术含量不高，技术状况不稳定，适用性差，缺乏抚育联合机、缺乏林木抚育/加工剩余物清理机械与综合利用装备、围栏铺设机械等装备。

2. 木材生产机械装备体系建设落后

由于木材径级结构不合理，产业结构单一且整体实力较弱，尤其是木材的深加工和利用装备等缺乏合理开发，小型木材加工企业多，深度加工的大型龙头企业非常缺乏，绝大多数企业设备简陋，整体技术装备水平低，关键设备短缺，产品品种单一，规模小而分散，产业链条短，附加值低，导致造成资源浪费，半成品的边际效益不高，产品质量低下，经济效益、社会效益和生态效益未得到应有的显现。

3. 防灾减灾救灾体系机械化程度不高

目前，仅有9座人工瞭望塔，少量森林消防运兵车、风力灭火机等防火机具装备；少量烟雾机、喷雾机、杀虫灯等防治设备。因此，需要清醒地认识到塞罕坝机械林场在基础设施装备保障能力上仍相对滞后，资源（森林、草地、湿地、生物多样性等）监测平台间与不同监测体系间协同、联动效果较差，一些关键监测指标的缺失，与保障区域生态安全的要求还有一定距离。

（二）战略愿景

林业机械化是加快推进塞罕坝机械林场现代化建设的关键抓手和基础支撑。展望2035年，塞罕坝机械林场林业机械化取得决定性进展，人工林经营实现全过程机械化，木产品初加工机械化促进木产品增值能力显著增强，"机械化+"信息化、智能化全面应用于林场营林、护林机械化管理、作业监测与服务，林业生产基本实现机械化全覆盖，机械化全程全面和高质量支撑塞罕坝机械林场现代化的格局基本形成。

到2035年，塞罕坝林业生产实现全面机械化，并向智能化方向发展；到2050年，塞罕坝林业生产实现智能化，并向智慧化方向发展。即在传统林业生产方式的基础上，将物联网、卫星定位、传感技术和智能控制等信息技术应用于传统的林机装备上，从而实现林业生产过程的数字化感知、智能化决策、精准化作业和智慧化管理。

（三）实现路径

1. 近期重点方向

（1）着力提升木材经营全程机械化水平。补齐人工林营林机械化短板。围绕机械化育苗、机械化造林及抚育等人工林生产机械化，推进造林、抚育、伐木、削枝、归堆、集材、造材、装卸及短距离运输成材的多功能联合作业，向规模化、高效能发展，提高联合作业机具的适应性、可靠性，强化机械、培育、品种集成配套，加强试验示范，总结推广适宜技术路线和解决方案。

构建人工林抚育机械化高效生产体系。大力推进保护性抚育，促进木材生产机械化与资源保护相得益彰。加快选育宜机化林木品种，提升育种机械化水平，推进良种良机协同。深入推进主要树种林木生产全过程机械化，探索适合不同树种、不同区域、不同径级的全过程机械化生产模式，形成高效机械化技术路线和解决方案。加快育苗、造林、抚育、采伐等环节机械化集成配套，推动建立健全区域化、标准化的高质量木材机械化生产体系。

推进林业机械化经营关键环节减损提质。牢固树立"减损即增产"意识，切实将减少木材采伐、运输损耗浪费工作常态化，推动降低木材生产各环节损耗浪费。精心组织机械化生产，注重提高机具技术状态，促进作业有序高效，最大限度减少损失。

（2）加快推动林业机械化、智能化、绿色化。推动智能林机装备技术创新。推动林机导航、林机作业管理和远程数据通信管理等技术系统集成，加快林机装备作业传感器、智能网联终端等关键技术攻关。推进林机作业监测数字化进程。围绕森林与木材质量精准提升，创制智能化机具装备，提升精准作业技术水平。推进北斗自动导航、新能源动力、机电液一体化等技术在林机装备上的集成应用，加快创新发展大型高端智能林机装备，推进林机装备信息化、智能化，促进智慧林业示范应用。

示范运用智能化技术。积极引导高端智能林机装备投入林场生产，加快提升林机装备"造、伐、造、运"全程作业质量与作业效率。大力推广基于北斗、远程监控、智能控制等技术在多功能联合采伐机等机具上的应用，引导高端智能林机装备加快发展。加快育苗、施药、林下剩余物清理等环节智能装备的广泛应用，推动林产品初加工的机械化、自动化、智能化装备应用。

推进机械化生产数字化管理。加快机械化生产物联网建设，推广应用具有林机作业监测、远程调度、维修诊断等功能的信息化服务平台，实现对林业机械化生产的信息化管理与调度。推进林机智能装备数据服务标准体系建设，引领林业机械化管理、林机作业监测向数字化转型，做好机械化生产数据安全管理。

（3）切实加强森林保护机械化装备建设。加强综合森林病虫害防控装备建设。重视对森林病虫害的监测，以建立完备的森林病虫害防治预警监测系统为重点，构建集合气象、水文、测绘地理信息、草原等灾害监测预报平台，开展以分场为单位的病虫害、自然灾害风险与减灾能力监测调查，建设病虫害与自然灾害风险数据库，形成支撑病虫害防控和自然灾害风险管理的全要素数据资源体系。综合应用无人机遥感、物联网、智能装备等现代信息技术，开展空中森林无人机遥感监测、地面气象和病虫情监测，覆盖林场生态环境和林木个体及森林信息采集，软、硬件融合衔接，构建现代林业"空天地"一体化监控体系。在健全林业病虫害防治体系的过程中，结合林业病虫害的防治需求，从防治效率和适用范围考虑，实现地面用森林病虫害防治施药机具和航空施药机具联用。

完善森林火灾防控装备建设。加强地表可燃物清理装备和防火隔离带开辟装备建设。综合利用"天基、空基、陆基"监测手段，完善地面视频监控装备，建立集卫星遥感、瞭望塔（台）、视频监控和地面监测、巡护的立体监测系统，实现卫星图像资源和信息共享，提高自然灾害全要素、全过程的综合监测与研判能力。在塞罕坝机械林场进一步完善高压接力水泵、传递式移动蓄水池和输水管、运水车、高压细水雾灭火器、脉冲水枪等以水灭火装备与全地形运兵车、轮式森林消防车、挖掘机、开带机、推土机等机械化灭火大型装备的配置与优化调配，充分以水灭火设施与机械化灭火装备在火灾扑救、阻隔带建设、抗灾抢险等方面的作用。

（4）强化支持发展政策举措。推进全产业链协同创新。开展造林抚育、人工林质量提升、资源监测、灾害防控、木产品初加工等薄弱环节的机械化技术创新和装备研发、集成示范与推广应用，攻克多功能底盘、林草机器人等制约林草机械化上山入林高质高效发展"卡脖子"的关键共性技术问题。鼓励全社会大众创业、万众创新，调动全社会的资金和技术、财富和智慧向林业装备产业集聚。建立林业装备信息化服务平台，促进政产学研用信息互通，不断提高林业装备有效供给水平。打造林草装备全产业链科技创新平台，实现林草装备产业链上下游联合攻关，产学研用多主体协同推进、研发生产与推广应用相互促进机制。

加强人才队伍支撑。培养林业装备科技推广人员，与机械生产企业开展技术合作。支持林草装备科研教学单位、生产机械企业等广泛参与技术推广，依托"互联网+"构建高水平远程技术服务平台。推动林业装备产业服务创新，鼓励成立专业队伍和林业机械租赁服务，提供一站式综合服务，提升林业机械化技术推广效果。完善人才评价机制，坚持人才下沉、科技下乡，鼓励解决林业生产机械化问题，把创新的动能扩散到林间地头。开展多渠道、多层次、多形式职业教育和技术培训，采用实训与传帮带教学，培育一大批工匠式机械科技人才，强化基层林林业机械技术推广人员岗位技能培养和知识更新，提升林机装备科技创新人才培养能力。

2. 远期工作

（1）数字化感知。林业传感技术和物联网技术是数字化感知的核心技术。发展重点是研发可靠性和稳定性高、成本低，适用于各种林业生产环境的高精度传感器；开发集多种参数感知于一体的多用途小型化传感器，如微机电系统、微电子机械、仿生及生物传感器等新型传感器。广泛采用自主研制的林业无线传感器网络，提高林情数据信息的实时性和可靠性。加快实现林机装备传感器的智能化和信息检测及数据分析，实现"土壤—林木—装备—环境"传感器协调下的智能决策与精准作业；利用微机电系统技术，研制新一代林机装备传感器，在实现林机传感器小型化的同时提高检测精度和稳定性；加快发展新型仿生和生物传感器，以适用于不同的林机应用场景；加快推进基于机器视觉、实时全球定位系统、惯性技术融合的传感器在林业中的应用，提高林间无人化作业和智慧抚育的自动化水平，推动形成新型的林木抚育模式。

（2）智能化决策。智慧林业基于林业生产的时空特性，可为林业生产过程提供智能化决策，在适宜的时间、适宜的地点以适宜的方式投入适宜的生产资料，通过合理利用林业生产资料，降低林业生产成本，获得最佳的生态、经济、环境和社会效益。例如，根据樟子松的生长情况和土壤中的水养分情况，依据樟子松不同生长阶段的水养分需求，为樟子松生长提供智能化决策。随着遥感技术、地理信息系统、全球定位系统等技术的不断发展，林情信息快速采集技术不断成熟。今后的智能化决策系统发展方向应以相关技术的开发和应用为技术支撑，以数据为驱动，采用知识和数据相结合的决策模型，将精准林业决策与智能计算方法有效关联，基于数据库、因果关系和时间序列，对林业生产进行评判和预测，为林业生产提供智能化决策。

（3）精准化作业。以林木抚育的高效智慧生产为重点，根据塞罕坝不同区域的高效生产需求，研制精准耕整、精准造林、精准割灌、精准抚育等智能作业装备，形成面向智慧化林业生产的精准化作业方案。围绕新一代人工智能技术发展趋势以及智慧林业生产的需求，开展远程增强现实操控作业系统、中大型林业机器人自主作业系统以及微小型林业机器人集群与协同作业系统的研发；开展通信及安全控制、高精度靶向识别及路径规划、人机物交互系统、高速高精度驱动以及末端作业机构研究。

（4）智慧化管理。通过信息技术提高林业机械的智能管理水平，包括远程调度、机具监控、故障预警和远程维修指导等。在远程调度方面，利用实时全球定位系统技术等，远程实时获取林业机械的作业位置和作业轨迹，并根据生产需求，按最短转移路径原则进行林机调度，提高林机效率。在机具监控方面，利用各种传感器技术，在林机作业时实时采集关键部件作业参数，并发送至林机生产企业和林机管理部门。在故障预警和远程维修指导方面，根据实时获取的机具状态和作业质量信息，为林机生产企业和林机管理部门判断机具作业状态提供支撑。

五、塞罕坝国际化战略

"一带一路"是中国构建人类命运共同体的重要实施载体。国家林业和草原局要求林业国际合作要将服务国家外交和林业发展为宗旨，以推动实施"一带一路"倡议为重点，"走出去"和"请进来"并举，务实开展双边合作，积极推进全球和区域林业治理，有效配合国家整体外交，有力服务国内林业发展。

（一）基本现状

目前，塞罕坝已同来自巴基斯坦、尼泊尔等20多个国家的50多名国际生在育林技术、生态实践和奋斗历程等方面开展国际交流。然而，塞罕坝的国际交流大多集中在学术和单一技术层面，交流范围有限、程度不深，没能形成形象统一、特色突出和高端绿色的塞罕坝生态品牌，在"一带一路"建设中发挥的影响力有限。《关于加强林业国际合作促进林业对外开放的意见》中指出，使国外的优质资源和先进技术进得来、用得上，国内的成功经验、实用技术、林业企业和产品出得去、站得稳。加快塞罕坝林业"引进来""走出去"步伐对加快塞罕坝林业国际化建设具有重要意义。

（二）战略愿景

面向未来，塞罕坝要逐步扩大国际影响力，逐步与国际先进的森林经营模式接轨，推广先进的荒漠化治理的造林经验，形成标志性的塞罕坝高端生态品牌，建立"科研基地""康养基地""研学基地""产业基地"相融合的国际化总部基地模式。

建立荒原造林经验科研基地。全面建成具有中国特色的森林经营理论、技术、政策、法律和管理体系，使塞罕坝的森林经营进入世界先进和领跑水平，吸引"一带一路"国家，如巴基斯坦、蒙古国、伊朗和土耳其等"一带一路"国家的技术人员来开展技术交流和培训工作，积极推广塞罕坝先进的荒原造林经验。

建立国际化森林疗养基地。充分发掘利用塞罕坝自然景观、森林环境、休闲养生等资源，开展国际化交流合作，引入日本、欧美等国的森林疗养、休闲养生产业发展先进理念和模式，大力探索培育发展森林观光游览、休闲养生新业态。依托塞罕坝旅游发展，建成森林疗养基地，吸引国内外游客前来疗养，打造知名的国家化森林疗养品牌。

建成国际自然生态研学基地。围绕自然生态保护领域，积极推动国际学术交流和经验分享，举办塞罕坝生态保护国际大会，下设高峰论坛、学术会议、生态产品展销会，诚邀国际、国内政府官员和生态保护国际合作组织官员共商绿色发展之路；吸引学者、工程技术人员来塞罕坝开展技术交流，为国内外林业领域的知名企业、林场、高校提供生态产品推介、交流和销售的平台，积极推动在塞罕坝成立生态产品国际合作组织，建成国际自然生态研学基地。

建立塞罕坝林产品的产业基地。通过政府引导，推动建设经果林、花卉苗木、中草药、食用菌、特色养殖、森林蔬菜、木质工艺品等塞罕坝特色生态林产品全产业链条的建设，主打有机、绿色、纯天然等产品特色，积极发展塞罕坝林产品的国际贸易市场。吸引国内国外社会资金，投资建设塞罕坝林产品企业，拓宽产品销售渠道，主动向日韩、欧美等国家或地区销售，推动塞罕坝林产品走向国际市场。

（三）面临挑战

当前，我国正处于百年未有之大变局中，面对复杂的国内外环境，林草行业发展也面临着诸多困难挑战。在塞罕坝国际化的道路上，应重点从国际市场、技术政策、文化理念、人才储备4个方面分析所面临的内外困难。

1. 国际市场竞争激烈

随着全球对环境保护的关注度不断提高，国内外对于木材的需求日益提升，木材市场发展迅速、竞争激烈。塞罕坝林场的经济来源主要依靠木材销售收入，亟须提高木材质量和生产效率，以在激烈的国际市场竞争中保持经济效益稳步增长。同时，在可持续发展和生态文明理念的指引下，国内国际对生态保护的要求越来越高，特别是森林生态保护受到各国政府和公众重视，传统的森林采伐既不符合我国生态文明理念，又不符合国际上的广泛共识。因此，林场应思考如何在保护森林生态环境稳定的基础上发展森林经济，进一步拓展国际市场。

2. 技术政策存在壁垒

相较于美国等发达国家，我国林业企业规模普遍较小，林产品研发生产技术发展缓慢，产品附加值不高。加之美国、欧盟等国家实施技术出口限制，林草行业的技术壁垒问题依旧严重，使得林场经济效益提升动力不足，这是阻碍塞罕坝发展的主要挑战。在拓展海外市场的过程中，其他国家和地区的法律法规和政策与国内差异较大，加之国际贸易政策、环境保护政策等的限制，都会对林场的经营和发展产生影响。此外，我国林业标准化体系建设尚处在试点和起步发展阶段，与国外相比还有很大差距，林业标准制定和认证的话语权较弱，亦给林场拓展海外市场带来巨大挑战。

3. 文化理念差异显著

尽管当下环保理念在国际上深入人心，但部分国家依旧秉持传统的发展观念，不能综合考虑、平等看待、统筹规划经济发展和生态保护。同时，我国生态文明理念的国际传播力不强，在生态领域的国际话语权较弱，国外对我国生态文明建设工作与成就的理解存在一定障碍。不同国家和地区的文化背景、商业习惯和价值观也存在差异，导致在对外交流、商务往来、媒体对接等方面存在一定的困难。因此，在国际化交流过程中，塞罕坝林场应加强思考如何提升传播能力和传播效果，让外国人既"听得懂"又"喜欢听"，进而主动成为塞罕坝经验和中国生态文明理念的传播者。

4. 人才储备难度加大

在国际化发展的过程中，林场与不同国家和地区的合作伙伴的沟通和合作更加频繁，这就需要具备跨文化、跨领域专业知识和技能的人才，同时还需具备一定的外语水平。而我国林业教育发展仍然存在短板和瓶颈，加之林业行业技术革新快，导致高素质、复合型的林业人才匮乏，不利于林场快速推进国际化发展。此外，林场的人才激励机制尚不完善，引进外国人才的政策不够成熟，也成为阻碍林场国际化发展的一大难题。

（四）实施路径

1. 技术能力国际化

不断吸取境外先进的技术和经验，为林场高质量发展提供更加广泛的借鉴和参考，掌握林业国际先进技术发展趋势，引入先进的野生动植物、防火、有害生物等监测设施和技术。借鉴美国、德国等发达国家森林经营模式，科学合理制订塞罕坝森林经营管理方案，为塞罕坝机械林场更高质量发展奠定更加坚实的技术基础，也为林场更快走向国际、成为国际典范提供物质基础，为林场的国际品牌奠定新基础。加快研究国内外关于林业产业的法律法规和政策文件，学习国际先进的林木标准，提升林场林木利用水平和技术标准，推动我国林业标准体系不断完善。加强对员工的国际化培养，积极与国际组织交流，从国际合作和国际民间团体中获得资助，为林场的科学研究、生态功能提升提供更坚实的经济基础。选送优秀员工出国考察、学习、交流，以提升员工国际化视野，提高林场职工的技术水平、管理能力。

2. 合作交流国际化

通过举办、承办森林生态保护与经营、生物多样性等方面的经验交流会、研讨会、学术会等方式，欢迎国外专家学者参观、考察等，展示中国森林经营与林业建设的成就和经验，为林场国际影响力的提升奠定良好的国际形象基础。深入开展绿色家庭、绿色社区、绿色机构等创建行动，面向各国环保组织、林业企业、社区居民举办各类活动，广泛传播我国绿色发展理念和塞罕坝建设事迹，吸取各国开展林场建设的经验。积极参与"一带一路"高峰论坛会议、中国国际服务贸易交易会、中国国际生态竞争力峰会等外交活动，借助主场外交优势，与各国政府、社会组织和林业企业建立联系，寻求长期合作交流。依托《塞罕坝倡议》等平台，深度参与全球生态治理体系，主导推动搭建国际性林业企业和生态理念交流组织和平台，不断提升塞罕坝的国际知名度、影响力、话语权。

3. 招商投资国际化

塞罕坝林场应加强招商引资能力，寻求与国内外企业的经济合作，吸引外资并加强对外投资，推动林场集团建设成为世界一流企业。不断完善森林经济特别是林下经济的产业模式，引进上下游相关企业，形成完整的林场产品产业链。加强林场招商能力，积极参与国际会议、展览等活动，利用好互联网平台和社交媒体进行招商传播，充分展示塞罕坝林场的资源优势和发展潜力，吸引国际投资者的关注和投入。主动谋求政府支持，为国内外投资者提供绿色技术支持、环保政策优惠，依法保护投资者权益，形成高水平、有特色、国际化的绿色招商模式。探索对外投资道路，重点在木材供应运输、林业贸易服务、林下产品开发等方面加强投资，提升林场贸易投资合作的质量和水平。

4. 教育科研国际化

与国际知名大学、科研机构在教学与科研方面开展合作，在主管部门的允许下，与国际知名高校、科研机构合作设立科研和教学基地、生态教育国际示范基地。加强与国内相关高校的合作，深入开展教学科研、人才培养、国际交流等方面的合作，助力高校学生出国留学后到林场就业。建立具有世界级水平的林木科研实验室，在工程造林、森林经营、防沙治沙、有害生物防治、生物多样性、野生动植物资源保护与利用等方面广泛深入地开展研究，为林场在科学营林、创新管理方面提供更加广泛的科学基础，也为全球其他区域的人造林的创新管理与经营提供经验，成为人造林科学经营与管理的学习样板。在塞罕坝荒原地区成功植树造林经验推广的基础上，深入解读塞罕坝精神，从技术和管理两个层面总结成熟的生态保护技术、方法和体系以及规范化、高效的管理机制体制，提出荒原生态保护体系建设标准，定义若干保护等级和实施路径。

5. 基础建设国际化

按照国际标准建设林场基础设施，引进国际先进的林业机械设备，打造国际高水平林业实验室，提高林业生产和研发效率和质量。加强林场信息化建设，建立国际先进的林业信息管理系统，实现对林场森林资源、生态环境、生产经营等方面的全面监测和管理。在名牌介绍、解说和说明中采用中、英文双语说明，公共设施标志上采用国际通用标识符号，在其他硬件建设上采用国际标准，如盲道、残障道路等，为打造宜居、宜业、宜养、宜游的国际化特色森林小镇奠定完善的标识和硬件基础。建立完整的人才引进、薪酬、奖励机制，在国内外林业院校中广泛发掘优秀学生，吸收更多优质人才助力林场国际化发展。加强林场工作人员的外语能力、外事接待能力和对外交流能力培训，强化林业专业英语能力培养，制作中英双语的旅游指南、地图、门票等，提升林场整体的"软实力"。

6. 品牌传播国际化

国际化发展不仅需要技术支撑，更需要思想支持，做好林场品牌的国际传播至关重要。应将林场品牌建设和国际传播能力建设置于战略高度，统筹推进中国生态文明理念与塞罕坝品牌的国际传播，形成具有中国特色、国际化影响力的林场企业品牌和产品品牌。借助国际专家学者、高端智库人士、国内外留学生、生态环保领域的践行者之口，在外国各类群体间讲述塞罕坝故事，展示丰富多彩、生动立体的塞罕坝国际形象。做好国际新闻报道，建设林场英文媒体平台，对外传播塞罕坝开展生态文明建设的生动故事，将塞罕坝打造成我国生态文明建设国际传播的窗口和品牌。持续在外国主流媒体发声，及时澄清外国媒体具有谬误、偏见的新闻，提高林场的舆论引导能力和国际话语权。制作中英双语的宣传片、新闻网站、视觉识别系统等，形成完整的国际传播体系，提升林场企业的整体形象。全方位升级林草产品对外传播能力，形成一系列具有国际知名度的林草产品品牌，扩大塞罕坝林草产品的经济效益转化能力。

（杨金融　姜雪梅　许福　张海燕　李凌超　赵健　余吉安　陈昊原）

塞罕坝 新时期发展
战略研究

林树国 摄

第十一章 塞罕坝发展战略保障

塞罕坝在战略设计中不仅要立足资源禀赋，突出生态、经济和社会的效益，还必须有大情怀、大格局、大视野，从中国式现代化的视角出发，把目光放得更为长远，充分审视塞罕坝的发展基础、人民需求、资源特色、产业潜力，在提升整体竞争力的情况下，探索具有塞罕坝特点的中国式现代化路径。

一、塞罕坝的组织结构再造

河北省塞罕坝机械林场（河北塞罕坝国家级自然保护区管理中心），编制1349名，处级领导职数7名，2正5副。设总工程师1名（正科级）。内设科室31个，科级领导职数39正76副。分别为：办公室、党委办公室、纪委、规划财务科、人事教育科、林副产品管理科、护林防火（安全生产）办公室、资源管理科、营林科、宣传科、保护地管理科、审计科、工会、科技科、基建科、老干部科、气象站、综合执法科、森林公园管理科、电讯管理科、塞罕坝展览馆、森林和草原有害生物防治检疫站、森林消防大队、市政管理服务站、林业调查规划设计院、大唤起林场、第三乡林场、阴河林场、北曼甸林场、千层板林场、三道河口林场。

塞罕坝机械林场属于公益一类事业单位，通过组织结构优化，机构运行效率大幅提升、运行成本有效降低，林场对生态文明建设贡献显著；林场管理人员政务服务能力显著增强，场内职工业务技能水平更加专业化，林场职工工作积极性显著提高，机构、人员运行更加有效；林场企事业剥离和改革顺利完成，场内招商引资体系成熟，企业与林场发展契合度显著增强，林场具有强劲吸引外资能力；林场政务服务达到一流水平，场内职工专业技能不断优化和提升。

（一）明确功能定位，不断优化结构

1. 推进公益事业单位建设，助力生态文明体制改革

生态文明体制改革是全面深化改革的应有之义，目的是加快建立完整的生态文明制度体系，加快推进生态文明建设。国有林场作为生态文明建设的重要一环，对于推动全社会生态认知革命和生态文化自觉具有重要意义。林场主要发展目标是维护生态环境、推进生态文明建设。因此，林场在调整组织结构时，要时刻遵循公益事业单位建设标准，以保护环境、提供公共物品为目标责任，牢固树立"绿水青山就是金山银山"的理念，助力国有林场改革，加快推进公益一类事业单位建设。

2. 落实林场转型战略，增强重点科室建设

林场在转型战略目标中将"管理机制全面创新"和"生态功能显著提升"作为重要内容，这就要求林场在优化组织结构时，应始终围绕提升林场生态功能来完善相关科室建设，使林场核心生态功能突出，推动林场改革。在林场生态功能建设中，不仅要重点突出有关营造林、林业科研、规划设计、育苗管理等方面的功能，还要发挥总

场统筹协调作用，调动计财、信息中心、资源管理、产业化办公室等其他科室的配合，推动林场整体组织结构调整改造，适应林场转型升级。同时，也需加强直属单位和林场及营林区建设，全场上下一条心，推动林场转型升级。

3. 推动企事分离，加快林场转型

林场应认真贯彻落实省林业和草原局、省财政厅、省国资委关于事业单位所属企业改革的要求，高度重视企事分离任务。成立经营性企业剥离工作专班，制订改革措施和方案，明确改革时间表、路线图，积极推进，严抓落实，确保高效完成改革任务。在国有林场改革背景下，林场应加快剥离非主业，着力做强主业。其重要行动目标是依据林场发展目标和战略定位，基本完成林场经营性企业剥离工作，解决林场内机构大而全、小而散、重复建设等问题，加大内部资源整合力度，推动资金、技术、人才等各类资源向林业主业集中，提升林场核心业务能力。

（二）精简组织机构，落实绩效指标

1. 坚持机构精简，科学定岗定员

有效精简机构人员不仅可以压缩林场财务支出，还可以在一定程度上避免人员冗余带来的工作低效，实际工作中要避免为了精简而精简。在组织建设中，要保留林场实际经营管理人员来主要负责核心技术和关键岗位，调整岗位间人员数量，科学调配具有适岗技术的人员。加强单位部门之间的交流与配合，确保工作落实到个人，部门间点对点、人对人进行工作协调，简化组织结构，提高工作运行效率。林场岗位设定应严格遵循事业单位岗位设定标准，结合林场实际需求，确保因需设岗。对于管理岗位、专业技术岗位和工勤岗位的增设，应基于林场发展规划，坚决杜绝岗位制度性养闲人、养懒汉，提高林场组织运行效率。坚持"科学设岗、一岗多责、竞争上岗、择优录用"的用人制度，完善岗位应聘流程，公开化岗位录用全过程，择优录取岗位候选人。要接受上级、社会各界的监督，确保用人过程合法合规。对于个别急需、长期空缺岗位，可以适当放宽岗位要求，或提高岗位待遇，以吸引合适人才。

2. 改革人事制度，加强绩效考核

林场应严格按照《国有林场职工绩效考核办法》规定，结合实际情况制定职工绩效考核具体办法。通过成立职工绩效考核领导小组，组织实施职工绩效考核，采用平时考核和年度考核相结合的方式进行，将职工绩效考核结果分为不同档次，作为晋升薪级工资、发放绩效工资以及续订聘用合同的标准。考核领导小组的组成应结合林场实际，确保考核公平公正。在考核开始之前，对考核方式、量化标准制定统一标准。

在考核过程中，采取民主测评、个别谈话、查阅资料、实地查看等方式进行综合考察，依照目标责任书进行量化打分。采取随机抽查、听取述职报告、职工座谈会等方式查访核验，确保工作真实性。在考核完成之后，考核组成员应根据目标责任书反馈情况，明确指出存在的问题和不足，组织召开专题会议，监督各单位及时改正提高。林场各单位应主动制定年度目标管理责任书，将实际工作细化分工、责任到人。在绩效考核期间，确保工作如实汇报，坚决杜绝弄虚作假行为。对于考核小组指出的问题，各单位应正确面对、尽快修正。

（三）促进培训交流，提高职工能力

1. 加强国内外交流，借鉴先进经验

加强与国内外林场的交流合作。对于共性问题，要主动学习、积极请教，借鉴其他林场解决方案及办法；但在实际应用过程中，还需结合自身实际，不可照搬照抄。而对于其他林场的特性问题，也应了解、知道问题产生的原因及其解决方案；从源头上控制，避免场内出现类似情况，通过设置相关预案和应急措施，确保问题出现后可以及时解决，扼制危害进一步扩大的可能性。而对于自身特有问题，在积极调研、修正解决后，也应形成相关书面报告，以供其他林场进行学习交流。还需加强与国内外高校、科研院所等的合作，通过领导干部组织牵头，采取定期举办讲座、线上会议、线下访谈等形式，及时了解林业最新科研成果和动态，把握林业发展新形势与新机遇，提高政策科学化水平，加强职工素养。

2. 增强岗位培训，提高业务水平

通过召开培训大会、成立培训班和培训基地，增强职工的学习意识，使场内职工认识到只有着眼于实际、紧紧围绕当前工作不断加强学习，才能接受新思想、新举措，从而提高业务能力，完成各项工作。设立专任小组管理投标企业，保障场内、场外工作有序推进、相互配合。制订培训计划，选派人员进修、培训、参加有关专家的林场讲学活动，培育一批能独立开展科研的林场技术骨干，逐步提高林场的管理水平和业务水平。优先扶持理论基础扎实、制造性强、进展潜力大的优秀青年专业技术人才来主持、承担重点林业研究课题和林业工程项目。订购相关书籍、报纸、杂志，建立并更新林场网站及信息系统，以供职工了解和进行日常学习。通过定期组织开展读书会、学习报告等营造学习氛围，同时设立学习标兵，发挥榜样示范作用，带动林场职工进行积极学习。积极组织生产技能方面的培训，提高职工技能水平，学以致用，将已有理论联系实际。在工作实践中运用科学、实用的先进方法、科技成果，紧密联系林业

新形势、新任务，创造性地开展工作。

（四）构建智慧平台，探索购买服务

积极推进林场服务与5G、人工智能、虚拟现实、大数据等创新技术的结合和应用，建设"5G+数字服务"，推动林场服务精准化，逐步实现林场服务网络化、一体化。简化场内业务审批流程，建设林场招商引资绿色审批通道，提高林场机构运行效率，创新林场服务体系，降低场内审批服务成本。探索市场化的购买服务措施。编制符合自身实际的"市场化购买服务"实施方案，调整现有财政计划，适应场内改革新形势，构建与外购服务相适应的资金支持保障体系，强化林场财政预算与规划实施衔接协调力度，合理安排支出规模与结构。林场还应建立与购买服务相适应的监测、评估、调整及考核机制。有计划、分阶段地对服务公司所承担的林场建设任务进行追踪，综合评价购买服务质量，避免购买服务出现负面效应。建立滚动调整机制，根据林场不同发展阶段及时调整购买服务项目，确保服务公司以制度聘人、以制度管人，通过"林场+公司"双重管理模式，互相配合、共同发力，提升工作效能。

二、塞罕坝的城镇社区建设

近年来，塞罕坝机械林场取得了瞩目的成就，也发挥了示范辐射作用，带动周边城镇区域提升城镇化水平。在新型城镇化建设背景下，塞罕坝区域范围内的城镇建设将围绕优化城镇社区空间布局、培育发展特色优势产业、完善基础设施体系、强化公共服务供给、提升人居环境质量、大力推进城乡有机融合等内容，探索生态建设和城镇化协同推进的有效路径。

（一）统筹城乡规划体系，优化城镇空间布局

按照促进大中小城市和小城镇协调发展，形成疏密有致、分工协作、功能完善的城镇化空间格局要求，塞罕坝城镇社区建设将进一步建立健全城乡一体框架下的县城、重点镇、一般建制镇、集镇（中心村）、一般村的规划体系，实现县域城镇体系规划、乡镇总体规划、村庄规划的协调统一。

1. 积极开展城乡统筹规划编制

塞罕坝城镇社区建设范围内的重点镇和规模以上的建制镇要编制详细规划。在建设过程中，切实贯彻严格村镇规划的公示、公布和审批制度，加强民主参与和监督管

理，切实保障各项建设按规划实施。对规划范围内保有历史文化的重点地区，将编制历史文化名镇（村）保护规划，加强对优秀历史文化资源的整理和保护。

2. 打造塞罕坝机械林场特色小镇

坚持"多规合一"，突出生态保护理念，改造提升林场场部，科学编制特色小镇规划。打造"大森林、小镇子、林镇相融、蓝绿交织"的森林特色小镇，建成宜居、宜业、宜游，生态、生活、生产三生融合的绿色生态示范区，成为全国"绿色生态文明展示区""塞罕坝精神宣传教育基地"和服务林场以及周边地区的核心小镇。

（二）加快相关设施建设，完善基础设施体系

按照城乡统筹规划，加强对县域内村镇供水、道路交通、电力电讯等基础设施的建设，加快村镇供排水设施的建设，逐步实现区域基础设施共建共享。加强村镇消防、防震、防洪等防灾设施的建设，实现防灾设施共建共享，构建综合防灾与安全保障体系。大力推进新基础设施建设，逐步建立包括环境基础设施、能源基础设施、信息、科技、物流等产业升级基础设施、新一代超级计算机、云计算、人工智能平台、宽带基础网络等基础设施、重大科技基础设施等。

1. 提升基础设施建设水平

大力加强以水、电、路、讯等为主要内容的城镇社区基础设施建设，有序推进塞罕坝范围内城镇社区建设及林区内营林区、望火楼、管护站点改造提升，建设林场生活生产住房，解决无房户职工的实际困难。新建日处置能力10t的垃圾处理站和日处理能力2000m³污水处理厂，配套布局合理、全面覆盖的污水收集管网。改造升级部分主干道路，新建巡护次干道、简易道、游步道等，不断完善道路交通网络，满足森林防火、资源保护及生产生活等方面需要。力争经过5~10年的建设发展，林场生产生活条件明显改善。

2. 推进建设5G通信基站

逐步开展场部五街二路通信线路入地工程建设，解决场部沿街、沿道线路安全和影响场部整体美观问题。积极与各通信运营商协商，开展5G网络建设工作，建设5G通信基站121个，实现重点区域5G通信信号全覆盖，提升城区通信品质。加快5G在林场森林防火、森林经营、资源管护、防灾减灾、科普宣教等方面的应用，进一步提高信息化建设水平。

3. 实施电力架空线路入地改造

对符合条件的道路两侧61km35kv、275km10kv架空输电线路全部入地铺设；对不

具备入地条件的林内线路，采取绝缘化处理、加大线地安全距离、加宽线路保护隔离带、硬化变台周边土地等措施，减少火灾及其他安全隐患。

4. 强防灾减灾能力

健全灾害监测体系，提高预警预报水平。采取搬迁避让和工程治理等手段，防治泥石流、崩塌、滑坡、地面塌陷等地质灾害。提高建筑抗灾能力，开展重要建筑抗震鉴定及加固改造。推进公共建筑消防设施达标建设，规划布局消防栓、蓄水池、微型消防站等配套设施。合理布局应急避难场所，强化体育场馆等公共建筑应急避难功能。完善供水、供电、通信等城市生命线备用设施，加强应急救灾和抢险救援能力建设。

（三）强化公共服务供给，增强城镇民生福祉

基本公共服务体系建设是保证塞罕坝城镇社区发展的基础，通过不断优化医疗、养老、教育、文化体育等方面的资源供给，有序提供优质服务，持续提高人民福祉。

1. 完善医疗卫生服务体系

健全完善农村三级医疗卫生服务网络和社区卫生服务体系。建立上级医院与基层医疗卫生机构之间的人才合作交流机制，合理配置区域内乡镇卫生院、医疗卫生设备和医务人员数量，改善农村卫生环境条件，建设有效的农村公共卫生服务网络。建设与全面小康社会相适应的健康医疗保障体系。完善突发公共卫生事件应急和重大疾病防控机制。以妇幼、慢性病、老龄人群和流动人口为重点，开展健康素养促进行动，切实提高群众健康水平。实施"互联网+医疗"行动，通过在线医疗、远程会诊以及远程治疗和康复等多种形式，提升规划区医疗能力，提高人民健康水平。

2. 完善社区养老服务

完善社区居家养老服务网络，构建居家社区机构相协调、医养康养相结合的养老服务体系；推动养老事业和养老产业协同发展，发展普惠型养老服务。把"老有所为"同"老有所养"结合起来，研究完善政策措施，鼓励老年人继续发光发热，充分发挥年纪较轻的老年人作用，推动志愿者在社区治理中有更多作为。

3. 扩大教育资源供给

提高人口素质，加快学前教育基础设施建设，完善学前教育体制机制，确保农村98%以上留守儿童能够接受学前教育。提高教师待遇和地位，建立健全城乡一体化义务教育发展机制，确保适龄儿童、少年人口能够接受高质量义务教育。大力发展继续教育，对林场职工和青壮年农民广泛开展职业技术培训，不断提升人力资源的创新能力和竞争能力。搭建文化平台，推进基层综合性文化服务中心建设，实现乡村两级公

共文化服务全覆盖，同步提升服务效能。推进乡镇文化站、农村文化广场、农家书屋、农民体育健身、广播电视户户通等一系列文化惠民工程建设。

4. 优化文化体育设施

根据需要完善公共图书馆、文化馆、博物馆等场馆功能，发展智慧广电平台和融媒体中心，完善应急广播体系。建设全民健身中心、公共体育场、健身步道、社会足球场地、户外运动公共服务设施等，加快推进学校场馆开放共享。有序建设体育公园，打造绿色便捷的居民健身新载体。

（四）加强社区环境建设，提升人居环境质量

扎实推进垃圾治理、饮水安全、污水处理、厕所改革等专项行动，切实改善人居环境。开展绿化专项行动，不断优化空间、扩大绿化面积。大力宣传节能环保理念，促进社区居民践行低碳生活。采取"户集、村收、乡运、县处理"的处理模式，解决垃圾围城（村）现象。城镇周边村庄，充分利用城镇垃圾和污水处理设施，采取集中处理的办法，彻底消除污染。

1. 实施绿化专项行动

按照生态优先、绿色发展理念，大力实施绿化专项行动，因地制宜种植生态防护林、经济林、花卉苗木及瓜果蔬菜。在道路、河道、沟渠、房屋两旁，栽树种草，"见缝插绿"，推动小花园、小果园、小菜园等"微田园"建设，培育生态景观带，构建道路河道乔木林、房前屋后果木林、公园绿地休憩林、村庄周围防护林的绿化格局，实现村庄园林化、庭院花园化、道路林荫化。

2. 推进生产生活低碳化

推动能源清洁低碳、安全、高效利用，引导非化石能源消费和分布式能源发展，在有条件的地区推进屋顶分布式光伏发电。坚决遏制"两高"项目盲目发展，深入推进产业园区循环化改造。大力发展绿色建筑，推广装配式建筑、节能门窗、绿色建材、绿色照明，全面推行绿色施工。推动公共交通工具和物流配送、市政环卫等车辆电动化。推广节能低碳节水用品和环保再生产品，减少一次性消费品和包装用材消耗。

3. 完善垃圾收集处理体系

因地制宜建设生活垃圾分类处理系统，配备满足分类清运需求、密封性好、压缩式的收运车辆，改造垃圾房和转运站，建设与清运量相适应的垃圾焚烧设施，做好全流程恶臭防治。合理布局危险废弃物收集和集中利用处置设施。健全城镇社区内医疗废弃物收集转运处置体系。推进大宗固体废弃物综合利用。

4. 增强污水收集处理能力

完善老旧小区等重点区域污水收集管网，更新修复混错接、漏接、老旧破损管网，推进雨污分流改造。开展污水处理差别化精准提标，对现有污水处理厂进行扩容改造及恶臭治理。在缺水地区和水环境敏感地区推进污水资源化利用。推进污泥无害化资源化处置，逐步压减污泥填埋规模。

（五）提升城镇辐射能力，带动农村协调发展

推动城乡统筹发展是历史使命，也是乡村振兴的重点任务。强化乡镇政府主体意识，做到事权统一，使其成为功能完备的一级政府。推动城镇基础设施和公共服务不断向乡村延伸和转移，增添乡村发展的活力。

1. 强化乡镇政府主体意识

加快村镇建设服务中心建设，县乡都要建立村镇建设服务中心，确保在规划建设方面对农民提供有效的管理与服务，杜绝各类建设安全事故的发生，协助政府主管部门做好村镇建设方面的有关工作和各项服务。加大对县（市）、乡（镇）建设管理人员的培训力度，切实提高基层管理人员的业务素质。

2. 推进城镇基础设施向乡村延伸

推动市政供水供气供热管网向城郊乡村及规模较大镇延伸，在有条件的地区推进城乡供水一体化。推进县乡村（户）道路连通、城乡客运一体化。以需求为导向逐步推进5G和千兆光网向乡村延伸。建设以城带乡的污水垃圾收集处理系统。建设联结城乡的冷链物流、电商平台、农贸市场网络，带动农产品进城和工业品入乡。建立城乡统一的基础设施管护运行机制，落实管护责任。

3. 推进城镇公共服务向乡村覆盖

鼓励县级医院与乡镇卫生院建立紧密型县域医疗卫生共同体，推行派驻、巡诊、轮岗等方式，鼓励发展远程医疗，提升非县级政府驻地特大镇卫生院医疗服务能力。发展城乡教育联合体，深化义务教育教师"县管校聘"管理改革，推进县域内校长教师交流轮岗。健全县乡村衔接的三级养老服务网络，发展乡村普惠型养老服务和互助性养老。

三、塞罕坝的社会影响分析

塞罕坝机械林场的发展不仅在一定程度上保障了生态安全，调整了区域的农业产

业结构和社会经济结构，更推动了区域人口、经济、社会、生态、资源的和谐发展，具有显著的社会效益。

（一）增加当地就业机会，助力乡村振兴战略

林场造林、抚育、主伐、更新等林业生产主要雇佣当地的劳动力。围绕共同富裕的时代要求，充分发挥林场全国脱贫攻楷模示范引领作用，结合森林文化，开发绿色、生态纪念品专营，通过驻村帮扶、生态旅游、民生改善，积极引导带动周边区域发展乡村游、农家乐、苗木种植等产业，带动区域经济发展，助力周边群众致富和乡村振兴战略目标的实现。

1. 提供就业岗位，培养新型职业农民

建场以来，塞罕坝林场为当地群众提供了大量的就业机会，增加了生活收入并提升了生活水平。塞罕坝林场未来将开展林业技术培训，鼓励农户按照自愿原则参与，提高专业技能和综合素质，培训新型职业农民。支持返乡农民工、退役军人、林草科技人员、高校毕业生、大学生村官、个体工商户等到林场，围绕塞罕坝优势产业和特色品种，从事相关林草创业和开发，把小农生产引入林草产业现代化发展轨道。

2. 生态旅游业发展，增加当地就业机会

塞罕坝林场完善特色生态旅游区建设，发展壮大森林生态旅游，深入挖掘独特的民族文化和森林文化内涵，做出品质和特色，打造一批具有塞罕坝特色的旅游景区、度假地和精品旅游线路，提供更多的工作岗位，增加当地就业机会，带动金融、保险、运输、餐饮业、住宿服务业等相关产业的发展。

3. 持续改善民生

林场通过实施贫困人口收入倍增计划和"互联网+"文化创新，赋予特色农产品"塞罕坝精神"和传统文化内涵，推动了特色农产品实现两次价值提升。在此基础上，林场依托政策扶持促进生态就业与创业，支持乡村组建"生态文明专业合作社"，助力每个合作社吸纳建档立卡低收入户，激励合作社社员从事造林、护林、林产品开发、生态旅游等生态公益岗位。

（二）发挥科技引领作用，促进国际交流合作

林场建场以来，在高海拔地区实施工程造林、森林经营、防沙治沙、有害生物防治、野生动植物资源保护与利用等方面取得了许多创新性成果，被国内10余所大学、科研机构确定为科研和教学基地，被国家确定为生态教育示范基地和思想教育示范基地。

1. 强化林业科技创新

林场职工以艰苦奋斗的优良作风、科学求实的严谨态度，攻克了高寒地区育苗、造林、营林等技术难关，完成了樟子松引种、容器苗基质配方、森林防火技术研究等6大课题，部分成果填补了世界同类研究领域的空白。为推进塞罕坝机械林场"二次创业"取得扎实成效，在实现第二个百年奋斗目标新征程上再建功立业。林场进一步加大植树造林力度，大力开展攻坚造林、偏远难地块工程造林和20亩以上林中空地造林（包括保护区内空地）。依靠科技，积极推广先进技术成果，进一步提高森林资源培育水平。发展异龄复层混交林，形成层次多、冠层厚、生态位错落有致的森林结构，提高林分质量，增强森林生态功能。

2. 开展国际国内科研合作

为打造科技兴林新高地，林场与北京大学、北京林业大学、河北农业大学等高校建立科研合作长效机制，积极引进国内外先进理念与技术，围绕森林生态系统建设与保护、森林经营管理机制、生物多样性维护与发展、林业增汇减排等关键技术开展研究。结合林场及周边区域林业现代化建设需要，建设无线宽带多媒体网络、林业监测物联网和"互联网+"智慧林业服务系统，推动塞罕坝构建以森林经营方案为核心的经营技术体系，智慧林场建设落实落地，成为中国森林可持续经营技术和成果对内示范和对外展示窗口。

（三）促进生态环境保护，推进生态文明建设

生态文明建设是中国特色社会主义事业的重要内容，是关系人民福祉、关乎民族未来的长远大计。塞罕坝规划区地理位置独特，森林、草原、湿地生态系统并存，是重要的储碳库、蓄水库、基因库和能源库，在涵养水源、净化水质、保持水土、固碳制氧、防风固沙、调节气候、维持生物多样性等方面，发挥着不可替代的作用。

1. 生态文明理念深入人心

林场要坚持生态文明建设引领作用，深入践行"绿水青山就是金山银山"理念，以时代楷模、最美奋斗者、地球卫士奖为标志，以国家"绿水青山就是金山银山"实践创新基地、国有林场建设标兵、全国爱国主义教育基地、再造秀美山川示范教育基地、中央国家机关思想教育基地等为载体，构建以塞罕坝展览馆、塞罕坝宣教服务中心、塞罕坝生态文化研学基地、塞罕坝生态发展论坛和多个现场教育示范基地为主体的宣传教育体系，使生态文明理念深入人心。采取线上线下相结合的宣教方式，弘扬塞罕坝精神，让更多人了解塞罕坝生态建设成果，从而打造宣传生态文明思想的主阵地。

2.绿色低碳发展加快推进

林场在完成474.9万t国家核证减排量备案的基础上，继续寻求探索林业碳汇开发新途径，与生态环境部签署了《关于共同推进绿色低碳发展推动实现碳达峰碳中和战略合作备忘录》。塞罕坝把节约优先、保护优先、自然恢复作为基本方针，把绿色发展、循环发展、低碳发展作为基本途径，坚决淘汰损害甚至破坏生态环境的发展模式，坚决摒弃以牺牲生态环境换取一时一地经济增长的做法，努力形成人与自然和谐发展新格局。深入实施创新驱动发展战略，推进科技创新成果试示范和转化应用，加强生态空间管控，坚持绿色低碳节能环保，实现有效保护、科学开发、永续利用、绿色发展。

3.生态环境质量显著改善

林场经过几代林场职工多年坚持不懈的植树造林、治荒止漠，从昔日的塞外荒原，成为首都和华北地区的水源卫士、风沙屏障。林场要充分发挥示范效应，带动集体林的发展，增强当地居民的生态保护意识，有效控制猎捕野生动物、乱砍滥伐及野外用火行为。加强生态环境保护国际交流，广泛宣传习近平生态文明思想，推广塞罕坝经验，向世界展示生态文明建设的中国样本。

四、塞罕坝的精神文化引领

塞罕坝精神是塞罕坝林场建设者用心血、汗水甚至生命凝结而成的文化成果的集中展现，是构建塞罕坝机械林场新发展格局、推动塞罕坝机械林场高质量发展的重要支点。必须立足新时代新需求，坚持固本培元、守正创新，从强化党建引领、拓展精神内涵、推动典型示范等方面持续发力，传承塞罕坝精神，推动新时代塞罕坝林场文化建设工程，引领和带动林场绿色发展和高质量发展。

（一）加强党的全面领导，构建文化建设体系

强化党的全面领导，坚持正确政治方向、舆论导向和价值取向，以传播弘扬塞罕坝精神为出发点，提升文化引领能力。

1.注重党建引领

林场要着眼于持续深化贯彻习近平生态文明思想的思想行动自觉，将塞罕坝精神与传承中国共产党精神谱系有机结合起来，发挥塞罕坝精神文化的导向、规范和凝聚作用，不断开拓林场文化建设的新理念、新思路，在内容建设、传播方式等方面持续

创新，健全林场文化建设的制度体系，引领林场文化建设迈上新台阶，为林场二次创业新征程提供强大精神动力。

2. 挖掘实践典型

要以社会主义核心价值观引领塞罕坝机械林场精神文明建设，站在历史和全局的高度，从绿色发展、科学精神、开拓创新、艰苦奋斗等多个维度，继续深入系统梳理阐释挖掘塞罕坝精神及其实践典型，利用好《最美的青春》《那时风华》等已有的优秀文化作品，实施塞罕坝精神文艺作品质量提升计划，推出更多讴歌新时代塞罕坝绿色发展的精品力作。

3. 强化平台建设

要加强林场职工的思想道德建设，强化爱国主义、集体主义、社会主义教育。要充分发挥中共国家林草局党校塞罕坝分校等教育平台作用，将价值引领融入培养专业化、职业化的森林经营"工匠"人才全过程，展示林场干部职工新面貌，彰显现代化林场建设的新气象，增强林场凝聚力、向心力，为林场改革发展营造良好氛围，推动文化培育、实践、创建不断深入，进一步提升文化影响力。

（二）大力弘扬传统文化，加快建设美丽塞罕坝

林场要坚定文化自信，保护好世界文化和自然遗产，传承中华优秀传统文化，弘扬塞罕坝精神，深化文旅融合，以创新发展催生新动能、以全面深化改革激发新活力，高起点谋划、高标准推进、高水平落实，对于弘扬传统文化、共建美丽中国起到积极的推动作用。

1. 传播生态文化

从转变林业发展模式、建设生态涵养功能区，实现造林保护与生态利用的有机结合，到在深化国有林场改革、推动绿色发展、增强碳汇能力等方面大胆探索，塞罕坝林场职工用忠诚和执着凝结出了"牢记使命、艰苦创业、绿色发展"的塞罕坝精神。林场要以生态建设为根本，以发扬塞罕坝精神为内容，充分发掘、保护、利用和传播塞罕坝地区丰厚的历史文化、森林文化、草原文化和独特的秋狝文化、满蒙风情，积极开展符合林场特色党建活动，建设林场丰富多彩的生态文化，走出一条具有塞罕坝特色的生产发展、生活富裕、生态良好的文明发展道路。

2. 弘扬传统文化

以御道口牧场和周边5乡镇为节点，在东南侧、东北侧与塞罕坝机械林场形成契合关系。以塞罕坝机械林场生态保护和建设，带动规划区乡村乃至更大范围，实现生产、

生活、生态"三生同步"，绿色产业、文化体验、生态旅游"三位一体"，共同建设看得见山、望得见水、记得住乡愁的美丽乡村。充分利用冬季雪量大、雪期长等气候和地形优势，结合皇家文化、满蒙文化等文化符号，将哈里哈镇打造为皇家高端休闲滑雪度假基地。结合美丽乡村精品片区建设，深入挖掘少数民族特色村寨民俗旅游资源，重点将扣花营、哈里哈、台子水、八十三号4个行政村打造成为坝上地区满蒙特色民宿示范区。重点建设滑雪基地、主题休闲酒店、冰雪运动拓展基地、扣花营满蒙民族风情部落、满蒙民族历史文化博物馆、满蒙文化主题民宿群等旅游项目。

3. 建设生态文明展示区

利用塞罕坝国家级自然保护区、国家森林公园等现有的七星湖湿地、尚海纪念林、老礼堂、塞罕塔、望海楼等生态和人文景观，打造宣传生态文明思想、普及绿色发展理念的重要窗口，努力形成全社会共同关心、支持和参与生态文明建设的浓厚氛围。用好弘扬塞罕坝精神的优秀文艺作品，依托塞罕坝精神和区域森林文化、草原文化、民俗文化等，继续创作推出一批以生态文明为主题的优秀文化作品。将塞罕坝机械林场作为面向世界展示中国生态文明建设成果的成功范例、面向国民倡导绿色生活方式和先进生态理念的教育基地、面向游客弘扬塞罕坝精神的鲜活旗帜，在山水林草观光的基础上，进一步突出和强化以塞罕坝精神为内涵的红色旅游产品设计和打造。

（三）讲好新时代好故事，提升文化建设软实力

坚决贯彻落实习近平总书记"在深化国有林场改革、推动绿色发展、增强碳汇能力等方面大胆探索"的重要指示精神，不断拓展塞罕坝精神的传播途径，讲好新时代实践塞罕坝精神的好故事。

1. 丰富拓展宣传路径

以塞罕坝精神为基点，坚持新发展理念，将文化建设融入塞罕坝探索生态产品价值实现路径的过程之中，绘就践行"两山"理念的实践样板。将塞罕坝精神内容、符号、故事融入林场环境建设和相关景区景点，纳入旅游的线路设计、展陈展示、讲解体验之中。将塞罕坝精神文化资源转化为乡村永续发展的优质资源，推动乡村文化建设与林场绿色发展良性互促。大力发展林下经济等绿色产业，实现生态美、百姓富。继续广泛传播低碳、环保、无废理念，将其有机融入森林公园和森林旅游景区建设，引导公众更好地成为自然生态保护的志愿者和生态文明事业的参与者。

2. 科技赋能文化产品

搭建好内聚力量、外展形象的林场文化建设平台，完善塞罕坝精神文化展示场馆

建设，建立数字化的图片、音像、资料等数据库，提升纪念馆的展陈教育水平，推动建设塞罕坝智慧博物馆，提高林场文化建设的信息化、智慧化水平。

3. 提升国际传播影响

开拓塞罕坝精神国际传播平台，建设英文网站，用融通中外的生动传播方式，增强塞罕坝故事的国际传播影响力。积极参与"美丽中国"旅游全球推广计划，讲好塞罕坝生态旅游故事。同时，加强专兼结合的林场基层文化队伍建设，建设塞罕坝融媒体中心。用好京津冀地区涉林高校林科大学生资源，建设新时代生态文明实践志愿服务队伍。

五、塞罕坝的政策制度保障

多元高效的政策保障是支持塞罕坝可持续发展的必要条件。塞罕坝未来发展的政策保障应围绕加强组织领导，强化政策保障，加大资金投入，突出人才培养，提升科技支撑等方面深入开展。

（一）加强组织领导，强化思想保障

坚持和加强党的全面领导，发挥各级党组织作用，为推进塞罕坝城镇建设提供根本保证。发挥城镇化工作暨城乡融合发展工作部际联席会议制度作用，强化统筹协调和政策保障。省市级部门要明确具体任务举措，做好组织协调和指导督促。县乡镇等落实部门要强化主体责任，切实推动目标任务落地见效。

1. 加强干部队伍建设

深化机关政治意识教育，建设让党放心、让职工满意的模范机关。完善健全激励机制建设，加强对敢担当善作为干部的激励保护。稳步推进干部轮岗交流，实现干部资源优化配置，着力优化领导班子结构。重点加强年轻干部的培养锻炼、丰富实践。要强化日常监督，强化对党员干部特别是科级领导干部的监督管理，充分运用组织谈话提醒、函询、诫勉机制，发现干部的倾向性、苗头性问题，及时解决并改进，努力建设一支政治坚定、忠实履职、担当作为、干净干事、干事成事的干部队伍。

2. 健全绩效考核激励机制

严格落实岗位设置、绩效考核、财务制度等管理规定，完善职工绩效考核办法，实行考核结果与绩效工资挂钩。探索建立有利于调动职工积极性的绩效激励机制，在核定的薪酬总量内，采取多种方式自主分配，可自主设立体现行业特点、劳动特点和

岗位价值的薪酬项目，充分发挥各项目的保障和激励作用，增加林场职工收入，增添林场发展活力。

（二）完善政策体系，建立机制保障

贯彻落实绿色发展理念，发挥政策合力，依托美丽中国、乡村振兴、推进城镇化建设等重大国家战略，加快塞罕坝的建设和发展。

1. 不断完善和优化政策

加强塞罕坝森林草原防火立法工作，制定出台《塞罕坝森林草原防火条例》。积极争取国家林业和草原局支持，优先安排森林质量提升、低产低效林改造等项目资金，全面停止天然林商业性采伐。继续落实森林、草原等生态保护补偿政策，不断完善现有的生态补偿机制，加大对塞罕坝地区生态补偿力度。加大对塞罕坝机械林场资金支持，改善林场生产生活环境，提升公共服务管理水平。

2. 探索创新经营机制和模式

严格执行"收支两条线"，收益按一定比例优先反哺林场，用于林场再发展基金和激励职工创业热情。积极争取中央财政转移支付，探索建立健全对塞罕坝机械林场多元化的生态补偿机制。在职工生产住房建设和使用方面给予政策倾斜。

（三）丰富筹资渠道，加强资金保障

充分的资金投入是落实塞罕坝机械林场及其周边地区可持续发展的重要保障。为支持国家层面、地方政府等一揽子发展规划和政策的顺利实施，必须拓宽筹集资金渠道、完善资金管理体制、推进资金监督工作，遵循市场法则，提高资金使用的安全性和高效性。

1. 拓宽筹集资金渠道

国家加强对国有林场的建设投资，塞罕坝在国家中幼龄林抚育、自然保护区建设、森林防火、森林病虫害防控等各级各类相关建设项目中积极争取专项建设资金。积极争取河北省财政资金，在未来发展的各个方面合理争取重点支持。通过继续推动以绿化苗木、木材产业、生态旅游为主的多元产业发展来弥补收入缺口；此外，研究评估塞罕坝机械林场区域内森林、草原和湿地生态系统固碳、增汇能力，积极探索碳汇产品价值实现机制，逐步扩大碳汇林业规模，争取更多社会资金用于林场建设。

2. 完善资金管理体制

创新财务管理模式，健全内控制度建设，规范财务管理行为。在资金使用方面，遵守国家和地方有关合法使用的规定，实行统一核算、集中支付的管理模式，对财政性专项资金实行收支两条线，在经营收支业务方面坚持预算管理、项目管理、投资管理三位一体的管理体系。

3. 推进资金监督工作

建立健全外部财务监督和内部财务约束相结合的监督机制，设立资金监督部门，负责对资金使用情况的核查、审计和监督工作。保护区作为项目实施单位必须接受同级和上级业务部门的监督和检查，如发现有不符合规定的开支和违反有关财经纪律的，应追查有关人员的责任，并限期予以纠正；情节严重者，将停止或暂停其资金的使用；对造成重大经济损失的，应将责任人移送司法机关处理。

（四）突出人才培养，完善人力保障

具有先进的森林经营理念和技术的人员，是开展森林经营工作的最根本保障。塞罕坝林场的建设管理涉及多行业、多学科，具有较强的综合性，强有力的科技人才队伍建设能确保森林经营工作措施有序、推进有力、抚育有绩。加强技术纯熟、素质过硬的人才队伍建设是塞罕坝可持续发展的重要基础。

1. 实现人岗匹配

积极引进人才、重视人才培训，充分调动各级各类人才的积极性。第一，通过公开招聘、人才引进、定向培养等形式将一些懂业务、善管理、有资历、高素质的人才充实到林场各经营管理体系当中，提高林场经营管理人员整体素质。第二，定期聘请有关专家、学者到林场办班讲学和开设讲座，对全体员工进行培训，考核合格后上岗。第三，在岗位安排方面，林场积极发挥年轻人才特长和知识优势，新来的年轻人都要到分场营林股、营林区一线做技术员工作，将理论和实际操作深度融合，保障现有技术人才衔接，全面提升职工业务能力。

2. 创新激励机制

塞罕坝林场处于蒙古高原高寒地带，生产生活条件艰苦，要进一步提高林场职工待遇，大力提供政策支持。同时林场自身建立利益约束机制，使业绩考核与报酬制度和晋升、晋级制度相联系，根据工作范围、职责，确定其报酬，对为林场建设事业作出突出贡献的集体和个人，给予物质和精神奖励。合理设置在待遇、住房、职称等方面的优惠政策，切实解决人才的后顾之忧，从而吸引和留住专业人才。

3. 加强技术培训

鼓励采取"走出去学习，带回来经验"的办法，选拔优秀的管理与服务人员，通过脱产学习、参观考察、短训班、轮训班等方式，鼓励到省内外相关高校、单位进行学习交流，提高专业水平。支持林场与北京大学、北京林业大学、河北农业大学等高校建立科研合作长效机制，积极引进国内外先进理念与技术，围绕森林生态系统建设与保护、生物多样性维护与发展、森林火灾预防与扑救、林业增汇减排等关键技术开展研究，派员参与培训。

（李凌超　侯一蕾　田阳　杨金融）

参考文献

重要文献

持之以恒推进生态文明建设 努力形成人与自然和谐发展新格局 [N]. 人民日报, 2017-08-29(001).

贯彻新发展理念 弘扬塞罕坝精神 努力完成全年经济社会发展主要目标任务 [N]. 人民日报, 2021-08-26(001).

坚决打好污染防治攻坚战 推动生态文明建设迈上新台阶 [N]. 人民日报, 2018-05-120(001).

全面推进美丽中国建设 加快推进人与自然和谐共生的现代化 [N]. 人民日报, 2023-07-19(001).

习近平. 高举中国特色社会主义伟大旗帜 为全面建设社会主义现代化国家而团结奋斗 [M]. 北京: 人民出版社, 2022.

习近平. 决胜全面建成小康社会 夺取新时代中国特色社会主义伟大胜利 [M]. 北京: 人民出版社, 2017.

习近平. 论"三农"工作 [M]. 北京: 中央文献出版社, 2022.

习近平. 论坚持人与自然和谐共生 [M]. 北京: 中央文献出版社, 2022.

习近平. 习近平谈治国理政 (第 1 卷)[M]. 北京: 外文出版社, 2014.

习近平. 习近平谈治国理政 (第 2 卷)[M]. 北京: 外文出版社, 2017.

习近平. 习近平谈治国理政 (第 3 卷)[M]. 北京: 外文出版社, 2020.

习近平. 习近平谈治国理政 (第 4 卷)[M]. 北京: 外文出版社, 2022.

习近平. 习近平重要讲话单行本(2020年合订本)[M]. 北京: 人民出版社, 2021.

习近平. 习近平重要讲话单行本(2021年合订本)[M]. 北京: 人民出版社, 2022.

习近平. 习近平重要讲话单行本(2022年合订本)[M]. 北京: 人民出版社, 2023.

习近平. 习近平著作选读 (第二卷)[M]. 北京: 人民出版社, 2023.

习近平. 习近平著作选读 (第一卷)[M]. 北京: 人民出版社, 2023.

习近平. 论把握新发展阶段、贯彻新发展理念、构建新发展格局 [M]. 北京: 中央文献出版社, 2021.

中共中央文献研究室. 习近平关于社会主义生态文明建设论述摘编 [M]. 北京: 中央文献

出版社, 2017.

中共中央宣传部, 中华人民共和国生态环境部. 习近平生态文明思想学习纲要 [M]. 北京:
　　学习出版社、人民出版社, 2022.

中共中央宣传部. 习近平新时代中国特色社会主义思想学习纲要 [M]. 北京: 学习出版社、
　　人民出版社, 2019.

学术著作

陈建成, 等. 国有林场森林资源管理机制研究 [M]. 北京: 人民日报出版社, 2021.

翟洪波, 刘春延, 魏晓霞. 半干旱地区华北落叶松人工林可持续经营技术应用开发与试
　　验示范 [M]. 北京: 中国农业科学技术出版社, 2010.

黄金祥, 李信, 钱进源. 塞罕坝植物志 [M]. 北京: 中国科学技术出版社, 1996.

李大林. 人间奇迹塞罕坝 [M]. 北京: 人民日报出版社, 2019.

李世东. AI 生态——人工智能 + 生态发展战略 [M]. 北京: 清华大学出版社, 2019.

李世东. 智慧林业概论 [M]. 北京: 中国林业出版社, 2017.

李世东. 中国林业信息化标准规范 [M]. 北京: 中国林业出版社, 2014.

李世东. 中国林业信息化顶层设计 [M]. 北京: 中国林业出版社, 2012.

李世东. 中国林业信息化发展战略 [M]. 北京: 中国林业出版社, 2012.

李世东. 中国林业信息化绩效评估 [M]. 北京: 中国林业出版社, 2014.

李世东. 中国林业信息化建设成果 [M]. 北京: 中国林业出版社, 2012.

李世东. 中国林业信息化决策部署 [M]. 北京: 中国林业出版社, 2012.

李世东. 中国林业信息化政策解读 [M]. 北京: 中国林业出版社, 2012.

李世东. 中国林业信息化政策研究 [M]. 北京: 中国林业出版社, 2014.

李世东. 中国林业信息化政策制度 [M]. 北京: 中国林业出版社, 2012.

李世东. 中国智慧林业: 顶层设计与地方实践 [M]. 北京: 中国林业出版社, 2015.

刘春延, 赵亚明, 刘海莹, 等. 塞罕坝森林植物图谱 [M]. 北京: 中国林业出版社, 2010.

刘海莹, 崔同祥. 华北落叶松经营技术研究 [M]. 北京: 中国林业出版社, 2018.

刘云飞. 林业物联网技术及应用 [M]. 北京: 中国林业出版社, 2021.

马履一, 彭祚登. 林学概论 [M]. 北京: 中国林业出版社, 2020.

牟永福, 杨东广. 塞罕坝生态文明建设范例研究 [M]. 河北: 河北人民出版社, 2019.

仁仲文. 坚持绿色发展理念弘扬塞罕坝精神 [M]. 北京: 人民日报出版社, 2017.

田军, 刘国权, 张向忠, 等. 塞罕坝森林可持续经营技术与管理 [M]. 北京: 中国林业出版
　　社, 2019.

田军, 刘国权, 张向忠. 塞罕坝森林可持续经营技术与管理 [M]. 北京: 中国林业出版社,
　　2016.

铁铮. 林业科技知识读本 [M]. 北京: 中国林业出版社, 2020.

王自力. 新时期国有林场改革与可持续发展研究 [M]. 北京: 中国林业出版社, 2009.

郑宇.近代东北森林资源产业化研究[M].上海:上海社会科学院出版社,2020.

政策文件

国家发展改革委,国家林草局."十四五"大小兴安岭林区生态保护与经济转型行动方案[EB/OL]. (2022–01–05)[2022–01–12]. https://www.gov.cn/zhengce/zhengceku/2022–01/14/5668171/files/a199b0cea3e64c5fbb5965f677cabac3.pdf.

国家林业和草原局,国家发展改革委,自然资源部,水利部.北方防沙带生态保护和修复重大工程建设规划(2021—2035年)[EB/OL]. (2021–12–30)[2022–01–10]. https://www. forest–ry.gov.cn/html/main/main_5461/20211206163035004108189/file/20220110162845389400020.pdf.

国家林业和草原局.国家林业和草原局关于印发修订后的《国有林场管理办法》的通知[EB/OL]. (2021–10–09)[2021–10–11]. https://www.forestry.gov.cn/c/www/gkzfwj/272527.jhtml.

中共中央办公厅 国务院.中共中央 国务院关于全面推进美丽中国建设的意见[EB/OL].(2023–12–27)[2024–01–11].https://www.gov.cn/gongbao/2024/issue_11126/202401/content_6928805.html.

中共中央办公厅 国务院.中共中央 国务院印发《国有林场改革方案》和《国有林区改革指导意见》[N].人民日报,2015–03–18(001).

中共中央办公厅 国务院办公厅.建立国家公园体制总体方案[J].中华人民共和国国务院公报,2017(29):7–11.

中共中央办公厅 国务院办公厅.中办国办印发《关于推进以县城为重要载体的城镇化建设的意见》[N].人民日报,2022–05–07(001).

中共中央办公厅 国务院办公厅.中办国办印发《关于新时代进一步加强科学技术普及工作的意见》[N].人民日报,2022–09–05(001).

中共中央办公厅 国务院办公厅.中办国办印发《乡村建设行动实施方案》[N].人民日报,2022–05–24(001).

中共中央办公厅 国务院办公厅.中办国办印发《关于建立以国家公园为主体的自然保护地体系的指导意见》[J].中华人民共和国国务院公报,2019,(19):16–21.

学术论文

蔡炯,高岚.我国生态型国有林场绩效评价研究[J].财经问题研究,2013 (09):45–52.

常伟强.塞罕坝机械林场森林资源动态变化分析[J].林业资源管理,2018 (06):13–17.

常旭,邱新彩,刘欣,等.塞罕坝华北落叶松纯林和混交林土壤肥力质量评价[J].北京林业大学学报,2021,43(08):50–59.

车越,纪福利,王利东,等.塞罕坝不同立地华北落叶松人工林空间结构比较[J].中南林业科技大学学报,2014(04):18.

陈绍志,邬可义,韩东阳,等.国有林场新型森林经营方案编制的思考——以木兰围场国有林场为例[J].林业资源管理,2022 (S1):32–38.

崔慕华. 国有林场绩效评价研究综述 [J]. 林业经济问题, 2019, 39(04): 443–448.

丁永全, 舒立福, 吴松, 等. 塞罕坝林场不同林型地表枯落物特性及对应火险特征研究 [J]. 西南林业大学学报 (自然科学), 2021, 41(04): 111–118.

杜兴兰, 徐冰. 河北塞罕坝自然保护地整合优化探索 [J]. 林业资源管理, 2021, (03): 14–18.

范金城, 王洪梅. 国有林场管理效率优化探究 [J]. 林产工业, 2020, 57(12): 104–107.

范顺祥, 郑建伟, 魏士凯, 等. 河北省森林草原区主要草本植物功能群适宜分布预测 [J]. 草业学报, 2018, 27(03): 24–32.

冯丹娃, 曹玉昆. "双碳" 战略目标视域下我国林业经济的转型发展 [J]. 求是学刊, 2021, 48(06): 91–100.

付立华, 侯金潮, 孙赫, 等. 基于分位数回归的华北落叶松干形曲线模拟 [J]. 林业资源管理, 2020 (01): 151–157.

葛兆轩, 苑美艳, 单博文, 等. 塞罕坝华北落叶松人工林不同经营模式效果评价 [J]. 林业科学研究, 2020, 33(05): 38–47.

何安华, 郑力文, 毛飞, 等. 集体林权制度改革对林区农村基本经营制度稳定的影响研究 [J]. 南京农业大学学报 (社会科学版), 2011, 11(04): 22–30.

胡延杰, 张坤, 李茗, 等. 新时期加快推进我国国有林场高质量发展的经营机制探析 [J]. 林业资源管理, 2022 (S1): 39–45.

扈梦梅, 田龙, 吴亚楠, 等. 塞罕坝华北落叶松人工林间伐和混交改造对大型土壤动物群落结构的影响 [J]. 林业科学, 2019, 55(11): 153–162.

黄军辉. 论国有林场改革的法律模式选择 [J]. 西北农林科技大学学报 (社会科学版), 2011, 11(05): 158–162.

季倩雯, 郑成洋, 张磊, 等. 河北塞罕坝樟子松径向生长动态变化及其与气象因子的关系 [J]. 植物生态学报, 2020, 44(03): 257–265.

冀盼盼, 张健飞, 张玉珍, 等. 不同林龄华北落叶松人工林生态化学计量特征 [J]. 南京林业大学学报 (自然科学版), 2020, 44(03): 126–132.

贾忠奎, 公宁宁, 姚凯, 等. 整地方式对塞罕坝华北落叶松人工林生产力的影响 [J]. 林业资源管理, 2011 (05): 71–78.

蒋凡, 苏杰南, 黄寿昌, 等. 完善我国国有林场林地流转的法律制度研究 [J]. 林业经济, 2019, 41(07): 22–29.

李斌, 李崇贵, 李煜. 基于 Sentinel-2 数据的塞罕坝机械林场落叶松人工林提取 [J]. 林业资源管理, 2021 (02): 117–123.

李冰, 王亚明, 张灵曼. 新时期推动国有林场绿色发展的路径研究 [J]. 林业资源管理, 2022 (S1): 1–7.

李龙杰, 王杰, 任云卯, 等. 人工促进更新措施对落叶松种子萌发和早期生长的影响 [J]. 北京林业大学学报, 2023, 45(04): 24–35.

李美娟, 陈国宏. 数据包络分析法 (DEA) 的研究与应用 [J]. 中国工程科学, 2003(06): 88-94.

李文博, 吕振刚, 黄选瑞, 等. 塞罕坝华北落叶松人工林生产力及其空间分布预测 [J]. 自然资源学报, 2019, 34(07): 1365-1375.

林进, 徐冰, 衣旭彤, 等. 深化国有林场改革推动绿色发展路径探析 [J]. 林业资源管理, 2022 (S1): 52-58.

林淑君. 林业政策事件的金融市场影响分析——以我国国有林场改革为例 [J]. 世界林业研究, 2020, 33(02): 77-82.

刘璨, 张寒. 集体林权制度改革进程、效应与演化: 2002—2022 年 [J]. 改革, 2023 (08): 140-155.

刘静. 新型森林经营方案编制与实施 [J]. 林业资源管理, 2020 (03): 6-10.

刘薇. PPP模式理论阐释及其现实例证 [J]. 改革, 2015(01): 78-89.

刘祖军, 马龙波, 吴成亮. 国有林场现代化评价指标体系构建与实证分析 [J]. 林业资源管理, 2019 (03): 36-40.

鲁晨曦, 张军泽, 赵廷阳, 等. 我国人工林生态系统的水成本核算 [J]. 自然资源学报, 2016, 31(05): 743-754.

马一博, 赵荣. 天然林资源保护财税支持政策研究 [J]. 林业经济问题, 2020, 40(06): 668-672.

庞勇, 梁晓军, 英文, 等. 塞罕坝林场机载综合遥感试验 [J]. 遥感学报, 2021, 25(04): 904-917.

宋旭超, 熊艳, 崔建中. 基于GIS的国有林场森林资源管理系统构建 [J]. 林产工业, 2021, 58(02): 86-87, 90.

唐芳林, 宋中山, 孙暖, 等. 关于国有草场建设的思考 [J]. 草地学报, 2021, 29(05): 861-865.

田明华, 王自力, 李红勋. 试论我国国有林场体制改革 [J]. 北京林业大学学报 (社会科学版), 2008, 7(04): 54-59.

田明华. 我国国有林场分类经营改革探索 [J]. 北京林业大学学报 (社会科学版), 2009, 8(04): 5-11.

王翠兰. 国有林场多元化经营中的竞争力与控制力研究 [J]. 林产工业, 2020, 57(10): 94-96.

王冬至, 张冬燕, 张志东, 等. 塞罕坝华北落叶松人工林断面积预测模型 [J]. 北京林业大学学报, 2017, 39(07): 10-17.

吴松, 张琪, 龙双红, 等. 塞罕坝国家森林公园旅游环境容量研究 [J]. 林业与生态科学, 2018, 33(03): 258-263.

武莉琴, 刘国良, 刘强, 等. 森林优化仿真系统 (FSOS) 在新型森林经营方案编制中的应用 [J]. 林业资源管理, 2022 (S1): 109-116.

辛岭,安晓宁.我国农业高质量发展评价体系构建与测度分析[J].经济纵横,2019(05):109-118.

熊千志,杜恩在,薛峰,等.塞罕坝地区人工针叶林径向生长对水热条件的响应[J].生态学报,2022,42(13):5371-5380.

徐雯雯,董雪婷,张志东,等.塞罕坝地区植被景观格局时空尺度效应[J].东北林业大学学报,2021,49(01):106-111,116.

杨会娟,范冬冬,于晓红.基于GIS的塞罕坝森林视觉景观质量评价[J].西北林学院学报,2020,35(05):225-232.

张冬燕,王冬至,范冬冬,等.不同立地类型华北落叶松人工林冠幅与胸径关系研究[J].林业资源管理,2019(04):69-73.

张金钰,邱新彩,刘欣,等.间伐对塞罕坝华北落叶松人工林土壤酶活性的影响[J].应用与环境生物学报,2022,28(02):300-307.

张乃暄,王韵頔,许中旗,等.抚育间伐对塞罕坝地区云杉人工林碳储量及固碳速率的影响[J].河北农业大学学报,2022,45(06):81-87.

张秀媚,张毅,茅水旺,等.农户参与国有林场林业合作经营影响因素分析[J].林业经济问题,2022,42(02):179-187.

张译,熊曦.绿色发展背景下中国林业生态效率评价及影响因素实证分析——基于DEA分析视角[J].中南林业科技大学学报,2020,40(04):149-158.

张英,赵荣,姜建军.关于国有林场改革的一些问题思考与经验借鉴——基于四川省改革实践的分析[J].林业经济,2019,41(07):30-35.

张英杰,曾迎香,张金珠,等.首批国家森林小镇建设试点的实践进展分析[J].林业经济,2019,41(09):99-105.

张宇辰,彭道黎.间伐对塞罕坝华北落叶松人工林土壤活性有机碳的影响[J].应用与环境生物学报,2020,26(04):961-968.

赵荣,李贺.国有林场高质量发展对策建议[J].林业资源管理,2022(S1):46-51.

赵婷婷,王冬至,张冬燕,等.塞罕坝华北落叶松人工林树冠外部轮廓模型[J].林业科学,2021,57(05):108-118.

周红敏,张国东,王昶景,等.塞罕坝地区高空间分辨率叶面积指数时序估算与变化检测[J].遥感学报,2021,25(04):1000-1012.

周颖,张泽文,温烁,等.塞罕坝华北落叶松针叶光响应指标变化规律及其影响因素[J].应用生态学报,2021,32(05):1690-1698.

邹全程,闫平,徐健楠,等.塞罕坝地区森林虫害暴发历史及其与气候因子的关系[J].东北林业大学学报,2020,48(07):114-119.

外文文献

AZAROV A, POLESNY Z, DARR D, et al., Classification of Mountain Silvopastoral Farming

Systems in Walnut Forests of Kyrgyzstan: Determining Opportunities for Sustainable Livelihoods[J]. Agri-culture, 2022, 12: 2004.

BASTIN J F, FINEGOLD Y, GARCIA C, et al., The global tree restoration potential[J]. Science, 2019, 365: 76–79.

CHEN R, CHEN W, HU M, et al., Measuring Improvement of Economic Condition in State-Owned Forest Farms' in China[J]. Sustainability, 2020, 12(4): 1593.

CHEN Y C, LEE C S, TSUI M C. Developing Sustainable Indicators for Forest Farm Tourism Ser-vices for Senior Citizens: Towards the Establishment of a Comprehensive and Comfortable Environment[J]. forests, 2023, 14(6): 53.

FU L, YU S, CHENG S, et al., Evaluation of forest ecosystem service value of Saihanba Forest Farm in Hebei province[J]. Forestry and Ecological Sciences, 2019, 34: 386–392.

GORAN K, KEITH M. Reynolds, Philip Murphy, Steve Paplanus, Jordi Garcia-Gonzalo, José Ramón González Olabarria. Forest use suitability: Towards decision-making-oriented sustainable management of forest ecosystem services[J]. Geography and Sustainability, 2023, 4(4): 414–427.

HEISEL S E, KING E, LEKANTA F, et al., Assessing eco-logical knowledge, perceived agency, and motivations regarding wildlife and wildlife conservation in Samburu, Kenya[J]. Biological Conservation, 2021, 262: 109.

KANG J, QING Y, LU W. Construction and optimization of the Saihanba ecological network[J]. Ecological Indicators, 2023, 153: 270.

KAPLOWITZ M D, LUPI F, ARREOLA O. Local Markets for Payments for Environmental Services: Can Small Rural Communities Self-Finance Watershed Protection[J]. Water Resources Manage-ment, 2012, 26: 3689–3704.

KAREN E A, STEVE P V.Forest cover, development, and sustainability in Costa Rica: Can one policy fit all?[J]. Land Use Policy, 2017, 67: 212–221.

LIU Z, FENG Z, Chen C. GEF innovative forest management Plan—Taking grassland forest farm in fengning county as an example[J]. Sustainability, 2022, 14(13): 7795.

SCHROTH G, FARIA D, ARAUJO M, et al., Conservation in tropical landscape mosaics: the case of the cacao landscape of southern Bahia, Brazil[J].Biodiversity & Conservation, 2011, 20(8): 1635–1654.

TANG J, XIN M, WANG X. Herdsmen's willingness to accept compensation for grazing ban compliance: Empirical evidence from pastoral China[J]. Journal of Cleaner Production, 2022, 361: 132.

TANG Q, LI J , TANG T, et al., Construction of a Forest Ecological Network Based on the Forest Ecological Suitability Index and the Morphological Spatial Pattern Method: A Case

Study of Jindong Forest Farm in Hunan Province[J]. Sustainability, 2022, 14(5): 1–14.

TOSCANI P, SEKOT W. Assessing the Economic Situation of Small–Scale Farm Forestry in Mountain Regions: A Case Study in Austria[J]. Mountain Research and Development, 2017. DOI: 10.1659/MRD–JOURNAL–D–16–00106.1.

VALATIN G, OVANDO P, ABILDTRUP J, et al., Approaches to cost–effectiveness of payments for tree planting and forest management for water quality services[J]. Ecosystem Services, 2022, 53: 101.

ZHAO J, LIU J, GIESSEN L. How China adopted eco–friendly forest development: Lens of the dual–track mechanism[J]. Forest Policy and Economics, 2023, 149: 102931.